Monika Noack · Robert Geretschläger · Hansjürg Stocker

**Mathe mit dem Känguru 1**

AF639328

# Mathe mit dem Känguru

Herausgeber sind die leitenden Organisatoren des Känguruwettbewerbs in ihren Ländern.

*Dr. Monika Noack, Deutschland*
http://www.mathe-kaenguru.de

*Dr. Robert Geretschläger, Österreich*
http://www.kaenguru.at

*Hansjürg Stocker, dipl. Math. ETH, Schweiz*
http://www.vsmp.ch/dmk

# Mathe mit dem Känguru 1

**Die schönsten Aufgaben von 1995 bis 2005**

von Monika Noack, Robert Geretschläger
und Hansjürg Stocker

**Fachbuchverlag Leipzig**
im Carl Hanser Verlag

**Herausgeber**
*Dr. rer. nat. Monika Noack*
Humboldt-Universität zu Berlin
Institut für Mathematik

*Dr. Robert Geretschläger*
Bundesrealgymnasium Kepler Graz

*Hansjürg Stocker, dipl. Math. ETH*
Freies Gymnasium Zürich

MIX
Papier aus verantwortungsvollen Quellen
FSC® C083411

Bibliografische Information der Deutschen Nationalbibliothek
Die Deutsche Nationalbibliothek verzeichnet diese Publikation in der Deutschen Nationalbibliografie; detaillierte bibliografische Daten sind im Internet über http://dnb.d-nb.de abrufbar.

**ISBN 978-3-446-40713-8**

Dieses Werk ist urheberrechtlich geschützt.
Alle Rechte, auch die der Übersetzung, des Nachdruckes und der Vervielfältigung des Buches oder Teilen daraus, vorbehalten. Kein Teil des Werkes darf ohne schriftliche Genehmigung des Verlages in irgendeiner Form (Fotokopie, Mikrofilm oder ein anderes Verfahren), auch nicht für Zwecke der Unterrichtsgestaltung – mit Ausnahme der in den §§ 53, 54 URG genannten Sonderfälle -, reproduziert oder unter Verwendung elektronischer Systeme verarbeitet, vervielfältigt oder verbreitet werden.

Fachbuchverlag Leipzig im Carl Hanser Verlag
© 2007/2012 Carl Hanser Verlag GmbH & Co. KG, München
Vilshofenerstr.10 | 81679 München | info@hanser.de
www.hanser-fachbuch.de
Lektorat: Christine Fritzsch
Herstellung: Katrin Wulst
Satz: Monika Noack, Berlin
Druck und Binden: CPI Books GmbH, Leck
Printed in Germany

# Vorwort

Den Mathematikwettbewerb „Känguru der Mathematik" gibt es in Europa seit Anfang der neunziger Jahre. Die Idee zu diesem Wettstreit kommt aus Australien, und erklärtes Ziel war und ist es, Schülerinnen und Schülern durch die Art der Aufgaben und die Form der Durchführung als Multiple-Choice-Wettbewerb Lust auf die Beschäftigung mit Mathematik zu machen. „Känguru der Mathematik" ist zum größten Mathematikwettbewerb der Welt mit weit über drei Millionen Teilnehmern jährlich geworden.

Beim Wettbewerb gibt es fünf Teilnehmergruppen, Ecolier, Benjamin, Cadet, Junior und Student (die den Altersgruppen der Klassenstufen 3/4 bis 11/13 entsprechen) und für jede Gruppe gibt es ein Paket von 30 Aufgaben (für die Jüngeren etwas weniger), die in 75 Minuten zu lösen sind.

Ausschlaggebend dafür, dass der Känguruwettbewerb so großen Anklang findet, sind die Aufgaben. Wie entstehen sie? „Känguru der Mathematik" ist ein internationaler Wettstreit mit dem Schwerpunkt in Europa. Vertreter aus knapp 40 Ländern sind Mitglieder in der Assoziation „Kangourou sans frontières" mit Sitz in Paris. Wichtigste Aufgabe dieses Vereins ist die Erarbeitung der Wettbewerbsaufgaben. Vorschläge kommen aus allen Ländern, wobei durch die unterschiedlichen mathematischen und mathematikdidaktischen Traditionen in den Teilnehmerländern und durch die sorgfältigen und ideenreichen Zuarbeiten aller Beteiligten Jahr für Jahr eine neue attraktive Aufgabenmischung entsteht: anregend, lustig, ein bisschen überraschend und unerwartet. Diese Aufgaben sind die Basis dafür, dass der Känguruwettbewerb Spaß macht und sich vom Alltäglichen des Mathematikunterrichts auf eine bereichernde Art abhebt.

Für die vorliegende Sammlung wurden die Aufgaben nach mathematischen Gebieten sortiert, was nicht immer leicht ist, da die Beispiele oft mehrere der traditionellen Gebiete berühren. In den einzelnen Abschnitten sind sie – so gut sich das abschätzen lässt – nach steigender Schwierigkeit geordnet.

Am Ende einer jeden Aufgabe findet sich kleingedruckt die Angabe, in welcher Altersgruppe und als wievielte Aufgabe das Beispiel in welchem Jahr im Wettbewerb zu lösen war. In Österreich gibt es den Känguru-Wettbewerb seit 1999, in der Schweiz seit 2003, so dass als Quelle für Aufgaben aus den Jahren vor 1999 nur Deutschland genannt werden kann. Da die deutsche Fassung der Aufgaben für die deutschen und die Schweizer Teilnehmer seit 2003 von den Organisatoren der beiden Länder gemeinsam erarbeitet wird, sind als Quelle seit 2003 stets beide Länder genannt.

Die Lösungshinweise beginnen mit der Angabe des richtigen Lösungsbuchstabens. Um möglichst viele Aufgaben in die Sammlung aufnehmen zu können, sind die Lösungstexte knapp gehalten. Dennoch wurde beim Formulieren der Hinweise im Regelfall berücksichtigt, für welche Klassenstufen die entsprechende Aufgabe gestellt wurde, etwas ausführlicher also, wenn der ursprüngliche Adressat ein Teilnehmer aus der 3. und 4. Klassenstufe (Ecolier) war und knapper für die Sekundarstufe II (Student).

Um bei den Aufgaben des Känguruwettbewerbs das Kreuz an der richtigen Stelle zu setzen, gibt es neben dem Lösen des mathematischen Problems auch die Möglichkeit, sich die Tatsache zunutze zu machen, dass genau einer der fünf Lösungsvorschläge richtig ist. Es werden falsche Vorschläge aussortiert und – wenn es gelingt, vier falsche aufzuspüren – der verbleibende als der richtige angekreuzt. Das ist legitim – und es ähnelt im Übrigen einer auch für das reale Leben sinnvollen Strategie, sich der Lösung eines Problems zu nähern. Das ursprüngliche mathematische Problem ist damit meist nicht bearbeitet, jedenfalls nicht vollständig. Dennoch werden oft interessante Überlegungen zu diesem Aussortieren herangezogen. Wo es erquicklich erschien, sind sie – markiert mit einem kleinen Känguru – angeführt worden.

Die Herausgeber sind in ihren Ländern, Deutschland, Österreich und der Schweiz, Ansprechpartner für den Känguruwettbewerb. Dort hat sich der Wettbewerb einen festen Platz an den Schulen erobert. Um die interessanten Aufgaben über den Kreis der unmittelbaren Teilnehmer hinaus bekannt zu machen, wurden die mathematisch attraktivsten und spannendsten herausgesucht und zu der vorliegenden, 538 Beispiele umfassenden, Sammlung zusammengestellt. Damit sollen nicht nur Schülerinnen und Schüler, die sich gern mit Mathematikaufgaben beschäftigen, ein kurzweiliges Übungsbuch in die Hand bekommen. Zielgruppe sind ebenso Lehrerinnen und Lehrer, die ergänzendes Material für den Unterricht und die außerunterrichtliche Förderung suchen, sowie Eltern und Großeltern auf der Suche nach einem Beschäftigungsbuch.

Am Entstehen der vorliegenden Aufgabensammlung haben viele mitgewirkt. Zuallererst sind es die Erfinder der Aufgaben in den vielen Teilnehmerländern. Es folgen jene, die an der Erarbeitung der deutschsprachigen Aufgabenstellung und an der Ausarbeitung und Korrektur der Lösungshinweise mitgewirkt haben. Neben den Herausgebern waren dies Antje Noack, Bernd Noack, Ulf Hutschenreiter, Dorothea Vigerske und Renate Winkler aus Deutschland, Vera Aue und Gerhard Plattner aus Österreich sowie Alfred Vogelsanger aus der Schweiz. Die Zeichnungen wurden von Carina Hübner und Monika Noack aus Deutschland sowie Gerhard Plattner aus Österreich beigesteuert.

Bedanken möchten sich die Herausgeber bei Frau Christine Fritzsch vom Fachbuchverlag Leipzig, die sich mit Ideenreichtum und Sachkenntnis für dieses Buch eingesetzt und seinen Entstehungsprozess mit sehr vielen wertvollen Hinweisen befördert hat.

Berlin, Graz, Zürich, im Herbst 2006 — Die Herausgeber

# Inhaltsverzeichnis

# 1 Zahlen und Rechnen

## 1.1 Rechnereien zum Aufwärmen

Bevor wir uns an kompliziertere Denkaufgaben wagen, wollen wir zu Beginn ein wenig rechnen. Dabei geht es nicht vorrangig darum, die richtige Lösung direkt auszurechnen, vielmehr wollen wir versuchen, schon beim ersten Draufgucken etwas über die Lösung zu erspüren: Von welcher Größenordnung muss sie sein? Ob wir vielleicht erkennen können, dass es sich bei der Lösung um eine gerade oder ungerade Zahl handeln muss? Taucht etwa in einem Produkt eine 0 auf, so dass wir das Ergebnis unmittelbar angeben können? Kann uns geschicktes Zusammenfassen von Teilsummen oder Teilprodukten helfen, die Rechnung überschaubar zu machen?

Niemand wird bestreiten, dass Taschenrechner und Computer wichtige Helfer sind, um größere Rechenaufgaben und kompliziertere Probleme zu lösen. Aber diese Helfer können wirklich vorteilhaft nur dann genutzt werden, wenn man eine Vorstellung vom zu erwartenden Ergebnis hat.

Die Fähigkeit, Vereinfachungen zu erkennen, Strukturen für ein effektives Rechnen zu nutzen, wollen wir mit den folgenden ersten Aufgaben ansprechen.

---

**A 1.1** Ein Schmetterling sitzt auf meiner richtig gelösten Hausaufgabe. Auf welcher Zahl sitzt er?

$2005 - 205 = 1300 +$ 

(**A**) 250 (**B**) 400 (**C**) 500 (**D**) 910 (**E**) 1800

A-Eco (1) u. Ben (5), D/CH-3/4 (1) -05

**A 1.2** Felix hat nachgerechnet, dass die Differenz $671 - 389$ gleich ist mit der Differenz $2004 - 1722$. Er schreibt weitere Differenzen auf, die zu $671 - 389$ gleich sind. Wo hat er einen Fehler gemacht?

(**A**) $771 - 489$ (**B**) $681 - 399$ (**C**) $669 - 391$ (**D**) $483 - 201$ (**E**) $600 - 318$

A-Ben (10), D/CH-3/4 (13) -04

**A 1.3** Das Känguru rechnet $2 \cdot 0 + 0 \cdot 1$.
Was ist das Ergebnis?

(**A**) 2 (**B**) 0 (**C**) 1 (**D**) 2001 (**E**) 3

A-Ben (5), D-5/6 (1) -01

**A 1.4** Pinocchios Nase ist 3 cm lang. Bei jeder Lüge verdoppelt sie ihre Länge. Wie lang ist die Nase, nachdem Pinocchio 7-mal gelogen hat?

(**A**) 96 cm (**B**) 182 cm (**C**) 192 cm (**D**) 384 cm (**E**) 394 cm

A-Eco (20), D-3/4 (10) – 99

**A 1.5** Die Summe von acht Zahlen sei 1997. Eine dieser acht Zahlen ist 997. Wenn man sie durch 799 ersetzt, wie groß ist dann die Summe?

(**A**) 2195 (**B**) 1998 (**C**) 1899 (**D**) 1979 (**E**) 1799

D-3/4 (11) –97

**A 1.6** Wie viele natürliche Zahlen gibt es zwischen 2,09 und 15,3?

(**A**) 13 (**B**) 14 (**C**) 11
(**D**) 12 (**E**) mehr als 14

A-Ben (3), D/CH-5/6 (3) –03

**A 1.7** $999\,999 : 111 =$

(**A**) 990 (**B**) 991 (**C**) 999 (**D**) 9009 (**E**) 9909

D/CH-5/6 (11) –03

**A 1.8** Welches Ergebnis erhältst du, wenn du die Zahl 3 verdoppelst, die erhaltene Zahl wiederum verdoppelst, die Zahl 2 hinzuzählst und die dabei erhaltene Zahl nochmals verdoppelst?

(**A**) 16 (**B**) 18 (**C**) 24 (**D**) 26 (**E**) 28

D-5/6 (4) –02

**A 1.9** Subtrahiere von der größten dreistelligen Zahl mit drei voneinander verschiedenen Ziffern die kleinste dreistellige Zahl mit drei voneinander verschiedenen Ziffern. Du erhältst

(**A**) 100 (**B**) 864 (**C**) 855 (**D**) 248 (**E**) 885

A-Ben (11), D-5/6 (10) –02

**A 1.10** Bei den Hausaufgaben sollte Peter die Zahl 27 addieren, aber er hat sie subtrahiert. Was ist die Differenz zwischen seinem und dem richtigen Resultat der Aufgabe?

(**A**) 27 (**B**) 0 (**C**) 54 (**D**) 100 (**E**) 81

A-Eco (11), D-5/6 (6) –99

**A 1.11** Von den 7 Zahlen 11, 2, 9, 7, 5, 7, 13 sind 4 durchzustreichen, und zwar so, dass die Summe der 3 verbleibenden 23 ist. Welche müssen durchgestrichen werden?

(**A**) 7, 5, 7, 13 (**B**) 11, 2, 5, 13 (**C**) 2, 5, 7, 13
(**D**) 11, 2, 9, 13 (**E**) 2, 7, 7, 13

D-5/6 (18) -02

---

**A 1.12** $(1-2)-(3-4)-(5-6)-\ldots-(99-100)=$

(**A**) −49 (**B**) −48 (**C**) 0 (**D**) 48 (**E**) 50

A-Kad (7) u. Jun (1), D/CH-7/8 (11) -04

---

**A 1.13** Wenn man 2005 durch 0,05 dividiert, erhält man

(**A**) 4 001 000 (**B**) 40 100 (**C**) 100,25 (**D**) 400,05 (**E**) 401

D/CH-7/8 (11) -05

---

**A 1.14** Olivia benutzt die folgenden Figuren als Ziffern: 0 1 2 3 4 5 6 7 8 9. Sie rechnet den Wert des Terms $\left(\frac{1}{0,16}+\frac{1}{0,125}\right)\cdot 50-2,5$ aus, und als sie ihr Ergebnis auf den Kopf stellt, sieht sie als Antwort ein Wort. Welches ist es?

(**A**) OIL (**B**) BIL (**C**) hIL (**D**) ShE (**E**) ShOE

A-Jun (8), D-9/10 (8) -99

---

**A 1.15** In dem abgebildeten Schema ist wie im Muster beim Ausfüllen der Felder zu verfahren. Dabei wird vorausgesetzt, dass in der obersten Zeile natürliche Zahlen, die größer als 1 sind, stehen. Welche von den Zahlen (**A**) bis (**E**) kann nicht im grau gefärbten Feld stehen?

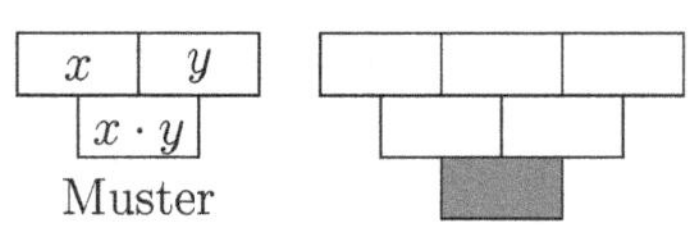


(**A**) 154 (**B**) 100 (**C**) 90 (**D**) 88 (**E**) 60

A-Stu (11), D/CH-11/13 (9) -03

---

**A 1.16** Ein Raumschiff fliegt von der Erde zu einem $2^{20}$ km entfernten Planeten. Nach einem Viertel der Strecke geht der Funkkontakt zur Erde verloren und kommt erst wieder in dem Moment zustande, als das Raumschiff $2^{19}$ km von der Erde entfernt ist. Wie viele Kilometer flog das Raumschiff ohne Radiokontakt?

(**A**) $2^8$ (**B**) $2^9$ (**C**) $2^{10}$ (**D**) $2^{18}$ (**E**) $2^{19}$

A-Stu (7), D-11/13 (10) -00

## Bruchrechnung

**A 1.17** Wenn man den Bruch $\frac{27273}{72728}$ kürzt, erhält man

(A) $\frac{2}{7}$ (B) $\frac{4}{9}$ (C) $\frac{3}{7}$ (D) $\frac{3}{8}$ (E) $\frac{1}{9}$

D-5/6 (21) -96

**A 1.18** Ein Viertel von der Hälfte vom Doppelten von 32 ist gleich

(A) 4 (B) 8 (C) 16 (D) 32 (E) 64

A-Ben (3), D-5/6 (3) -99

**A 1.19** $\frac{2003 + 2003 + 2003 + 2003 + 2003}{2003 + 2003} =$

(A) 2003 (B) $\frac{1}{3}$ (C) 3 (D) $\frac{5}{2}$ (E) 6009

A-Ben (13), D/CH-7/8 (1) -03

**A 1.20** Matthias hat für seine gesamten Hausaufgaben heute genau eine Stunde gebraucht, davon ein Drittel für Mathe. Von der verbliebenen Zeit brauchte er zwei Fünftel für Englisch. Wie viel Zeit hat er für alle anderen Fächer benötigt?

(A) 12 min (B) 20 min (C) 24 min (D) 27 min (E) 32 min

A-Ben (20), D-5/6 (17) -01

**A 1.21** Die Zahl $\frac{1}{10} + \frac{1}{100} + \frac{1}{1000}$ ist gleich

(A) $\frac{3}{1110}$ (B) $\frac{3}{1000}$ (C) $\frac{111}{1000}$ (D) $\frac{111}{1110}$ (E) $\frac{3}{111}$

D-7/8 (6) -96

**A 1.22** Welcher der folgenden Brüche hat den kleinsten Wert?

(A) $\frac{7}{8}$ (B) $\frac{66}{77}$ (C) $\frac{555}{666}$ (D) $\frac{4444}{5555}$ (E) $\frac{33333}{44444}$

A-Kad (1), D-7/8 (1) -02

**A 1.23** $\frac{\frac{1}{3} + \frac{1}{7}}{\frac{1}{5}} =$

(A) $\frac{3}{35}$ (B) $\frac{50}{21}$ (C) 2 (D) $\frac{7}{15}$ (E) $\frac{21}{5}$

D-7/8 (21) -02

**A 1.24** $\frac{1}{3} - \frac{1}{4} \cdot \frac{1}{5} + \frac{1}{6} =$

(A) $\frac{9}{20}$ (B) $\frac{11}{60}$ (C) $\frac{1}{7}$ (D) $\frac{29}{120}$ (E) $\frac{7}{60}$

D/CH-7/8 (16) -03

**A 1.25** Welche der folgenden Zahlen ist 15-mal so groß wie $\frac{1}{25}$?

(A) 0,15 (B) 0,6 (C) $\frac{5}{3}$ (D) 0,04 (E) 0,12

D-7/8 (14) -99

**A 1.26** Jemand schneidet von einem quadratischen Stück Papier parallel zu einer der Seiten $\frac{1}{6}$ des Papiers ab. Vom Rest schneidet er $\frac{1}{5}$, davon $\frac{1}{4}$, hiervon $\frac{1}{3}$ und schließlich vom verbleibenden Stückchen $\frac{1}{2}$ ab (s. Abb.).

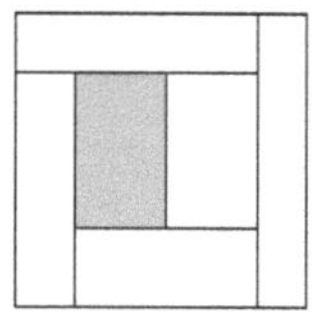

Wie groß ist die Fläche des Rests (grau gefärbt), wenn die Ausgangsfläche den Flächeninhalt 1 hat?

(A) $\frac{1}{3}$ (B) $\frac{2}{5}$ (C) $\frac{1}{4}$ (D) $\frac{1}{5}$ (E) $\frac{1}{6}$

A-Kad (20), D-7/8 (20) -00

**A 1.27** Welche der fünf Zahlen ist die größte?

(A) $\frac{1}{2} - \frac{1}{3}$ (B) $\frac{1}{2} + \frac{1}{3}$ (C) $\frac{1}{2} \cdot \frac{1}{3}$ (D) $\frac{1}{2} : \frac{1}{3}$ (E) $\frac{1}{3} : \frac{1}{2}$

D/CH-7/8 (6) -05

**A 1.28** $\left(1+\frac{1}{2}\right) \cdot \left(1+\frac{1}{3}\right) \cdot \left(1+\frac{1}{4}\right) \cdot \ldots \cdot \left(1+\frac{1}{2003}\right) =$

(A) 1002 (B) 1001 (C) 2004 (D) 2003 (E) 2002

A-Jun (16), D/CH-9/10 (18) -03

**A 1.29** Es ist

$$\frac{1}{2}+\left(\frac{1}{2}+\frac{1}{3}\right)+\left(\frac{2}{3}+\frac{1}{4}\right)+\left(\frac{3}{4}+\frac{1}{5}\right)+\left(\frac{4}{5}+\frac{1}{6}\right)+\left(\frac{5}{6}+\frac{1}{7}\right)+\left(\frac{6}{7}+\frac{1}{8}\right)+\left(\frac{7}{8}+\frac{1}{9}\right)=$$

(A) $6\frac{1}{2}$ (B) $7\frac{1}{9}$ (C) $7\frac{1}{2}$ (D) $8\frac{1}{9}$ (E) $9\frac{1}{10}$

D-9/10 (9) -01

## Maximales und Minimales

**A 1.30** Welche der fünf Zahlen ist die größte?

(**A**) $2+0+0+3$ (**B**) $2\cdot 0\cdot 0\cdot 3$ (**C**) $(2+0)\cdot(0+3)$
(**D**) $20\cdot 0\cdot 3$ (**E**) $(2\cdot 0)\cdot(0\cdot 3)$

A-Ben (1), D/CH-5/6 (1) -03

**A 1.31** Welche Zahl ist die größte?

(**A**) $200-4$ (**B**) $20\cdot 4$ (**C**) $200+4$
(**D**) $200\cdot 4$ (**E**) $2000:4$

D/CH-5/6 (3) -04

**A 1.32** Welche der folgenden Zahlen ist die größte?

(**A**) $1\cdot 9\cdot 9\cdot 6$ (**B**) $19\cdot 9\cdot 6$ (**C**) $1\cdot 99\cdot 6$
(**D**) $1\cdot 9\cdot 96$ (**E**) $19\cdot 96$

D-7/8 (3) -96

**A 1.33** Betty macht es Spaß, die Ziffern, die sie auf ihrer Digitaluhr sieht, zu addieren – wenn die Uhr z. B. 21:17 zeigt, rechnet sie $2+1+1+7=11$. Welches ist die größte Summe, die sie dabei erhalten kann?

(**A**) 24 (**B**) 36 (**C**) 19 (**D**) 25 (**E**) 23

A-Eco (15), D/CH-3/4 (15) -03

**A 1.34** Sechs Kaninchen fressen zusammen 20 Möhren; das erste eine, das zweite zwei, das dritte drei – und das vierte mehr als jedes der anderen. Wie viele Möhren hat das vierte mindestens gefressen?

(**A**) 3 (**B**) 4 (**C**) 5 (**D**) 6 (**E**) 7

A-Jun (4), D-9/10 (4) -02

**A 1.35** Welches ist die Differenz zwischen der größten und der kleinsten vierstelligen Zahl, wobei jede dieser beiden Zahlen aus vier voneinander verschiedenen Ziffern besteht?

(**A**) 8989 (**B**) 8853 (**C**) 8865
(**D**) 8643 (**E**) 8642

A-Jun (6), D-9/10 (7) -02

## Schätzen

**A 1.36** Aus einem großen Stück Papier will ich mir einen Notizzettelblock herstellen. Ich halbiere das Papier, halbiere die beiden Hälften, dann die vier Viertel usw., insgesamt 7-mal. Zum Schluss lege ich alle Zettel zum Stapel übereinander. Wenn das Papier 0,03 cm dick ist, dann misst der Notizzettelstapel in der Höhe

(**A**) weniger als 1 mm (**B**) etwas mehr als 1 mm
(**C**) ein wenig mehr als 1 cm (**D**) fast 3 cm
(**E**) knapp 4 cm

D-7/8 (11) –02

**A 1.37** Ein Mann hat bis jetzt 44 Jahre + 44 Monate + 44 Wochen + 44 Tage + 44 Stunden gelebt. Wie alt ist er?

(**A**) 44 (**B**) 47 (**C**) 48 (**D**) 49 (**E**) 50

D-5/6 (18) –98

**A 1.38** Unter den in (**A**) bis (**E**) aufgeschriebenen Zahlen ist jene gesucht, die für die Zahl $\frac{21 \cdot 0,4 \cdot 1997}{10000}$ die beste Näherung ist.

(**A**) $0,001$ (**B**) $0,01$ (**C**) $0,1$ (**D**) 1 (**E**) 10

D-7/8 (17) –97

**A 1.39** Die Großeltern von Mark haben eben eine Schlankheitskur beendet. Die Oma, die zwischen 60 und 65 kg wog, hat zwischen 3 und 4 kg abgenommen, der Opa, dessen Gewicht zwischen 63 und 67 kg lag, wiegt jetzt zwischen 4 und 5 kg weniger. Wenn die Großeltern zusammen auf die Waage steigen, dann liegt das Gewicht, das man auf der Skala ablesen kann, sicher zwischen

(**A**) 114 und 123 kg (**B**) 116 und 123 kg (**C**) 114 und 125 kg
(**D**) 116 und 125 kg (**E**) solche Zahlen lassen sich nicht angeben

D-7/8 (20) –98

**A 1.40** Eine Million Sekunden, das sind ungefähr

(**A**) 3 Tage (**B**) 12 Tage (**C**) 3 Monate (**D**) 1 Jahr (**E**) 2 Jahre

D-5/6 (11) –96

**A 1.41** Welche der folgenden Zahlen ist die größte?

(**A**) $2^{32}$ (**B**) $4^{15}$ (**C**) $8^{11}$ (**D**) $16^8$ (**E**) $32^6$

D-9/10 (2) –00

**A 1.42** Eine 1 cm dicke Bahn aus Dämmfolie steht, zu einem 1 m dicken Zylinder zusammengerollt, im Lager. Welche Schätzung für die Länge der Bahn ist die beste?

(A) 20 m (B) 50 m (C) 80 m (D) 110 m (E) 150 m

A-Jun (25), D/CH-9/10 (23) -04

## Mittelwert und Durchschnitt

Ein oft genutztes, wesentliches Mittel zur Steuerung von Prozessen, in denen Menschen miteinander zu tun haben, ist der Vergleich. Zwischen den Kindern einer Familie, den Schülerinnen und Schülern einer Klasse, einer Schule, eines Bundeslandes, zwischen Ländern, zwischen Skiläufern oder Fußballern oder Abteilungen eines Unternehmens: überall wird verglichen, wer etwas besser kann, wer etwas mehr oder weniger hat, als ein anderer. Wollen wir dieses Mittel effektiv selbst nutzen, so ist nicht nur die Kenntnis durchschnittlicher Werte, Leistungen, Punktzahlen, sondern vor allem der „leichtfüßige“ Umgang damit erforderlich. Wenn wir wertende Aussagen, die eine Person ausspricht, die wir in Nachrichten hören oder in Zeitungen lesen, richtig einordnen wollen, müssen wir wissen, was der Durchschnitt oder Mittelwert im entsprechenden Zusammenhang beinhaltet. In den folgenden Beispielen betrachten wir Mittelwert und Durchschnitt von verschiedenen Seiten und wollen dem Verständnis und der Fähigkeit, dieses Mittel einzusetzen, ein Stück näherkommen.

**A 1.43** Im Zooladen sitzen im Käfig fünf kleine Papageien mit einem durchschnittlichen Verkaufspreis von 60 €. Als eines Tages der prächtigste entwischt, beträgt der durchschnittliche Preis der restlichen vier Papageien nur noch 50 €. Wie teuer war der entschlüpfte?

(A) 100 € (B) 98 € (C) 78 € (D) 65 € (E) 64 €

A-Kad (6), D/CH-7/8 (5) -03

**A 1.44** Als ich mit meinen 4 Geschwistern zum Jahrmarkt gehe, haben wir jeder etwas Geld einstecken, im Durchschnitt 8 € pro Person. Ich habe sogar 10 €. Wie viele Euro haben meine Geschwister im Durchschnitt?

(A) 6,00 € (B) 6,50 € (C) 6,75 € (D) 7,00 € (E) 7,50 €

A-Jun (3), D-9/10 (3) -99

**A 1.45** Wenn die Summe von fünf aufeinander folgenden Zahlen 2005 ist, dann ist die größte dieser Zahlen

(A) 401 (B) 403 (C) 404 (D) 405 (E) 2001

A-Ben (13), D/CH-5/6 (15) -05

**A 1.46** Der Mittelwert aus zehn voneinander verschiedenen positiven ganzen Zahlen ist 10. Wie groß ist die größte dieser Zahlen maximal?

(**A**) 10 (**B**) 45 (**C**) 50 (**D**) 55 (**E**) 91

A-Kad (27), D/CH-7/8 (28) -05

**A 1.47** Nachdem Jonas ausgerechnet hat, dass die 6-Mann-Gruppe, mit der er sich am Sport-Mehrkampf beteiligt hat, eine durchschnittliche Punktzahl von 84 Punkten erzielt hat, stellt er fest, dass er bei einer der 6 Punktzahlen statt der korrekten 68 die verdrehte Zahl 86 benutzt hat. Welches ist die richtige Durchschnittspunktzahl?

(**A**) 87 (**B**) 80 (**C**) 78 (**D**) 83 (**E**) 81

D/CH-5/6 (26) -04

**A 1.48** Das Durchschnittsalter von Großmutter, Großvater und ihren 7 Enkelkindern ist 28 Jahre. Das Durchschnittsalter der Enkel ist 15 Jahre. Die Großmutter ist 3 Jahre älter als der Großvater. Wie alt ist sie?

(**A**) 71 (**B**) 72 (**C**) 73 (**D**) 74 (**E**) 75

A-Kad (23), D/CH-7/8 (18) -04

**A 1.49** Unser 294 km entferntes Ziel erreichen wir mit dem Auto. Obwohl wir eine Pause machen, beträgt die Durchschnittsgeschwindigkeit 84 km/h. Hätten wir keine Pause gemacht, wäre unsere Durchschnittsgeschwindigkeit 98 km/h gewesen. Wie lange dauerte die Pause?

(**A**) 30 min (**B**) 36 min (**C**) 12 min (**D**) 4 min (**E**) 39 min

D-7/8 (22) -00

**A 1.50** In der Schule ist ein Abschlussexamen in insgesamt 8 Fächern zu schreiben, wobei für jede einzelne Abschlussarbeit 0 bis 5 Punkte vergeben werden. Nachdem Anne die ersten 6 Examensarbeiten bewertet zurückbekommen hat, beträgt ihre durchschnittliche Punktzahl $3,5$. Mit welchem Ergebnis muss sie die beiden letzten Arbeiten abschließen, um insgesamt einen Durchschnittswert von 4 Punkten zu haben?

(**A**) Sie muss in beiden Arbeiten 5 Punkte bekommen.

(**B**) Es ist nicht mehr möglich.

(**C**) Sie muss in der einen Arbeit 5, in der anderen 4 Punkte bekommen.

(**D**) Sie schafft es, wenn sie in beiden Arbeiten 4 Punkte erreicht.

(**E**) Es genügt, in einer der Arbeiten 5, in der anderen 3 Punkte zu bekommen.

D-7/8 (22) -97

**A 1.51** Wenn $k$ Kängurukaugummis $p$ Euro und $p$ Pandapralinen $k$ Euro kosten, dann ist der durchschnittliche Preis für eine der Delikatessen (in Euro)

(A) 1 (B) $\frac{k+p}{2}$ (C) $\frac{2kp}{k+p}$ (D) $kp$ (E) $\frac{k^2+p^2}{2kp}$

A-Stu (1), D/CH-11/13 (1) -04

**A 1.52** Bei einem Tanzturnier bewerten die Preisrichter die Tanzpaare stets mit natürlichen Zahlen. Die Durchschnittswertung für eines der Tanzpaare ist 5,625. Wie viele Preisrichter haben dann mindestens an der Bewertung teilgenommen?

(A) 2 (B) 3 (C) 6 (D) 8 (E) 10

A-Kad (17), D-7/8 (18) -00

**A 1.53** Ina vertritt ihre Schule beim Sportfest aller Schulen der Stadt im „4-Runden-Rennen". Runde 1 bewältigt sie mit einer Durchschnittsgeschwindigkeit von 12 km/h, Runde 2 und 3 mit je 10 km/h. Angefeuert von ihren Mitschülern spurtet sie die Schlussrunde mit 20 km/h durch. Welches ist ihre Durchschnittsgeschwindigkeit für das ganze Rennen?

(A) 13 km/h (B) 11,6 km/h (C) 14,4 km/h (D) 12 km/h (E) 15 km/h

D/CH-9/10 (22) -05

## Rechnen mit und Umrechnen zwischen Maßeinheiten

**A 1.54** Annie ist gestern um 21.30 Uhr eingeschlafen und heute früh um 6.45 Uhr aufgewacht. Annies kleiner Bruder hat eine Stunde und 50 Minuten länger geschlafen. Wie lange hat er geschlafen?

(A) 30h 5min (B) 11h 35min (C) 11h 5min (D) 9h 5min (E) 8h 35min

A-Eco (12), D/CH-3/4 (9) -03

**A 1.55** Känguru Ulf hat für die Tierolympiade trainiert. Sein längster Trainingssprung war 5 m, 32 cm und 5 mm weit. Der Sprung, mit dem Ulf die Goldmedaille errang, war noch 123 cm und 5 mm länger. Wie weit war der Siegersprung?

(A) 6 m 56 cm (B) 5 m 73 cm 5 mm (C) 5 m 55 cm 5 mm
(D) 11 m 28 cm (E) 7 m 23 cm

A-Eco (14), D/CH-3/4 (13) -03

**A 1.56** Wie viel Zeit liegt zwischen 11:11 und 13:13?

(A) 2h (B) 12h 12min (C) 2h 12min (D) 2h 2min (E) 112min

A-Kad (3), D-7/8 (3) -00

**A 1.57** 36 000 Sekunden sind dasselbe wie

(**A**) eine Stunde (**B**) drei Stunden (**C**) fünfeinhalb Stunden
(**D**) sechs Stunden (**E**) es sind mehr als sechs Stunden

A-Ben (5), D/CH-5/6 (4) -04

**A 1.58** Um sich beim Sportfest für die Teilnahme am Marathon zu qualifizieren, ist ein 10-km-Lauf zu bewältigen. Jonny Jogger schaffte 9641 m, 3456 dm und 12340 mm, bevor er entkräftet aufgab. Wie viel Zentimeter fehlten ihm für die Qualifikation?

(**A**) 1060 cm (**B**) 160 cm (**C**) 106 cm (**D**) 102 cm (**E**) 96 cm

A-Ben (16), D-5/6 (12) -01

**A 1.59** Unlängst wurde ich in der Nacht wach. Meine Uhr zeigte 2 Uhr, aber ich stellte fest, dass sie stehengeblieben war. Also setzte ich sie wieder in Gang. Am Morgen beim Aufstehen guckte ich auf die Radiouhr. Es war 7 Uhr. Meine Uhr allerdings stand erst bei 5.30 Uhr. Wann war ich in der Nacht wach geworden?

(**A**) um 4 Uhr (**B**) um 3.30 Uhr (**C**) um 4.30 Uhr
(**D**) um 3 Uhr (**E**) eine halbe Stunde nach Mitternacht

A-Kad (12), D-7/8 (7) -99

**A 1.60** Der Strauß Alfonso trainiert für die Tierolympiade in der Disziplin „Kopf-in-den-Sand-stecken“. Er zog seinen Kopf am Montag um 8:15 Uhr aus dem Sand und durfte feststellen, dass er einen neuen persönlichen Rekord erzielt hat, indem er 98 Stunden und 56 Minuten im Untergrund war. Wann hatte Alfonso seinen Rekord gestartet?

(**A**) am Donnerstag um 5:19 Uhr (**B**) am Donnerstag um 5:41 Uhr
(**C**) am Donnerstag um 11:11 Uhr (**D**) am Freitag um 5:19 Uhr
(**E**) am Freitag um 11:11 Uhr

A-Kad (20), D/CH-7/8 (16) -04

**A 1.61** Während meine Tante ihr Auto mit konstanter Geschwindigkeit von 90 km/h fuhr, guckte ich immer mal auf die Uhr und auf den beim Losfahren auf 0,0 km gestellten Kilometerzähler. Als der Kilometerzähler irgendwann 116,0 km zeigte, war es gerade 21:00 Uhr. Ein Weilchen später zeigten Uhr und Kilometerzähler beide akkurat dieselbe Ziffernfolge. Wie spät war es da?

(**A**) 21:30 (**B**) 21:50 (**C**) 22:00 (**D**) 22:10 (**E**) 22:30

A-Jun (20), D/CH-9/10 (20) -05

## 1.2 Natürliche Zahlen – Primzahlen, Teilbarkeit und mehr

**A 1.62** Die Summe der Ziffern einer zehnstelligen Zahl ist gleich 9. Dann ist das Produkt der Ziffern gleich

(A) 0 (B) 1 (C) 45
(D) $9 \cdot 8 \cdot 7 \cdots 2 \cdot 1$ (E) das hängt von der Zahl ab

A-Eco (20), D/CH-3/4 (15) –04

**A 1.63** Nach dem ersten Ton aus der Trillerpfeife des Dompteurs formieren sich die Affen der großen Affengruppe in 6 Reihen, in jeder Reihe sind 4 Affen. Nach dem zweiten Trillern stellen sie sich in Reihen zu je 8 Affen auf. Wie viele Reihen sind das?

(A) 5 (B) 8 (C) 2 (D) 4 (E) 3

A-Eco (6), D/CH-3/4 (8) –05

**A 1.64** Carina wählt eine natürliche Zahl und multipliziert sie mit 3. Welche der folgenden Zahlen kann sie nicht als Ergebnis erhalten haben?

(A) 103 (B) 105 (C) 204 (D) 444 (E) 987

A-Ben (09), D/CH-5/6 (7) –05

**A 1.65** Die Zahl 2000 erhält man durch Multiplikation der Zahlen 2 und 5. Wie viele davon benötigt man?

(A) 2 2er und 5 5er (B) 3 2er und 3 5er (C) 3 2er und 4 5er
(D) 4 2er und 3 5er (E) 4 2er und 4 5er

A-Ben (07), D-5/6 (7) –00

**A 1.66** Bei einem Sommerlager sollen 96 Kinder in lauter gleich große Gruppen geteilt werden. Wie viele Gruppengrößen sind möglich, wenn in einer Gruppe mindestens 5 und höchstens 20 Kinder sein sollen?

(A) 10 (B) 8 (C) 5 (D) 4 (E) 2

A-Ben (21), D-5/6 (23) –00

**A 1.67** Gesucht ist eine Zahl, die durch 3, aber nicht durch 9 teilbar ist. Außerdem soll sie durch 2 und durch 5, aber nicht durch 4 teilbar und größer als 100, jedoch kleiner als 200 sein. Diese Zahl ist

(A) 150 (B) 153 (C) 180 (D) 195 (E) 120

D-5/6 (25) –99

**A 1.68** Der Weg von unserer Haustür bis zur Gartenpforte besteht aus 25 rechteckigen Steinplatten. Gehe ich früh zur Schule, so trete ich immer gleich auf die erste Platte, dann lasse ich eine aus und trete auf die dritte, lasse wieder eine aus, trete auf die fünfte usw. Komme ich zurück, trete ich gleich auf die erste Steinplatte an der Gartenpforte, springe dann über zwei hinweg zur vierten, dann wieder über zwei hinweg zur siebten usw. Wie viele der Platten betrete ich auf diese Weise nicht?

(**A**) 8 (**B**) 7 (**C**) 6 (**D**) 5 (**E**) 4

A-Kad (5), D/CH-5/6 (16) u. 7/8 (2) –03

**A 1.69** Olli und Ulli gehen in den Wald Schwammerl suchen. Sie finden zusammen 70 Schwammerln. 5/9 von Ollis Schwammerln sind Steinpilze und 2/17 von Ullis sind Eierschwammerl. Wie viele Schwammerl hat Olli gefunden?

(**A**) 27 (**B**) 36 (**C**) 45 (**D**) 54 (**E**) 10

A-Ben (19) –04

**A 1.70** Ich habe 108 rote Bälle und 180 grüne. Ich möchte sie so auf Beutel verteilen, dass sich in jedem Beutel gleich viele rote Bälle befinden, und auch in jedem Beutel gleich viele grüne Bälle. Wie viele Beutel kann ich höchstens verwenden?

(**A**) 36 (**B**) 18 (**C**) 8 (**D**) 1 (**E**) 288

A-Ben (23) –04

**A 1.71** Wenn wir von einer fünfstelligen Zahl dieselbe Zahl, jedoch von hinten nach vorn geschrieben, abziehen, so ist die Differenz stets teilbar durch

(**A**) 7 (**B**) 2 (**C**) 13 (**D**) 9 (**E**) 5

D-5/6 (13) –98

**A 1.72** Eine natürliche Zahl $n$ ist sowohl durch 21 als auch durch 9 teilbar. Wie viele Teiler hat $n$ mindestens?

(**A**) 3 (**B**) 4 (**C**) 5 (**D**) 6 (**E**) 7

A-Kad (22), D-7/8 (22) –02

**A 1.73** Es sei $a$ die kleinste gerade natürliche Zahl, für die die Summe ihrer Ziffern gleich 12 ist. Dann ist das Produkt der Ziffern von $a$ gleich

(**A**) 36 (**B**) 32 (**C**) 2 (**D**) 12 (**E**) 24

D/CH-5/6 (26) –05

**A 1.74** Jemand schreibt neben eine zweistellige Zahl dieselbe Zahl noch einmal hin und teilt dann diese vierstellige Zahl durch die ursprüngliche zweistellige Zahl. Wie heißt das Ergebnis der Division?

(A) 10 (B) 11 (C) 99 (D) 100 (E) 101

D-7/8 (10) -96

**A 1.75** Wenn $a$ und $b$ natürliche Zahlen sind, von denen keine durch 10 teilbar ist, und das Produkt $a \cdot b = 10\,000$ ist, dann ist $a + b =$

(A) 641 (B) 657 (C) 1029 (D) 3137 (E) 3189

A-Kad (28), D/CH-7/8 (23) -04

**A 1.76** Jede positive ganze Zahl $n$ ist als Produkt von Primfaktoren darstellbar. Die Anzahl der Faktoren in dieser Zerlegung bezeichnen wir als die Länge von $n$. So ist etwa die Länge von $90 = 2 \cdot 3 \cdot 3 \cdot 5$ gleich 4. Wie viele ungerade Zahlen kleiner als 100 haben die Länge 3?

(A) 2 (B) 3 (C) 5
(D) 7 (E) eine andere Anzahl

A-Kad (20) -05

**A 1.77** Michael hat 42 Würfel mit Kantenlänge 1 cm. Er baut aus allen Würfeln einen festen Quader mit dem Basisumfang 18 cm. Wie hoch ist der Quader?

(A) 1 cm (B) 2 cm (C) 3 cm (D) 4 cm (E) 5 cm

A-Kad (15), D/CH-7/8 (15) -03

**A 1.78** Meine Mutter arbeitet als Krankenschwester. Vier Tage hintereinander hat sie Dienst, der fünfte Tag ist frei. Gestern hatte sie frei, und heute, am Montag, hat die 4-tägige Dienstzeit wieder begonnen. Nach wie vielen Tagen – den heutigen mitgerechnet – hat sie wieder an einem Sonntag frei?

(A) 30 (B) 36 (C) 12 (D) 34 (E) 7

A-Kad (14), D/CH-7/8 (17) -05

**A 1.79** Wenn der größte gemeinsame Teiler der Zahlen 35 und $m$ größer als 10 ist, dann gilt gewiss

(A) $m$ ist mindestens dreistellig (B) $m$ ist ein Vielfaches von 35
(C) $m$ ist durch 15 teilbar (D) 35 ist ein Vielfaches von $m$
(E) $m$ ist entweder durch 5 oder durch 7 teilbar

A-Jun (5), D-9/10 (4) -01

**A 1.80** Welche der folgenden Zahlen ist für jede beliebig gewählte natürliche Zahl $n$ ungeradzahlig?

(**A**) $2003 \cdot n$ (**B**) $n^2 + 2003$ (**C**) $n^3$ (**D**) $n + 2004$ (**E**) $2n^2+2003$

A-Jun (6), D/CH-9/10 (1) –03

**A 1.81** Sina, Said, Sam, Sergej und Susi denken sich jeder genau eine der Zahlen 1, 2 oder 4 und multiplizieren diese fünf Zahlen dann miteinander. Nur eine der folgenden Zahlen könnte das Ergebnis sein. Welche?

(**A**) 768 (**B**) 256 (**C**) 72 (**D**) 144 (**E**) 2048

A-Kad (22) u. Jun (11), D/CH-7/8 (17) u. 9/10 (10) –04

**A 1.82** Wenn die Summe der Ziffern einer Zahl $m$ gleich 30 ist, welchen Wert kann dann die Summe der Ziffern der Zahl $m + 3$ gewiss nicht annehmen?

(**A**) 33 (**B**) 6 (**C**) 20 (**D**) 24 (**E**) 15

A-Stu (23), D/CH-11/13 (21) –05

**A 1.83** Ich habe viele Bauklötze mit Länge 1 cm, Breite 2 cm und Höhe 3 cm. Wie viele Bauklötze brauche ich mindestens, um damit einen Würfel (ohne Hohlräume) zu bauen?

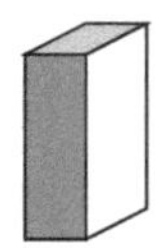

(**A**) 12 (**B**) 18 (**C**) 24 (**D**) 36 (**E**) 60

A-Kad (21), D/CH-7/8 (15) –04

**A 1.84** Die Zahl 2004 ist durch 12 teilbar und hat die Ziffernsumme 6. Wie viele vierziffrige Zahlen gibt es mit diesen beiden Eigenschaften?

(**A**) 10 (**B**) 12 (**C**) 13 (**D**) 15 (**E**) 18

A-Kad (29), D/CH-7/8 (28) –04

**A 1.85** Es ist $n! = 1 \cdot 2 \cdot 3 \cdots (n-1) \cdot n$.
Welchen Rest lässt die Zahl $1! + 2! + 3! + 4! + \cdots + 10!$ bei Division durch 5?

(**A**) 0 (**B**) 1 (**C**) 2 (**D**) 3 (**E**) 4

D-9/10 (21) –02

**A 1.86** Das Produkt zweier natürlicher Zahlen $a$ und $b$, beide ungleich 1, ist 81. Wie ändert sich das Produkt, wenn $a$ um 2 größer und $b$ um 2 kleiner wird?

(**A**) Das Produkt vergrößert sich um 1. (**B**) Das Produkt ist wieder 81.
(**C**) Das Produkt ist dann 77. (**D**) Das Produkt ist um 2 kleiner.
(**E**) Das Produkt ist nicht eindeutig bestimmt.

D-7/8 (23) –01

**A 1.87** Wie viele Mengen haben folgende Eigenschaften: i) Die Elemente der Menge sind positive aufeinander folgende ganze Zahlen. ii) Die Summe der Zahlen in der Menge ist 100. iii) Die Menge enthält mindestens zwei Elemente.

(**A**) 1 (**B**) 2 (**C**) 3 (**D**) 4 (**E**) 0

A-Kad (30), D/CH-7/8 (30) –05

**A 1.88** Welche der folgenden sechsstelligen Zahlen ist stets durch 7 teilbar, egal, welche Ziffern für P und Q, ($Q \neq 0$) gesetzt werden?

(**A**) QQPPQP (**B**) QPQPQP (**C**) QPQQPP (**D**) QPPQQP (**E**) QQQPPP

D-7/8 (30) –98

**A 1.89** Eine Dezimaldarstellung der Zahl $n$ besteht aus 1995 Ziffern 9. Wie oft ist die Ziffer 9 dann in der Zahl $n^2$ enthalten?

(**A**) 0 (**B**) 1 (**C**) 1994
(**D**) 1995 (**E**) eine andere Antwort

D-11 (29) –95

**A 1.90** Für wie viele ganze Zahlen ist der Wert des Bruches $\dfrac{2n^2+9n+13}{n+2}$ eine ganze Zahl?

(**A**) 1 (**B**) 2 (**C**) 3 (**D**) 4 (**E**) 5

A-Stu (9), D-11/13 (12) –99

**A 1.91** Die Zahl 6pqpqpq (p und q sind Ziffern) ist ein Vielfaches von 18. Löschen wir die erste und die letzte Ziffer, dann ist die so entstandene Zahl nur noch durch 6 teilbar. Dann ist die Ziffer p gleich

(**A**) 3 (**B**) 4 (**C**) 7 (**D**) 8 (**E**) 9

A-Jun (20), D-9/10 (25) –00

**A 1.92** Gina wartet auf ihren Freund Fred und vertreibt sich die Zeit mit Rechenübungen. Sie multipliziert die ersten 20 natürlichen Zahlen $1 \cdot 2 \cdots 20$, und als sie dann immer noch allein ist, teilt sie das Produkt durch 2 und wieder durch 2 und wieder... Erst als das Ergebnis nicht mehr durch 2 teilbar ist, erscheint Fred. Wie oft hat Gina $1 \cdot 2 \cdots 20$ durch 2 geteilt?

(**A**) einmal (**B**) 6-mal (**C**) 12-mal (**D**) 18-mal (**E**) 24-mal

D/CH-11/13 (3) –04

**A 1.93** Als Fred einmal auf Gina warten muss, erinnert er sich, wie sie sich in solchen Fällen die Zeit vertreibt, und übt sich in Rechenkünsten. Als sie kommt, sagt er: „Ich habe mir drei Ziffern $a, b, c$ ausgedacht, für die $0 < a < b < c$ gilt. Dann habe ich damit alle möglichen dreistelligen Zahlen gebildet und diese addiert. Die Summe ist 1554. Nun sag du mir, welchen Wert hat dann $c$?“

(**A**) 3 (**B**) 4 (**C**) 5 (**D**) 6 (**E**) 7

A-Stu (29), D/CH-11/13 (29) -04

## 1.3 Zahlenspaß – im Text versteckt

Nachdem im ersten Abschnitt das reine Rechnen geübt wurde und Eigenschaften natürlicher Zahlen gesucht und untersucht wurden, wollen wir uns nun Textaufgaben zuwenden.

Bei den Textaufgaben ist vor dem Rechnen ein wesentlicher Schritt zu tun, der der Modellbildung. Dies zu lernen und zu üben, gehört nicht nur zu den wichtigsten Aufgaben des Mathematikunterrichts, sondern ist auch eines der Hauptanliegen des Känguru-Wettbewerbs.

Überall im Leben, wenn wir durch die Straßen gehen, auf dem Schulhof, in der Freizeit, beim Arbeiten, beim Warten an der Haltestelle und nicht zuletzt beim Spielen stehen wir vor Situationen, in denen kleine Aufgaben oder Fragen entstehen, die wir lösen wollen oder sollen. Solche Aufgaben können verschiedener Natur sein. Zum einen können wir uns mit Beispielen auseinandersetzen, die einen Vorgang behandeln, wie er sich (fast) genauso abspielen könnte, zum anderen ist es gut und sinnvoll, auch Probleme zu betrachten und Fragen zu lösen, die fiktiv sind, bei deren Bearbeitung jedoch die Werkzeuge, die wir für jegliche reale Aufgaben brauchen, kräftig geübt werden können. Ein Geschehen zu modellieren, das bei Kängurus oder anderen Tieren, im Märchenhaften oder Utopischen angesiedelt ist, weckt die Neugier und macht, dass mit Spaß trainiert wird, was letztlich zu mathematischen Fähigkeiten und Fertigkeiten führen soll, die für die Modellierung realer Situationen und dort fällige Berechnungen zur Verfügung steht.

**A 1.94** Franziska möchte die Trinkschale für ihre Schildkröte mit Wasser füllen. Sie holt das Wasser in einer Tasse aus ihrer Puppenstube. In der Trinkschale ist Platz für 4 Tassen. Da Franziska auf ihrem Weg immer die Hälfte des Wassers verschüttet, muss sie mehr als viermal laufen. Wie oft?

(**A**) 5-mal (**B**) 6-mal (**C**) 7-mal
(**D**) 8-mal (**E**) 9-mal

A-Eco (3), D/CH-3/4 (3) -05

**A 1.95** Marie hat 132 Murmeln, ihre Freundin Luise nur 87. Wie viele Murmeln muss Marie ihrer Freundin geben, damit beide gleich viele haben?

(**A**) 23 (**B**) 32
(**C**) 21 (**D**) 42
(**E**) Bei keiner Anzahl Murmeln, die Marie Luise gibt, haben beide gleich viele.

D-3/4 (7) -02

**A 1.96** Drei Fliegen machen einen Spaziergang auf dem Metermaß entlang. Fliege Alice wird als erste müde und ruht sich bei Nummer 24 aus. Fliege Betty ist am muntersten und marschiert bis zur 66 durch. Fliege Cynthia wählt zum Ausruhen genau die Mitte zwischen beiden aus. Auf welcher Zahl sitzt Cynthia?

(**A**) 33 (**B**) 35 (**C**) 42 (**D**) 45 (**E**) 48

A-Eco (13), D/CH-3/4 (13) -05

**A 1.97** Um seine verzauberte Schwester zu erlösen, braucht Iwan 25 Zauberperlen. Der mächtige Zauberer Kostschej hat in seiner Schatztruhe 7 große Kisten und in jeder der Kisten 3 kleine Kästchen und in jedem der Kästchen liegen 7 der Zauberperlen. Die Schatztruhe, die Kisten und Kästchen sind je mit einem Schloss versehen. Iwan hat sich in den Besitz der Schlüssel gebracht. Wie viele Schlösser muss er mindestens öffnen, um an 25 Perlen zu gelangen?

(**A**) 7 (**B**) 6 (**C**) 9 (**D**) 8 (**E**) 10

A-Eco (15), D/CH-3/4 (18) -05

**A 1.98** Beim Schulsportfest gibt es einen Staffellauf. Als die Sportlehrerin die Mannschaften einteilen will, zählt sie 19 Kinder, die in der Nähe des Startpunkts stehen, und 12, die auf einer Matte sitzen. Wie viele Kinder müssen noch mindestens dazukommen, damit 6 gleich große Mannschaften gebildet werden können?

(**A**) 1 (**B**) 2 (**C**) 3 (**D**) 4 (**E**) 5

A-Eco (10), D-3/4 (6) -01

**A 1.99** Beim Kindertag bläst Joseph die Luftballons für alle auf. Er schafft genau 8 Stück in jeweils drei Minuten, allerdings halten von 10 Ballons nur 9 die Luft, denn jeder zehnte platzt gleich nach dem Aufblasen. Wie viele der Ballons, die Joseph in zwei Stunden unentwegten Arbeitens aufgepustet hat, sind nach diesen zwei Stunden noch voll Luft?

(**A**) 24 (**B**) 144 (**C**) 288 (**D**) 312 (**E**) 320

A-Jun (5), D/CH-9/10 (4) -05

**A 1.100** Um vier Kugeln Eis zu kaufen, fehlen Paul 80 Pfennig. Er kauft also drei Kugeln und hat nun noch 30 Pfennig übrig. Wie teuer ist eine Kugel Eis?

(**A**) 75 Pf. (**B**) 80 Pf. (**C**) 90 Pf. (**D**) 1,05 DM (**E**) 1,10 DM

D-3/4 (13) –98

**A 1.101** Julia, Kim und Murat setzen ein 120-Teile-Puzzle zusammen. Kim schafft dabei 13 Teile mehr als Julia, Murat hat 39 eingefügt. Wie viele Teile hat Julia eingepasst?

(**A**) 34 (**B**) 37 (**C**) 39 (**D**) 41 (**E**) 47

A-Ben (9), D/CH-5/6 (7) –04

**A 1.102** Mowgli braucht 40 Minuten, wenn er von seiner Hütte zum Wasser läuft und sich zurück vom Elefanten tragen lässt. Wählt er auch für den Hinweg den Elefanten, braucht er 8 Minuten weniger. Wie lange würde er brauchen, wenn er hin und zurück zu Fuß ginge?

(**A**) 24 min (**B**) 32 min (**C**) 44 min (**D**) 48 min (**E**) 60 min

A-Ben (11), D/CH-5/6 (13) –05

**A 1.103** In zwei der abgebildeten Tassen befindet sich Kaffee, in zwei Tassen Milch und in einer Kakao. An Kaffee ist insgesamt doppelt so viel vorhanden wie Kakao. In welcher Tasse ist der Kakao?

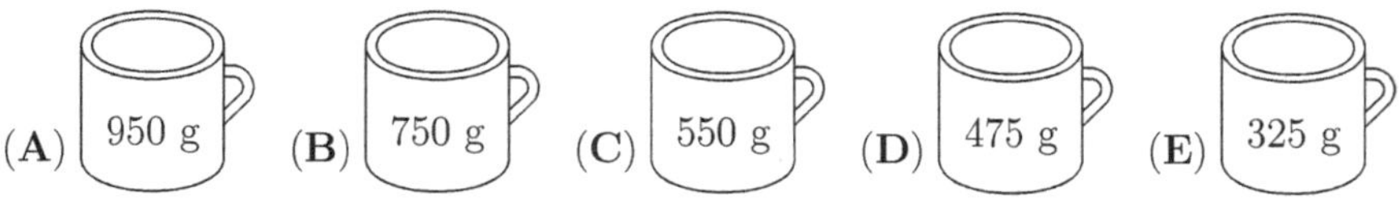


A-Ben (28), D-5/6 (29) –99

**A 1.104** David, Karin und Max ernten zusammen 280 Tomaten. David hat doppelt so viele wie Karin und sogar 4-mal so viele wie der kleine Max gepflückt. Wie viele Tomaten hat Karin geerntet?

(**A**) 45 (**B**) 60 (**C**) 65 (**D**) 70 (**E**) 80

A-Ben (22), D-5/6 (23) –01

**A 1.105** Würde der rote Drachen 6 Köpfe mehr als der grüne Drachen haben, hätten sie zusammen 34 Köpfe. Aber der rote Drachen hat 6 Köpfe weniger als der grüne Drachen. Wie viele Köpfe hat der rote Drachen?

(**A**) 6 (**B**) 8 (**C**) 12 (**D**) 14 (**E**) 16

A-Ben (18), D-5/6 (14) –01

**A 1.106** Von 101 Dalmatinern haben 58 einen schwarzen Fleck am linken Ohr, 15 haben am rechten Ohr einen schwarzen Fleck, 29 haben ganz weiße Ohren. Wie viele Dalmatiner haben an beiden Ohren einen schwarzen Fleck?

(A) keiner (B) 1 (C) 72 (D) 73 (E) 74

D-5/6 (21) –98

---

**A 1.107** Im Känguru-Wettbewerb hat Pascal aus der 11. Klasse genau 25 Fragen beantwortet, wobei er sich bei 3 Fragen geirrt hat. Die restlichen Fragen hat er nicht beantwortet. Wie viele Punkte kann er maximal erreicht haben?

(A) 102,75 (B) 128,25 (C) 132,75 (D) 134 (E) eine andere Zahl

D-Spezialschulen (1) –95

---

**A 1.108** Um eine Prinzessin zu befreien, muss Christopher sie in ihrem 300 km entfernten Schloss mit einem Kuss erwecken. Er zieht seine Skater an und skatet jeden Tag 50 km, aber in der Nacht bläst ihn ein böser Zauberer 40 km wieder zurück. An welchem Tag könnte Christopher die Prinzessin küssen?

(A) am 26. Tag (B) am 27. Tag (C) am 28. Tag (D) am 29. Tag (E) am 30. Tag

D-5/6 (12) –98

---

**A 1.109** Andrés Vater nimmt an einem Quiz teil. Er erhält für eine richtige Antwort 2 Punkte, bei einer falschen werden 4 Punkte abgezogen. Nach den 18 Fragen des Quiz hat er 0 Punkte. Wie viele seiner Antworten waren korrekt?

(A) 0 (B) 2 (C) 6 (D) 9 (E) 12

D-5/6 (24) –98

---

**A 1.110** Lina schreibt auf einen Zettel eine zweistellige Zahl und dann die Zahl, die sie durch Vertauschen der beiden Ziffern erhält. Als sie dann die kleinere der beiden von der größeren abzieht, ist die Differenz gleich der größeren der beiden Ziffern. „Dann kann ich dir sagen, wie groß die Summe der beiden Ziffern ist", sagt ihr Banknachbar. Die Summe ist

(A) 17 (B) 15 (C) 13 (D) 11 (E) 10

D/CH-5/6 (22) –03

---

**A 1.111** Bei einem internationalen Känguru-Meeting kommt eine Gruppe von 20 Personen zusammen, von denen 18 englisch, 15 französisch und 12 russisch sprechen können. Welches ist die Mindestanzahl von Teilnehmern des Treffens, die alle drei Sprachen sprechen können?

(A) 0 (B) 1 (C) 3 (D) 5 (E) 12

D-11/13 (1) –98

---

**A 1.112** Das Kaffeekränzchen meiner Großmutter will eine Ausstellung in der Nachbarstadt besuchen und für die Fahrt einen Kleinbus mieten. In die Reisekasse sind pro Person bisher 14 € gezahlt worden. Das sind 4 € zu wenig für den Trip. „Dann zahlt eben jede noch 1 € zu“, schlägt meine Großmutter vor. „Dann haben wir aber 1 € zu viel“, sagt ihre Freundin. Wie viel muss pro Person gezahlt werden, damit das Geld exakt ausreicht?

(**A**) 14,40 € (**B**) 14,60 € (**C**) 14,80 € (**D**) 15,00 € (**E**) 15,20 €

A-Kad (12), D/CH-7/8 (14) –05

**A 1.113** 30 Schiffbrüchige finden Aufnahme auf einem Schiff. Die Lebensmittel auf diesem Schiff hätten vor der Aufnahme für 60 Tage gereicht, nun reichen sie für 50 Tage. Wie viele Leute waren ursprünglich auf dem Schiff?

(**A**) 15 (**B**) 40 (**C**) 116 (**D**) 142 (**E**) 150

A-Kad (13), D-7/8 (12) –02

**A 1.114** Donald wird zu einem Tisch geführt, auf dem sich amerikanische Banknoten im Wert von 1 \$, 2 \$, 5 \$, 10 \$, 20 \$, 50 \$ und 100 \$ befinden. Er darf sich insgesamt 30 Scheine nehmen, muss dabei allerdings von jeder Sorte mindestens einen, und von je zwei verschiedenen Sorten je eine verschiedene Anzahl von Scheinen nehmen. Er denkt kurz nach und nimmt sich dann die 30 Scheine so, dass er die größtmögliche Geldsumme hat. Wie viele 20-\$-Scheine hat er genommen?

(**A**) 1 (**B**) 2 (**C**) 3 (**D**) 4 (**E**) 5

D-11/13 (1) –99

**A 1.115** Jean und Pierre trainieren für ein Radrennen auf einem geschlossenen Rundkurs. Jean braucht für eine Runde 6 Minuten, Pierre nur 4. Sie starten zusammen und in dieselbe Richtung. Wie viele Minuten nach dem Start wird Jean von Pierre zum ersten Mal überrundet?

(**A**) 24 (**B**) 12 (**C**) 10 (**D**) 6 (**E**) 4

D-7/8 (9) –96

**A 1.116** Mama Känguru und ihr Sprössling Jumpy trainieren in einem Stadion mit einer Bahnlänge von 330 m für ein Wettspringen. Gleichzeitig springen sie an der Startlinie los, jeder macht einen Sprung pro Sekunde. Jumpys Sprünge sind je 2 m, die der Mama je 5 m weit. Nach einer Minute gibt Jumpy auf und bleibt sitzen, die Mama zieht weiter ihre Runde. Wie lange braucht sie dann noch, bis sie Jumpy erreicht?

(**A**) 30 s (**B**) 27 s (**C**) 24 s (**D**) 33 s (**E**) 48 s

A-Jun (11), D/CH-9/10 (9) –05

**A 1.117** Mein Großvater hat in einem Fass 64 l Wein, den er gern zum Essen trinkt. Nachdem er die ersten 16 l getrunken hat, füllt er 16 l Wasser nach, damit es länger reicht. Nachdem er nun 16 l des verdünnten Weins weggetrunken hat, füllt er wieder Wasser nach, und dies tut er schließlich noch ein drittes Mal. Wie viele Liter reinen Weins waren nach dem letzten Nachfüllen noch im Fass?

(A) 27 (B) 24 (C) 12 (D) 32 (E) 40

A-Kad (25), D/CH-7/8 (27) –05

**A 1.118** Fritz, die Schildkröte, ist zweieinhalbmal so schnell wie Wanda, die Schnecke. Bei einem 100-Meter-Rennen gehen sie gleichzeitig durchs Ziel. Wie groß war der Vorsprung, den Fritz Wanda zugestanden hatte?

(A) 22 m (B) 50 m (C) 60 m (D) 66 m (E) 80 m

D-11/13 (12) –00

**A 1.119** Zwei alte Freunde trinken Wein aus einem großen Weinballon. „Du“, sagt der eine, „der Ballon ist nur noch zu 30 % gefüllt.“ „Ja“, erwidert der andere schlau, „das sind genau 30 l weniger als noch vor 30 Tagen, wo er zu 30 % leer war.“ Der Weinballon fasst

(A) 60 l (B) 75 l (C) 77,5 l (D) 82 l (E) 91 l

A-Jun (13), D/CH-9/10 (11) –03

**A 1.120** Jana hat als Hausaufgabe 40 quadratische Gleichungen zu lösen. Als Anreiz für die viele Arbeit setzt ihre Mutter eine Zielprämie aus: jede richtig gelöste Aufgabe bringt 0,50 €, jede falsch oder nicht gelöste bedeutet 1 € Abzug. Als Jana fertig ist, erhält sie 2 €. Wie viele der Gleichungen hat sie richtig gelöst?

(A) 24 (B) 25 (C) 28 (D) 29 (E) 30

A-Jun (13), D-9/10 (14) –00

**A 1.121** Beim Mathetest lief es zuerst phantastisch, von den 10 ersten Fragen kriegte ich 9 richtig hin. Dann verließ mich die Kraft, und ich schaffte nur noch 30 % richtige Antworten. Damit hatte ich insgesamt genau die Hälfte der Aufgaben richtig gelöst. Wie viele Aufgaben waren zu lösen?

(A) 20 (B) 30 (C) 32 (D) 36 (E) 44

D/CH-9/10 (22) –04

**A 1.122** Frau Heim radelt morgens mit 12 km/h den Berg hinauf zur Arbeit, am Nachmittag mit 20 km/h bergab nach Hause. Sie braucht für den Hinweg 16 min länger als für den Rückweg. Wie lang ist die Strecke?

(A) 8 km (B) 11 km (C) 12 km (D) 15 km (E) 24 km

A-Ben (20), D-9/10 (13) –02

## Ganz familiär

**A 1.123** Patricia und Patrick sind Bruder und Schwester. Die Anzahl von Patricias Brüdern plus die Anzahl von Patricks Schwestern ist gleich 4. Wie viele Kinder sind in der Familie?

(**A**) 4 (**B**) 5 (**C**) 6 (**D**) 7 (**E**) 8

D/CH-5/6 (6) -04

**A 1.124** Mein Opa möchte jedem seiner Enkel 10 Süßigkeiten geben. Als er merkt, dass dann für einen Enkel nichts übrig bleibt, gibt er jedem von uns 8 Süßigkeiten. Nun bleiben 6 übrig. Wie viele Enkel hat unser Opa?

(**A**) 6 (**B**) 8 (**C**) 9 (**D**) 10 (**E**) 12

A-Eco (23), D-3/4 (12) -99

**A 1.125** In der Familie Fröhlich hat jedes Kind mindestens eine Schwester und mindestens einen Bruder. Wie viele Kinder muss es dann mindestens in der Familie Fröhlich geben?

(**A**) 2 (**B**) 3 (**C**) 4 (**D**) 5 (**E**) 6

A-Eco (8), D/CH-3/4 (7) -05

**A 1.126** Theo, seine Mutter und sein Großonkel Tobias haben am 17. März Geburtstag. In diesem Jahr werden sie zusammen 100 Jahre alt. Theo wurde am 26. Geburtstag seiner Mutter geboren; Onkel Tobias feierte am selben Tag seinen 59. Geburtstag. Wie alt ist Theo heute, am 17. März 2005?

(**A**) 5 (**B**) 7 (**C**) 10 (**D**) 14 (**E**) 19

D/CH-5/6 (5) -05

**A 1.127** Vor drei Jahren waren die Drillinge Martin, Marie und Miriam und ihr vier Jahre älterer Bruder Heinz zusammen 24 Jahre alt. Wie alt ist Heinz jetzt?

(**A**) 5 Jahre (**B**) 8 Jahre (**C**) 9 Jahre (**D**) 10 Jahre (**E**) 12 Jahre

A-Ben (21), D-5/6 (8) -01

## Proportionen

**A 1.128** Um Beton zu mischen, nimmt man 4 Teile Kies, 2 Teile Sand und 1 Teil Zement. Wie viele Schaufeln Kies braucht man für 350 Schaufeln Beton?

(**A**) 200 (**B**) 145 (**C**) 120 (**D**) 95 (**E**) 70

A-Eco (22), D/CH-3/4 (16) -04

**A 1.129** Hans, Heinz und Helga kaufen 2 Lotterielose, das Stück zu 4 €; Hans gibt 1 € dazu, Heinz 3 € und Helga 4 €. Sie haben Glück, gewinnen 66 € und teilen entsprechend ihrem Einsatz untereinander auf. Wie viel bekommt Heinz?

(**A**) 24,75 € (**B**) 15,75 € (**C**) 21,50 € (**D**) 25,75 € (**E**) 30,25 €

D/CH-5/6 (21) -04

---

**A 1.130** Beim Känguru-Wettbewerb sind 30 Fragen in einer Zeit von 75 Minuten zu beantworten. Wenn man nun die Zeit um 25 Minuten reduzieren würde, die Zeit je Frage jedoch gleich ließe, um wie viel müsste man die Anzahl der Fragen verringern?

(**A**) 5 (**B**) 10 (**C**) 15 (**D**) 20 (**E**) 25

D-5/6 (7) -97

---

**A 1.131** Wenn 3 Portionen Leberkäs mit 2 Portionen Kartoffelsalat 14,50 € kosten und 1 Portion Leberkäs mit 2 Portionen Kartoffelsalat 7,50 € kosten, wie viel kostet dann eine Portion Leberkäs?

(**A**) 0,50 € (**B**) 2 € (**C**) 3,50 € (**D**) 6,50 € (**E**) 7 €

D-5/6 (13) -99

---

**A 1.132** Ein kleiner Koalabär frisst in 10 h alle Blätter von einem Eukalyptusbaum ab. Seine Mutter und sein Vater können doppelt so schnell fressen. In welcher Zeit kann die dreiköpfige Koalafamilie einen Eukalyptusbaum leerfressen?

(**A**) in 2 h (**B**) in 3 h (**C**) in 4,5 h (**D**) in 5 h (**E**) in 6 h

A-Kad (12), D-7/8 (10) -01

---

**A 1.133** Das Bild rechts zeigt ein Dartboard (Pfeilbrett), bei dem die erreichbare Punktzahl antiproportional (umgekehrt proportional) zum Flächeninhalt der Felder $A$, $B$, $C$ bzw. $D$ ist. Wenn ein Treffer in das graue Feld $B$ 15 Punkte bringt, wie viele Punkte bringt dann ein Treffer ins Feld $C$?

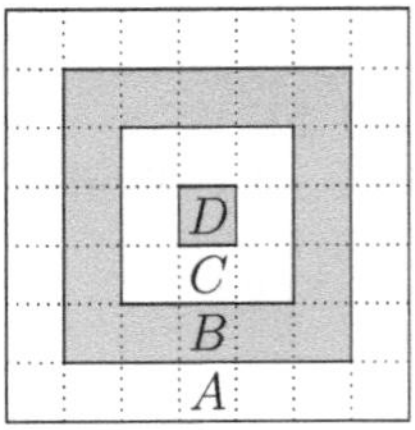


(**A**) 20 (**B**) 24 (**C**) 25 (**D**) 30 (**E**) 45

A-Kad (11), D/CH-7/8 (13) -05

---

**A 1.134** Ein Gebäude hat eine rechteckige Grundfläche, es ist 60 m lang und 40 m breit. Auf der maßstabgerechten Bauzeichnung beträgt der Umfang 100 cm. Dann ist der Maßstab dieser Zeichnung

(**A**) 1:100 (**B**) 1:125 (**C**) 1:150 (**D**) 1:200 (**E**) 1:500

A-Jun (4), D/CH-9/10 (4) -04

**A 1.135** Der erfahrene Tierpfleger im Zirkus schafft es, einen Elefanten in 40 Minuten sauber zu schrubben. Sein kleiner Sohn braucht dafür 2 Stunden. Wie lange brauchen beide zusammen für die 3 Elefanten des Zirkus?

(**A**) 30 min (**B**) 50 min (**C**) 55 min (**D**) 75 min (**E**) 90 min

A-Kad (10), D-7/8 (10) –00

**A 1.136** Meine 3 blauen Papageien fressen 3 kg Körner in 3 Tagen, meine 5 grünen Papageien fressen 5 kg Körner in 5 Tagen und die 7 orangefarbenen fressen 7 kg Körner in 7 Tagen. Welche Papageien haben den meisten Appetit?

(**A**) die blauen (**B**) die grünen
(**C**) die orangefarbenen (**D**) alle haben denselben
(**E**) das ist aus den Angaben nicht herauszubekommen

A-Jun (13), D-9/10 (13) –99

**A 1.137** Wenn Mama Napoli Pasta bereitet, rechnet sie die Zeit $t$ (in min), die sie dafür braucht, nach der Formel $t = a\left(\sqrt[3]{m}\right)^2$ aus, wobei $m$ (in g) die Masse der Pasta ist und $a$ eine gewisse Konstante. Wenn man für eine Pasta von 125 g eine Zeit von 50 min braucht, wie lange braucht man dann, um eine Pasta von 343 g zu bereiten?

(**A**) 4 h 28 min (**B**) 2 h 17 min (**C**) 1 h 38 min (**D**) 1 h 10 min (**E**) 57 min

D-9/10 (5) –00

**A 1.138** Exakte meteorologische Beobachtungen belegen für die tägliche Temperaturentwicklung in einer Wüste ein lineares Wachstum zwischen 4 Uhr und 12 Uhr. Wenn um 4 Uhr eine Temperatur von $-12$ °C und um 12 Uhr von 44 °C gemessen wurde, wie hoch war dann die Temperatur um 6 Uhr?

(**A**) 32 °C (**B**) 28 °C (**C**) 14 °C (**D**) 2 °C (**E**) $-2$ °C

D/CH-9/10 (16) –03

**A 1.139** In zwei gleich große Limonadeflaschen haben wir Wasser und Sirup gefüllt und gemischt. In der einen Flasche beträgt das Verhältnis der Volumina von Wasser zu Sirup 5 : 1, das Getränk ist uns zu süß, in der anderen ist es 7 : 1, das ist nicht süß genug. Schütten wir nun den Inhalt aus beiden Flaschen in eine große Flasche, so schmeckt es – und das Volumenverhältnis von Wasser zu Sirup ist jetzt

(**A**) 35 : 2 (**B**) 34 : 7 (**C**) 41 : 7 (**D**) 8 : 3 (**E**) 12 : 1

A-Jun (14), D/CH-9/10 (12) –05

**A 1.140** Ich schütte 4 gleich große Fläschchen in eine große Flasche um. Entgegen meiner Annahme, dass sich in jedem Fläschchen Essig mit einem Volumenverhältnis von Essigsäure zu Wasser von 1 : 20 befand, stellt sich heraus, dass in einem Fläschchen Essigessenz war, bei der das Volumenverhältnis von Essigsäure zu Wasser 1 : 4 beträgt. Wie ist jetzt das Verhältnis von Essigsäure zu Wasser in der großen Flasche?

(A) 3 : 32 (B) 1 : 10 (C) 4 : 27 (D) 1 : 12 (E) 3 : 19

D/CH-11/13 (18) -05

## Spezielle Proportionen: Prozente

Wohin wir blicken, treffen wir auf Prozentangaben. Preise fallen oder – was häufiger ist – steigen um einen gewissen Prozentsatz. Milch und Käse enthalten – zu einem gewissen Prozentsatz – Fett, Limonade Mineralien, das T-Shirt neben Baumwolle Elastan zu z. B. 3 %, das Bruttoinlandsprodukt oder der Aktienkurs steigen um $x$ % ... Da wir mit den Beispielen des Känguru-Wettbewerbs das Ziel verfolgen, möglichst nah am wirklichen Leben zu sein, Mathematik insbesondere im Alltag aufzuspüren, gehören Aufgaben, in denen wir uns mit Prozentangaben beschäftigen, unbedingt dazu. Es sind sogar recht viele, doch wir glauben, wer sie gelöst und verstanden hat, der kann mit Prozenten hernach sicherer umgehen. Sie bzw. er wird besser als davor in der Lage sein, kritisch und mit wachem Geist, Aussagen, die oft verführerisch voller Prozentangaben stecken, zu werten.

**A 1.141** An der Gödelschule haben 50 % der Schüler Fahrräder. Von den Schülern, die Fahrräder haben, besitzen 30 % auch Rollerblades. Welcher Prozentsatz der Gödelschüler hat Fahrräder *und* Rollerblades?

(A) 15 (B) 20 (C) 25 (D) 40 (E) 80

A-Kad (5), D/CH-7/8 (4) -05

**A 1.142** Unser Nachbar hat einen rechteckigen Gemüsegarten. Er möchte die Länge und die Breite des Gartens um je 10 % vergrößern. Um wie viel Prozent wird sich dadurch die Fläche des Gartens vergrößern?

(A) 10 % (B) 20 % (C) 21 % (D) 40 % (E) 121 %

A-Kad (10), D/CH-7/8 (21) -04

**A 1.143** Auf einem Schwarz-Weiß-Foto sind 80 % der Fläche schwarz und 20 % weiß. Wie viel Prozent der Fläche sind nach Vergrößerung des Fotos auf das Dreifache auf dem vergrößerten Foto weiß?

(A) 15 % (B) 20 % (C) 30 % (D) 40 % (E) 45 %

A-Kad (2), D-7/8 (2) -00

**A 1.144** Ein LKW wiegt ohne Ladung 2000 kg. Er wird so beladen, dass die Ladung 80 % des Gesamtgewichts ausmacht. Beim ersten Halt wird ein Viertel der Ladung abgegeben. Welchen Prozentsatz des Gesamtgewichts macht dann die Ladung aus?

(**A**) 20 % (**B**) 25 % (**C**) 55 % (**D**) 60 % (**E**) 75 %

A-Kad (17), D/CH-7/8 (18) –03

**A 1.145** In Kanada spricht ein Teil der Bevölkerung nur englisch, ein Teil nur französisch, manche sprechen beide Sprachen. Es sei bekannt, dass 83 % englisch und 71 % französisch sprechen. Wie viele gibt es mindestens, die beide Sprachen sprechen?

(**A**) 17 % (**B**) 54 % (**C**) 32 % (**D**) 29 % (**E**) 77 %

A-Kad (18), D-7/8 (18) –02

**A 1.146** Zwei Liter eines Fruchtsaftes haben einen Zuckergehalt von 10 %, drei Liter eines anderen Fruchtsaftes einen Zuckergehalt von 15 %. Die beiden Säfte werden gemixt. Was ist der Zuckergehalt des Mixgetränkes?

(**A**) 25 % (**B**) 5 % (**C**) 12,5 % (**D**) 12,75 % (**E**) 13 %

A-Kad (22), D-7/8 (22) –98

**A 1.147** Jedes Mal, wenn das Kamel Otto sehr durstig ist, besteht sein Gewicht zu 84 % aus Wasser. Nach dem Trinken wiegt Otto dann 800 kg, und das Wasser macht 85 % seines Gewichts aus. Wie viel wiegt Otto, wenn er durstig ist?

(**A**) 672 kg (**B**) 680 kg (**C**) 715 kg (**D**) 720 kg (**E**) 750 kg

A-Kad (19) u. Jun (16), D-7/8 (18) u. 9/10 (16) –01

**A 1.148** Wenn K 10 % von L beträgt, L 20 % von M, M 30 % von N und P 40 % von N, dann ist der Quotient K/P gleich

(**A**) 7 (**B**) $\frac{3}{2}$ (**C**) $\frac{2}{300}$ (**D**) $\frac{3}{200}$ (**E**) $\frac{1}{250}$

A-Kad (24)-98, D-7/8 (24) –97

**A 1.149** Bei uns hat gestern ein neuer Bäcker seinen Laden aufgemacht und lockt zur Eröffnung mit Sonderangeboten. Bei meinem Stammbäcker kosten die Brötchen z. B. 1,2-mal so viel. Um wie viel Prozent ist dieser Preis höher als der Sonderpreis?

(**A**) um 2 % (**B**) um 20 % (**C**) um 120 % (**D**) um 12 % (**E**) um 0,2 %

D/CH-7/8 (4) –04

**A 1.150** Wenn der Preis für kandierte Mandeln 20 % niedriger wäre als er ist, um wie viel mehr kandierte Mandeln könnte ich dann für 10 € kaufen?

(**A**) 20 % (**B**) 15 % (**C**) 25 % (**D**) 10 % (**E**) 50 %

D-9/10 (6) -00

**A 1.151** Ein Handwerksbetrieb kauft eine moderne Maschine. In den Folgejahren nimmt der Wert der Maschine pro Jahr um 25 % gegenüber dem Vorjahreswert ab. Wie viele Jahre ist bei diesem Wertverfall der Wert der Maschine größer als ein Drittel des Kaufpreises?

(**A**) 2 Jahre (**B**) 3 Jahre (**C**) 4 Jahre
(**D**) 5 Jahre (**E**) 6 Jahre

D/CH-7/8 (20) -03

**A 1.152** In der Statistik einer Schule ist zu lesen, dass in den Jahren von 1999 bis 2002 durchschnittlich 325 Schülerinnen und Schüler pro Jahr aufgenommen wurden. Es wird erwartet, dass mit den Neuaufnahmen zum Schuljahresbeginn im Jahre 2003 die durchschnittliche Zahl der Aufnahmen pro Jahr bezogen auf den Zeitraum von 1999 bis 2003 um 8 % steigt. Wie viele Schüler würden dann zum Schuljahresbeginn neu aufgenommen werden?

(**A**) 315 (**B**) 395 (**C**) 455 (**D**) 495 (**E**) 570

A-Stu (7), D/CH-11/13 (6) -03

**A 1.153** Wenn eine der Katheten eines rechtwinkligen Dreiecks um 20 % gekürzt, die andere Kathete um 20 % verlängert wird, was geschieht mit dem Flächeninhalt des Dreiecks?

(**A**) er wächst um 5 % (**B**) er wächst um 4 %
(**C**) er bleibt unverändert (**D**) er nimmt um 4 % ab
(**E**) das hängt von den Seitenlängen ab

D/CH-9/10 (14) -03

**A 1.154** Eine Linie der Metro bildet einen geschlossenen Ring. Alle Züge fahren in dieselbe Richtung, mit derselben Geschwindigkeit und mit denselben Abständen zum vorhergehenden und nachfolgenden Zug. Heute verkehren 24 Züge. Morgen sollen mehr Züge fahren und zwar so viel mehr, dass sich die Länge der Abstände zwischen zwei Zügen um 20 % verkürzt. Wie viele zusätzliche Züge wird es morgen geben?

(**A**) 2 (**B**) 3 (**C**) 5 (**D**) 6 (**E**) 12

D-7/8 (25) -96

**A 1.155** Wenn ein Hotel vom 1. Juni bis 30. September eine Auslastung von 78 % und in den restlichen Monaten von 57 % hat, wie hoch ist dann die Auslastung auf das ganze Jahr bezogen? (*Monate werden mit 30 Tagen angesetzt.*)

(**A**) 122 % (**B**) 64 % (**C**) 67 % (**D**) 54 % (**E**) 47 %

A-Jun (24), D-9/10 (25) u. 11/13 (4) –02

**A 1.156** Bei Wahlen in Vitaminien hatte jeder, der für die Broccoli-Partei stimmte, Broccoli schon einmal gegessen. 90 % der verbleibenden Wähler, die für irgendeine andere Partei stimmten, hatten noch nie Broccoli gegessen. Wie viel Prozent der Wähler gaben der Broccoli-Partei ihre Stimme, wenn genau 46 % derjenigen, die sich an der Wahl beteiligten, Broccoli gegessen hatten?

(**A**) 40 % (**B**) 41,4 % (**C**) 45 % (**D**) 46 % (**E**) 50,6 %

A-Stu (23), D/CH-11/13 (24) –04

**A 1.157** Bei der Produktion eines Werkstückes können durch die Einführung einer Neuerung 50 % der Kosten gespart werden, durch eine zweite, von der ersten unabhängige, 40 % und durch eine dritte, von beiden anderen unabhängige, 10 %. Um wie viel Prozent lassen sich die Kosten durch gleichzeitige Einführung aller drei Neuerungen senken?

(**A**) um 100 % (**B**) um 73 % (**C**) um 92 %
(**D**) um 87 % (**E**) um 98 %

A-Stu (16), D-11/13 (16) –02

**A 1.158** Um Preise festzulegen, wird Marktforschung betrieben. Dabei ergeben sich folgende Daten: Wird der augenblicklich bei 75 € liegende Preis einer Ware um 5 € erhöht, mindert sich die Zahl der Käufer um 20 %, wird der Preis um 5 € gesenkt, ist ein um 20 % höherer Absatz zu erwarten. Die Ware wurde beim Großhandel zu einem Einkaufspreis von 50 € pro Stück eingekauft. Welche Aussage ist richtig?

(**A**) Der Gewinn ist für 70 € am größten.
(**B**) Der Gewinn ist für 75 € am größten.
(**C**) Der Gewinn ist für 80 € am größten.
(**D**) In den 3 Fällen ist der Gewinn gleich.
(**E**) Die Informationen sind für eine Gewinnaussage nicht ausreichend.

A-Stu (24), D/CH-11/13 (24) –03

# 2 Gleichungen, Ungleichungen und Funktionen

Im Kapitel „Gleichungen, Ungleichungen, Funktionen“ setzen wir fort, was im Abschnitt „Zahlenspaß – im Text versteckt“ begonnen wurde, die – großes Wort – mathematische Modellierung von Problemen und anschließende Berechnung der Lösungen. Im ersten Abschnitt geht es vor allem darum, den Umgang mit Variablen anstatt der bisher vorrangig verwandten konkreten Zahlen zu üben. In den Folgeabschnitten steht dann die Modellbildung im Mittelpunkt, sprich: das Finden einer Gleichung oder Ungleichung, die die in der Aufgabe geschilderte Situation geeignet widerspiegelt.

Der Abschnitt Funktionen ist hier kurz gehalten und soll nur einen kleinen Einblick in dieses Themengebiet vermitteln.

---

## 2.1 Tüftelei mit Termen

**A 2.1** Wenn $a - b = b$, $c \cdot b = a$, $c + c = a - c$ und $b \neq 0$, dann ist $a =$

(**A**) 21 (**B**) 12 (**C**) 6 (**D**) 8 (**E**) 22

D/CH-5/6 (12) -03

**A 2.2** Die zwei Zahlen $a$ und $b$ sind negativ und zudem gilt $a < b$. Welche der Zahlen $-5a$, $3a$, $5b$, $-3b$ ist die größte?

(**A**) $-5a$ (**B**) $3a$ (**C**) $5b$ (**D**) $-3b$ (**E**) das hängt von $a$ und $b$ ab

D/CH-7/8 (13) -04

**A 2.3** Wenn $\frac{x-3y}{y} = 12$, dann ist $\frac{x}{y} =$

(**A**) 15 (**B**) $3y$ (**C**) $5x$ (**D**) 2 (**E**) 9

D/CH-7/8 (14) -03

**A 2.4** In der folgenden Rechenaufgabe bezeichnet jeder der Buchstaben $K$, $L$, $M$, $N$ und $P$ eine Ziffer.

$$4 \cdot KLMNP\,4 = 4\,KLMNP$$

Für welche Ziffer steht der Buchstabe $M$?

(**A**) 0 (**B**) 1 (**C**) 2 (**D**) 3 (**E**) 4

A-Kad (17), D-7/8 (17) -01

**A 2.5** $a, b, c$ und $d$ sind positive ganze Zahlen, für die die Gleichungen $a+b = c\cdot d$ und $a + b + c = 12$ gelten. Wie viele verschiedene Werte kann $d$ annehmen?

(**A**) 1 (**B**) 2 (**C**) 3 (**D**) 4 (**E**) 5

A-Jun (11), D-9/10 (11) –01

**A 2.6** Wenn $a : b = 9 : 4$ und $b : c = 5 : 3$, so ist $(a - b) : (b - c) =$

(**A**) $7 : 12$ (**B**) $25 : 8$ (**C**) $4 : 1$ (**D**) $5 : 2$ (**E**) unlösbar

A-Kad (12), D-7/8 (24) –02

**A 2.7** Für die rationalen Zahlen $a$, $b$ und $c$ soll $a \cdot b = c$; $b \cdot c = 12$ und $b = 3 \cdot c$ gelten. Dann ist $a \cdot b \cdot c =$

(**A**) 4 (**B**) 36 (**C**) 6 (**D**) 12 (**E**) 24

D-7/8 (20) –02

**A 2.8** Es ist bekannt, dass $3x^3 = 2z^2$ gilt. Auf das Wievielfache wächst die Zahl $z$, wenn $x$ auf das 3-fache wächst?

(**A**) 3 (**B**) $\sqrt{3}$ (**C**) $\sqrt{3^3}$ (**D**) 18 (**E**) 27

A-Jun (7), D-9/10 (7) –99

**A 2.9** Es sei $a \neq 0$ eine fest vorgegebene Zahl. Welche der folgenden Aussagen ist für $A_t = (a - t)(a + t)$ richtig, wobei $t$ eine beliebige Zahl sein kann?

(**A**) $A_t$ kann beliebig groß, aber nicht beliebig klein sein.

(**B**) $A_t$ kann beliebig klein, aber nicht beliebig groß sein.

(**C**) $A_t$ ist stets negativ.

(**D**) $A_t$ kann jeden Wert annehmen.

(**E**) $A_t$ kann weder beliebig groß noch beliebig klein werden.

D/CH-7/8 (24) –04

**A 2.10** Wenn für die reellen Zahlen $x$ und $y$ gilt, dass $x > 1$ und $0 < y < 1$ ist, welcher Term hat dann den größten Wert?

(**A**) $\frac{x^2}{y^2}$ (**B**) $\frac{x}{y}$ (**C**) $xy$ (**D**) $\frac{y}{x}$ (**E**) $\frac{y^2}{x^2}$

D/CH-9/10 (19) –05

**A 2.11** Wenn $x^2 + y^2 = 2xy$ gilt und $y$ nicht gleich 0 ist, dann ist $\frac{x}{y} =$

(**A**) 4 (**B**) 2 (**C**) 1 (**D**) $-1$ (**E**) $-2$

D/CH-9/10 (7) –05

**A 2.12** Wenn die reellen Zahlen $x$ und $y$ der Gleichung $x^2 + y^2 = 1$ genügen, dann ist der maximale Wert des Produktes $xy$ gleich

(**A**) 2 (**B**) $\sqrt{2}$ (**C**) 1 (**D**) $\frac{\sqrt{2}}{2}$ (**E**) $\frac{1}{2}$

D-11/13 (29) -00

**A 2.13** Wenn für eine reelle Zahl $a > 0$ gilt, dass $\left(a+\frac{1}{a}\right)^2 = 6$ ist, dann ist $a^3+\frac{1}{a^3} =$

(**A**) $4\sqrt{6}$ (**B**) $3\sqrt{6}$ (**C**) 6 (**D**) $5\sqrt{6}$ (**E**) $6\sqrt{6}$

A-Stu (20), D/CH-11/13 (20) -03

**A 2.14** Wenn $x + y + z = 1$ ist und $x^2 + y^2 + z^2 = 5$, dann ist $xy + yz + zx =$

(**A**) $-2$ (**B**) $-1$ (**C**) 0 (**D**) 1 (**E**) 2

D-11/13 (27) -00

## Rechnen mit Beträgen

**A 2.15** Für $a$ möge die Bedingung $|a - 2| < 1$ gelten. Welche der folgenden Bedingungen für $a$ kann dann nicht gleichzeitig erfüllt sein?

(**A**) $|a - 1| < 1$ (**B**) $a + 1 = 2{,}5$ (**C**) $|a| > 2$
(**D**) $a$ ist eine ganze Zahl (**E**) $a < 1$

D/CH-9/10 (13) -05

**A 2.16** Welcher der folgenden Terme ist gleich dem Maximum der reellen Zahlen $x$ und $y$?

(**A**) $\frac{x+y}{2}+|x+y|$ (**B**) $x - y+\frac{1}{2}|x+y|$ (**C**) $\frac{1}{2}(|x-y|+x+y)$
(**D**) $x + y+\frac{1}{2}|x-y|$ (**E**) $x + y - |x - y|$

D-11/13 (9) -98

**A 2.17** Für jedes Tripel $(a, b, c)$ von 0 verschiedener reeller Zahlen bilden wir die folgende Zahl $\frac{a}{|a|}+\frac{b}{|b|}+\frac{c}{|c|}+\frac{abc}{|abc|}$. Dann ist die Menge der gebildeten Zahlen

(**A**) $\{0\}$ (**B**) $\{-4, 0, 4\}$ (**C**) $\{-4, -2, 0, 2, 4\}$
(**D**) $\{-4, -2, 2, 4\}$ (**E**) keine dieser Mengen

D-12/13 (9) -95

**A 2.18** Zwei Zahlen $a$ und $b$ mögen unterschiedliche Vorzeichen haben. Welche der folgenden Zahlen ist die größte?

(**A**) $(|a| - |b|)^2$ (**B**) $|a^2 - b^2|$ (**C**) $(a+b)^2$
(**D**) $(a-b)^2$ (**E**) $a^2 + b^2$

D/CH-11/13 (22) -04

**A 2.19** Welches ist die Menge der möglichen Werte, die der Term $\frac{a}{|a|}+\frac{b}{|b|}+\frac{a+b}{|a+b|}$ annehmen kann, wenn $a$ und $b$ beliebige, von null verschiedene reelle Zahlen mit $a+b \neq 0$ sind?

(**A**) $\{3, -1\}$ (**B**) $\{-3, -2, -1, 0, 1, 2, 3\}$
(**C**) $\{-3, -1, 1, 3\}$ (**D**) $\{-2, 0, 2\}$
(**E**) $\{3, -1, 1\}$

D-11/13 (28) -00

## 2.2 Lineare Gleichungen

**A 2.20** Die Igelin spricht zu ihren Kindern: „Hätte ich doppelt so viele Äpfel auf meine Stacheln gespießt, wie jetzt drauf sind, so hätten wir nun 4 Äpfel mehr als wir haben." Wie viele Äpfel hat die Igelin auf ihrem Rücken?

(**A**) 2 (**B**) 4 (**C**) 6 (**D**) 8 (**E**) 10

A-Eco (7), D/CH-3/4 (7) -03

**A 2.21** Kati möchte ihre Freunde zu einem Eis einladen. Für 5 Kinder könnte sie Eis kaufen und behielte sogar noch einen Euro übrig. Aber sie sind zu siebent, und um für alle Eis zu kaufen, muss Kati sich 2,20 € borgen. Wie teuer ist folglich ein Eis?

(**A**) 1,10 € (**B**) 1,20 € (**C**) 1,50 € (**D**) 1,60 € (**E**) 1,90 €

A-Eco (17), D/CH-3/4 (20) -03

**A 2.22** Bei einem Geländelauf gehen 31 Teilnehmer an den Start. Die Anzahl der Athleten, die vor Luise durchs Ziel gehen, ist viermal kleiner als die Anzahl derjenigen, die sie besiegen konnte. Welchen Platz belegte Luise?

(**A**) 6 (**B**) 21 (**C**) 7 (**D**) 20 (**E**) 8

D-3/4 (10) -98

**A 2.23** Beim Känguru-Sommercamp läuft ein Mathewettbewerb mit 10 Aufgaben. Für jede richtige Lösung gibt es 5 Punkte, bei einer falschen werden allerdings 3 Punkte abgezogen. Alle machen mit und geben zu jeder Aufgabe eine Lösung ab. Benedikt hat zum Schluss 34 Punkte, Birte 10 und Benno nur 2. Wie viele richtige Lösungen haben die drei Freunde insgesamt abgegeben?

(**A**) 18 (**B**) 17 (**C**) 13 (**D**) 15 (**E**) 21

D/CH-5/6 (28) -04

**A 2.24** Nachdem ich eine Zahl, die ich mir ausgedacht habe, durch $\frac{4}{7}$ dividiert und vom Ergebnis die Hälfte der ursprünglichen Zahl subtrahiert habe, erhalte ich 25. Welche Zahl hatte ich mir ausgedacht?

(**A**) 49 (**B**) 16 (**C**) 63 (**D**) 17 (**E**) 20

D-7/8 (12) -01

**A 2.25** Zwei Mädchen und drei Jungs essen insgesamt 16 Kugeln Eis. Die beiden Mädchen essen gleich viel und jeder Junge isst doppelt so viele Kugeln wie jedes der Mädchen. Wie viele Kugeln Eis würden drei Mädchen und zwei Jungs mit genau derselben Eisleidenschaft essen?

(**A**) 12 (**B**) 13 (**C**) 14 (**D**) 16 (**E**) 17

A-Kad (4), D/CH-7/8 (7) -05

**A 2.26** Welche der folgenden Gleichungen ist stets richtig, unabhängig davon, welche Zahl wir in das kleine leere Quadrat schreiben?

(**A**) $3 \cdot \square + 1 = 4$ (**B**) $2 : \square = 0$

(**C**) $2 \cdot 3 + 0 \cdot (1 + \square) = 6$ (**D**) $(\square - 1) : 2 = 1$

(**E**) $(13 - 5) : 2 = \square$

D-5/6 (18) -97

**A 2.27** Caroline lebt sehr planmäßig. Da sie weiß, dass sie 10 leichte, 10 mittelschwere und 10 schwierige Fragen in 75 Minuten zu bearbeiten hat, beschließt sie Folgendes: Sie wird sich 5 Minuten Reserve lassen, dann wird sie den schwierigen Aufgaben doppelt so viel Zeit widmen, wie den mittelschweren, und für die leichten Aufgaben wird sie sich halb so viel Zeit lassen wie für die mittelschweren. Wie viel Zeit nimmt sich Caroline für die leichten Fragen?

(**A**) 5 Minuten (**B**) 480 Sekunden (**C**) 10 Minuten

(**D**) 800 Sekunden (**E**) 15 Minuten

D-11 (8) -95

**A 2.28** Auf dem Flugplatz gibt es zwischen Gate A und Gate B ein Laufband, mit dem man von einem zum anderen anderthalb Minuten braucht. Frau Flink joggt lieber und schafft die Strecke so in 60 Sekunden. Ihr Sohn, der genauso schnell läuft wie sie, joggt von Gate A zu Gate B auf dem Laufband. Um wie viele Sekunden ist er früher da als seine Mutter?

(**A**) um 10 s (**B**) um 12 s (**C**) um 15 s
(**D**) um 17 s (**E**) um 24 s

A-Jun (20), D-9/10 (19) -02

**A 2.29** Das Känguru gibt der Maus bei einem Wettlauf der beiden 990 m Vorsprung. Sie starten gleichzeitig, das Känguru mit einer Geschwindigkeit von 10 m/s, die Maus mit 1 m/10 s. Wann hat das Känguru die Maus eingeholt?

(**A**) in 1 min 40 s (**B**) in 990 s (**C**) in 1 min 39 s
(**D**) in 1 min 50 s (**E**) nie

A-Stu (20), D-11/13 (21) -02

## Spezielle lineare Gleichungen: Diophantische Gleichungen

**A 2.30** Auf einem Bauernhof gibt es gleich viele Schweine, Enten und Hühner. Zusammen haben sie 144 Beine. Wie viele Enten sind im Hof?

(**A**) 18 (**B**) 21 (**C**) 35 (**D**) 42 (**E**) 43

A-Eco (21), D-3/4 (11) -99

**A 2.31** Auf einer Wiese stehen 15 Schafe und ein paar Schäfer. Nachdem die Hälfte der Schäfer und ein Drittel der Schafe ins Dorf zurückgekehrt sind, lassen sich 50 Beine zählen. Wie viele Beine waren es, als noch alle auf der Wiese waren?

(**A**) 60 (**B**) 72 (**C**) 80 (**D**) 90 (**E**) 102

A-Stu (11), D/CH-11/13 (7) -04

**A 2.32** Unsere Nachbarin gibt von den ersten Erdbeeren des Jahres meinen 4 Freunden und mir je dieselbe Anzahl Erdbeeren, 3 Erdbeeren isst sie selbst. Als sie ihrem Mann von der Ernte berichten will, hat sie vergessen, wie viele Erdbeeren jeder von uns bekommen hat. Sie erinnert sich nur, dass die Gesamtzahl ein Vielfaches von 6 war und zwischen 65 und 100 lag. Wie viele Erdbeeren hat sie geerntet?

(**A**) 63 (**B**) 78 (**C**) 90 (**D**) 93 (**E**) 98

D-5/6 (27) -00

**A 2.33** An die Tafel sind nebeneinander Dreiecke und Rechtecke gezeichnet worden. Diese Dreiecke und Rechtecke haben alle zusammen 17 Eckpunkte. Wie viele Dreiecke wurden gezeichnet?

(**A**) keine (**B**) 1 (**C**) 2 (**D**) 3 (**E**) 4

A-Eco (17), D-3/4 (14) -01

**A 2.34** Mara hat 3 Bonbons mehr als Patrick und Jenny zusammen haben. Jenny hat 6 Bonbons mehr als Patrick. Insgesamt haben die Kinder 27 Bonbons. Wie viele Bonbons besitzt Patrick?

(**A**) 10 (**B**) 5 (**C**) 3 (**D**) 6 (**E**) 9

D-3/4 (20) -01

**A 2.35** Anstelle der Pünktchen ist in dem Ausdruck $5 \ldots 4 \ldots 6 \ldots 3$ eines der Operationszeichen $+$, $\times$ oder $-$ zu setzen, jedes genau einmal. Welches Resultat ist dann nach dem Ausrechnen *nicht* möglich?

(**A**) 26 (**B**) 19 (**C**) 17 (**D**) 23 (**E**) 21

A-Eco (21), D-3/4 (20) -00

**A 2.36** Im neu eröffneten Tierschuh-Kaufhaus sind auf jedem der 10 Regale 12 Paar Schuhe ausgestellt. Die ersten Kunden sind 5 Tausendfüßler. Drei der Tausendfüßler kaufen je 30 Paar, die anderen beiden jeweils 5 Paar Schuhe. Wie viele Paar Schuhe sind jetzt noch im Tierschuh-Kaufhaus?

(**A**) 0 (**B**) 20 (**C**) 25 (**D**) 30 (**E**) 35

A-Eco (19), D-3/4 (16) -01

**A 2.37** Großmutter hat viele hübsche Ostereier vorbereitet. Die Hälfte versteckt sie in der linken Gartenecke, die Hälfte des Restes und noch ein Ei auf der Wiese, die Hälfte des nun verbliebenen Restes und noch drei Eier im Beerenstrauch. Jetzt ist noch ein Ei übrig, und das kommt unter den Kaffeewärmer. Wie viele Ostereier hat die Großmutter versteckt?

(**A**) 65 (**B**) 44 (**C**) 36 (**D**) 31 (**E**) 26

D/CH-7/8 (20) -04

**A 2.38** Die Eintrittskarte in ein kleines Museum kostet für Kinder 50 Pfennige und für Erwachsene 1,00 DM. Gestern waren 50 Leute im Museum, und sie bezahlten insgesamt 35,00 DM. Wie viele Erwachsene waren unter den Besuchern?

(**A**) 18 (**B**) 20 (**C**) 25 (**D**) 40 (**E**) 45

D-7/8 (8) -97

**A 2.39** Das Porto für einen Brief beträgt 35 Cent. Ich habe nur 4-Cent- und 9-Cent-Briefmarken und will damit genau die 35 Cent Porto aufkleben. Wie viele 4-Cent-Briefmarken muss ich für den Brief nehmen? (100 Cent = 1 €).

(**A**) Dafür gibt es mehr als eine Möglichkeit.
(**B**) Ich muss zwei 4-Cent-Briefmarken nehmen.
(**C**) Ich muss vier 4-Cent-Briefmarken nehmen.
(**D**) Ich muss drei 4-Cent-Briefmarken nehmen.
(**E**) Mit nur 4- und 9-Cent-Briefmarken lassen sich 35 Cent nicht kleben.

D-7/8 (3) –99

**A 2.40** Azubi Adrian ist mit der Inventur im Schraubenregal beauftragt. Er zählt die M12er Schrauben, die Anbieter 1 in Abpackungen zu 48 und Anbieter 2 in Abpackungen zu 32 Schrauben geliefert hat. Günstigerweise ist nur eine Packung angefangen, darin sind 3 einzelne Schrauben. Adrian schreibt die Gesamtzahl schnell auf, aber nachher kann er die mittlere Ziffer dieser Zahl nicht sicher lesen, es kämen sowohl 1, 2, 4, 7 als auch 9 in Frage. Durch einiges Nachdenken kriegt er jedoch heraus, dass nur eine der sich so ergebenden Gesamtzahlen richtig sein kann. Welche?

(**A**) 119 (**B**) 129 (**C**) 149 (**D**) 179 (**E**) 199

D/CH-7/8 (26) –04

## 2.3 Gleichungssysteme

**A 2.41** In unserem Garten sehe ich ein paar Krähen. Bis auf eine haben sich alle einzeln auf Zaunpfählen niedergelassen. Die eine schwebt darüber, da kein Pfahl mehr frei ist. Als ich eine Weile später schaue, sitzen dieselben Krähen je zu zweit auf den Pfählen – und nun ist ein Pfahl leer geblieben. Wie viele Krähen sind das?

(**A**) 2 (**B**) 3 (**C**) 4 (**D**) 6 (**E**) 8

A-Kad (9), D/CH-7/8 (9) –05

**A 2.42** Ich habe eine Flasche, ein Glas, einen Krug und einen Becher. Den vollen Krug kann ich in Flasche und Glas restlos ausleeren, so dass beide randvoll sind, der Inhalt der Flasche passt genau in Glas und Becher, und in drei Bechern ist genau für den Inhalt von 2 Krügen Platz. Dann passt in einen Becher so viel wie in

(**A**) 3 Gläser (**B**) 4 Gläser (**C**) 5 Gläser (**D**) 6 Gläser (**E**) 7 Gläser

A-Kad (11), D/CH-7/8 (8) –03

**A 2.43** In der Zoohandlung kann man Mäuse kaufen, ein Viertel der im Angebot befindlichen ist weiß, der Rest schwarz. Von den weißen Mäusen hat die Hälfte braune Augen, von den schwarzen hat ein Fünftel blaue Augen, alle Mäuse haben entweder blaue oder braune Augen. Steffi zählt alle Mäuse mit blauen Augen – es sind 99 – und stellt fest, dass sie weiß, wie viele Mäuse es insgesamt in der Zoohandlung gibt. Es sind

(**A**) 360 (**B**) 322 (**C**) 298 (**D**) 198 (**E**) 196

A-Kad (14), D-7/8 (14) -02

**A 2.44** Aus einer Schachtel mit 31 Bonbons isst Krista am 1. Tag drei Viertel der Anzahl, die Paul isst. Am 2. Tag isst sie zwei Drittel der Menge, die Paul isst; und damit ist die Schachtel leer. Wie viele Bonbons hat Krista gegessen?

(**A**) 9 (**B**) 10 (**C**) 12 (**D**) 13 (**E**) 15

A-Jun (21), D-9/10 (21) -01

**A 2.45** Sisyphus muss jeden Tag einen schweren Stein einen Berg nach oben schieben. Am ersten Tag braucht er für den Weg hoch und zum Fuß des Berges zurück insgesamt 7 Stunden. An den folgenden Tagen geht er jeden Tag aufwärts halb so schnell wie am Tag zuvor, läuft abwärts jedoch doppelt so schnell. Angenommen, er braucht am zweiten Tag insgesamt 8 Stunden, wie viele Stunden braucht er dann am dritten Tag?

(**A**) 9 h (**B**) 8 h 30 min (**C**) 7 h
(**D**) 13 h (**E**) 10 h 15 min

A-Stu (6), D-11/13 (7) -00

**A 2.46** Timmy spielt gegen Tommy Tischtennis. Hätte Timmy 5 Punkte mehr, dann wären das doppelt so viele wie Tommy hat. Hätte er 7 Punkte weniger, wäre das die Hälfte von Tommys Punkten. Wie viele Punkte hat Timmy?

(**A**) 7 (**B**) 11 (**C**) 12 (**D**) 15 (**E**) 22

A-Jun (5), D/CH-9/10 (5) -04

**A 2.47** Vom Kampf gegen die Drachen heimgekehrt, erzählten die Drachenbezwinger: „Es gab rote Drachen und es gab grüne Drachen. Die roten hatten 6 Köpfe, 8 Beine und 2 Flügel, während die grünen 8 Köpfe, 6 Beine und 4 Flügel hatten. Nach dem Kampf fand man die 44 Flügel der getöteten Untiere, und die Zahl der grünen Beine war um 6 kleiner als die Zahl der roten Häupter.“ Nach diesen Worten fielen die Recken in tiefen Schlaf. Wie viele Drachen töteten sie?

(**A**) 15 (**B**) 22 (**C**) 8 (**D**) 10 (**E**) 6

A-Kad (12), D/CH-5/6 (29) -03

**A 2.48** Beim Bogenschießen erzielten Klaus 29, Kate 43 und Konrad 47 Punkte. Wie viel Punkte erreichte Katrin?

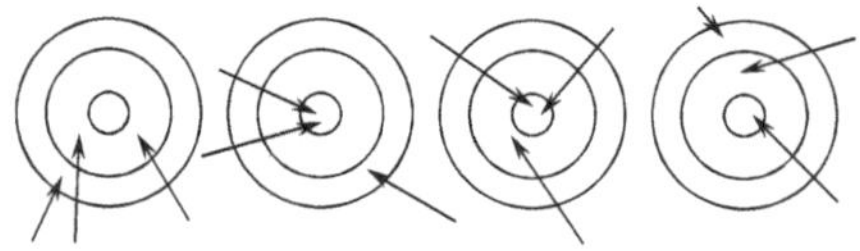


(**A**) 31 (**B**) 33 (**C**) 36 (**D**) 38 (**E**) 39

A-Kad (16), D/CH-7/8 (17) –03

**A 2.49** Als Ben auf die Waage steigt, zeigt die Spitze des Zeigers auf 47 kg; bei seiner Freundin Lucy zeigt sie auf 39 kg. Als sie sich zusammen wiegen, weist die Spitze des Zeigers auf 91 kg. Erst jetzt fällt beiden auf, dass der Zeiger der Waage etwas gebogen ist. Wie viel wiegt Ben tatsächlich?

(**A**) 41 kg (**B**) 42 kg (**C**) 44 kg (**D**) 50 kg (**E**) 52 kg

A-Jun (15), D-9/10 (17) –00

**A 2.50** In einer Schachtel sind 60 Spielsteine, einige sind rot, andere blau, wieder andere grün. Würde man alle roten durch blaue Steine ersetzen, hätte man doppelt so viele blaue wie grüne Steine. Ersetzte man dagegen sämtliche grünen durch blaue Spielsteine, wären dreimal so viele blaue wie rote Steine vorhanden. Also ist die Anzahl der blauen Spielsteine in der Schachtel gleich

(**A**) 10 (**B**) 12 (**C**) 15 (**D**) 18 (**E**) 25

A-Stu (14), D/CH-11/13 (14) –05

**A 2.51** Bei einer Prüfung sind 30 Fragen zu beantworten. Jede korrekte Antwort bringt 7 Punkte, ein Fehler oder eine unbeantwortete Frage bringen 12 Punkte Abzug. Am Prüfungsende hat Ina 77 Punkte. Wie viele Fragen hat sie fehlerhaft bzw. nicht beantwortet?

(**A**) zwischen 0 und 4 (**B**) zwischen 5 und 8 (**C**) zwischen 9 und 12
(**D**) zwischen 13 und 16 (**E**) das lässt sich nicht sagen

A-Kad (21), D-7/8 (22) –99

**A 2.52** Ein Rechteck ist – wie in der Abbildung gezeigt – in 9 kleinere Rechtecke zerlegt worden. Die in cm gemessene Länge des Umfanges von 5 dieser 9 Rechtecke ist in die Zeichnung hineingeschrieben worden. Wie groß ist der Umfang des großen Rechteckes?

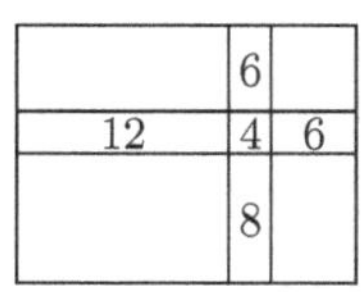


(**A**) 26 cm (**B**) 28 cm (**C**) 36 cm
(**D**) 40 cm (**E**) 48 cm

D-7/8 (27) –97

**A 2.53** Maries Mutter ist 4 Jahre älter als ihr Vater. Das Durchschnittsalter der Eltern beträgt 39 Jahre. Das Durchschnittsalter von Marie und ihrer Mutter ist 23 Jahre. Wie alt ist Marie?

(**A**) 5 (**B**) 7 (**C**) 8 (**D**) 11 (**E**) 12

A-Stu (4), D-11/13 (4) –00

---

**A 2.54** Mücken-Ex und Anti-Mück, Salben, die die Mücken vom Stechen abhalten sollen, stehen in der Drogerie im selben Regal. Azubi Klaus preist Mücken-Ex an, verkauft davon 15 Tuben und ordnet den Rest des Bestands so, dass neben je 2 Tuben Anti-Mück eine mit Mücken-Ex zu liegen kommt. Seine Chefin verkauft lieber Anti-Mück. Nach dem Verkauf von 45 Tuben Anti-Mück ordnet sie den Rest so, dass neben je 5 Tuben Mücken-Ex 1 Tube Anti-Mück liegt. Wie viele Tuben Mücken-Ex waren zu Beginn im Regal?

(**A**) 22 (**B**) 25 (**C**) 33 (**D**) 40 (**E**) 64

A-Jun (16), D-9/10 (15) –02

---

**A 2.55** Wenn $(x,\ y,\ z)$ eine Lösung des Gleichungssystems

$$yz = -6; \qquad zx = 2; \qquad xy = -3$$

ist, wie groß ist dann die Summe $x + y + z$?

(**A**) 0 (**B**) 1 (**C**) 0 oder 1 (**D**) 0 oder -1 (**E**) 1 oder -1

D-Spezialschulen (7) –95

---

**A 2.56** Henry muss von Bremen nach Rostock fahren, und er plant dafür eine gewisse Durchschnittsgeschwindigkeit ein. Wenn er durchschnittlich 5 km/h schneller als geplant fahren würde, käme er 5 Stunden eher an, würde er im Durchschnitt 10 km/h schneller als geplant fahren, wäre er sogar 8 Stunden eher am Ziel. Welche Durchschnittsgeschwindigkeit hat er geplant?

(**A**) 10 km/h (**B**) 15 km/h (**C**) 20 km/h (**D**) 25 km/h (**E**) nicht lösbar

A-Stu (30), D/CH-11/13 (30) –05

---

**A 2.57** Einige von 11 Schachteln enthalten 8 kleinere Schachteln, und einige dieser kleineren enthalten ihrerseits wieder je 8 kleinere Schachteln. Wenn es genau 102 Schachteln gibt, die keine kleineren Schachteln enthalten, wie viele Schachteln haben wir dann insgesamt?

(**A**) 102 (**B**) 64 (**C**) 118
(**D**) 115 (**E**) Das lässt sich nicht berechnen.

A-Kad (29), D-7/8 (30) –01

---

## 2.4 Einige nichtlineare Gleichungen

**A 2.58** Wie viele Lösungen hat die Gleichung $a^2b - 1 = 1999$, wobei $a$ und $b$ positive ganze Zahlen sein sollen?

(**A**) 3 (**B**) 4 (**C**) 5 (**D**) 6 (**E**) 7

A-Kad (25), D-7/8 (27) -99

**A 2.59** Für welchen Wert des Parameters $p$ haben die Gleichungen $(p-1)x = 1$ und $p(x-1) = 1-p$ eine und dieselbe Lösung?

(**A**) $-1$ (**B**) 0 (**C**) 1
(**D**) 0 oder 1 (**E**) für keinen Wert

D-11 (6) -95

**A 2.60** Wie viele ganze Zahlen genügen der Gleichung $|1 - |x|| \leq 3$?

(**A**) 9 (**B**) 8 (**C**) 1
(**D**) 2 (**E**) eine andere Antwort

D-11 (11) -95

**A 2.61** Wie viele ganzzahlige Lösungen hat die Gleichung $2^x(6-x) = 8x$?

(**A**) 0 (**B**) 1 (**C**) 2 (**D**) 3 (**E**) 4

D-11/13 (17) -99

## 2.5 Ungleichungen

**A 2.62** Der Speisenaufzug des alten Schlossrestaurants kann nicht mehr als 150 kg befördern. Der Koch hat für ein Festessen 6 große Körbe vorbereitet, die 60 kg, 65 kg, 75 kg, 80 kg, noch einmal 80 kg und 85 kg schwer sind. Wie oft muss der Speisenaufzug mindestens von der im Keller gelegenen Küche zum Restaurant im 1. Stock fahren, bis alle Körbe oben sind?

(**A**) fünfmal (**B**) zweimal (**C**) dreimal (**D**) sechsmal (**E**) viermal

A-Eco (10), D/CH-3/4 (16) -05

**A 2.63** Bei wie vielen zweistelligen Zahlen ist die durch Vertauschen der beiden Ziffern entstehende Zahl größer als das Dreifache der ursprünglichen Zahl?

(**A**) 6 (**B**) 10 (**C**) 15 (**D**) 22 (**E**) 33

A-Kad (23), D/CH-7/8 (26) -05

**A 2.64** Die kleinste reelle Zahl $x$, die die Ungleichung $x^2 - 2004 \leq 0$ erfüllt, ist

(**A**) $-2004$ (**B**) 2004 (**C**) 0 (**D**) $\sqrt{2004}$ (**E**) $-\sqrt{2004}$

A-Stu (5), D/CH-11/13 (5) -04

**A 2.65** Wenn $0 \leq x \leq 4$ und $y < 12$, dann kann $xy$ nicht gleich sein

(**A**) $-2$ (**B**) 0 (**C**) 6 (**D**) 24 (**E**) 48

D-9/10 (3) -00

**A 2.66** Vier Katzen, Willy, Line, Milly und Tom, jagen Mäuse. Line und Tom jagen zusammen genauso viele wie Willy und Milly, wobei Willy mehr Mäuse gefangen hat als Milly. Willy und Tom haben zusammen weniger Mäuse gefangen, als Line und Milly zusammen gefangen haben. Line hat 3 Mäuse gefangen, wie viele hat Milly gefangen?

(**A**) 0 (**B**) 1 (**C**) 2 (**D**) 3 (**E**) 4

A-Jun (23), D-9/10 (28) -00

**A 2.67** Auf einem Hochzeitsfoto sind die Verwandten der Braut und des Bräutigams zu sehen, insgesamt mehr als 27 Personen. Als Emmi mit ihrem Buch 12 Verwandte des Bräutigams zudeckt, bemerkt ihre Tante, dass es bei den Nichtverdeckten mehr als doppelt so viele Verwandte der Braut wie des Bräutigams gibt. Und als Emmi ihr Buch weiterschiebt und nun 10 Verwandte der Braut zudeckt, findet ihre Tante, dass unter denen, die nun zu sehen sind, mehr als neunmal so viele Verwandte des Bräutigams wie der Braut sind. Da Emmi immer viele gute Ideen hat, findet sie aus diesen Angaben heraus, wie viele Verwandte der Braut und des Bräutigams insgesamt auf dem Bild zu sehen sind. Es sind

(**A**) 12 und 18 (**B**) 11 und 17 (**C**) 10 und 20 (**D**) 13 und 15 (**E**) 11 und 23

A-Stu (24), D-11/13 (24) -02

**A 2.68** Die Menge der Lösungen der Ungleichung $|x-1| + |x+2| < 5$ ist

(**A**) $\{x; -3 < x < 2\}$ (**B**) $\{x; -1 < x < 2\}$ (**C**) $\{x; -2 < x < 1\}$
(**D**) $\left\{x; -\frac{3}{2} < x < \frac{7}{2}\right\}$ (**E**) eine andere Antwort

D-11 (24) -95

**A 2.69** Für die Zahlen $a$ und $b$ gilt, dass $4 \leq a \leq 6$ und $1 \leq b \leq 2$ ist. Welche der folgenden Zahlen ist dann *gewiss* kleiner als 9?

(**A**) $2a - 3b$ (**B**) $a + 2b$ (**C**) $13b - 4a$ (**D**) $3a - 8b$ (**E**) $8b - 2a$

D/CH-11/13 (24) -05

## 2.6 Funktionen

**A 2.70** Wenn für die Funktion $f$ gilt, dass $f(x+1) = 2f(x) - 2002$ für alle ganzzahligen Werte von $x$, und dass $f(2005) = 2008$ ist, dann gilt $f(2004) =$

(**A**) 2004 (**B**) 2005 (**C**) 2008 (**D**) 2010 (**E**) 2016

A-Stu (9), D/CH-11/13 (9) -05

**A 2.71** Es sei $f\colon \mathrm{R} \to \mathrm{R}$ eine nichtnegative Funktion, die die beiden Bedingungen $f(1) = 2$ und $f(x+y) = f(x)f(y)$ erfüllt. Welchen Wert hat $f$ an der Stelle $\frac{1}{2}$?

(**A**) 0 (**B**) $\frac{1}{2}$ (**C**) $\frac{1}{2}\sqrt{2}$ (**D**) 1 (**E**) $\sqrt{2}$

A-Stu (5), D-11/13 (20) -99

**A 2.72** Welche der folgenden Funktionen hat die Eigenschaften (1) bis (3):

(1) $f(x)$ ist für alle $x \geq 0$ definiert.
(2) Es gilt $f(x) \geq -2$ für alle $x \geq 0$.
(3) Es gibt eine reelle Zahl $x$, $x \geq 0$ mit $f(x) = -2$.

(**A**) $f(x) = |x-2|$ (**B**) $f(x) = x^2 - 2x - 1$ (**C**) $f(x) = \dfrac{1-3x}{x}$
(**D**) $f(x) = x^2 - x - 2$ (**E**) $f(x) = |x+2| - 2$

D-11/13 (25) -01

### Graphen von Funktionen

**A 2.73** Eine Glühlampe, die sich zum Anfang 10 cm oberhalb einer Tischplatte befindet, wird senkrecht nach oben bewegt. 10 cm vom Fußpunkt der Lichtquelle entfernt steht ein 10 cm langer Bleistift und wirft einen Schatten auf den Tisch. Welches ist der Graph der Länge $y$ des Schattens (in cm) in Abhängigkeit von der Höhe $x$ der Lichtquelle über der Tischplatte?

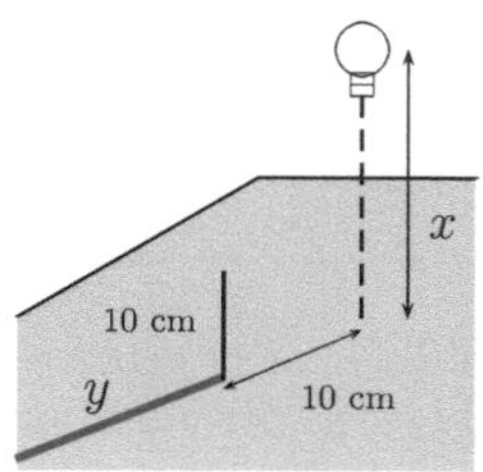


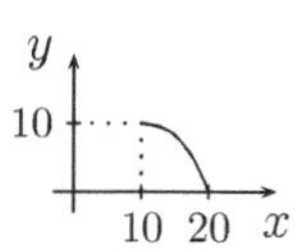

(**A**)

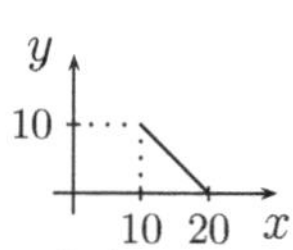

(**B**)

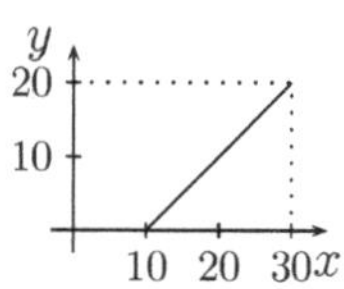

(**C**)

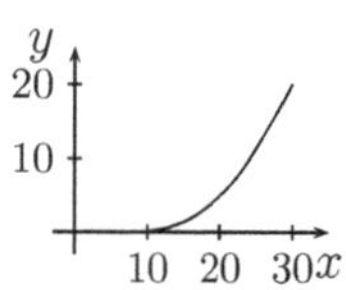

(**D**)

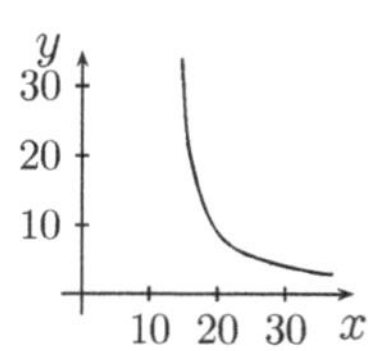

(**E**)

A-Stu (17), D/CH-11/13 (17) -05

**A 2.74** Der Graph der für alle reellen Zahlen definierten Funktion $f$ setzt sich aus 2 Halbgeraden und einer Strecke zusammen (s. Abb.). Dann ist die Lösungsmenge der Gleichung $f(f(f(x))) = 0$

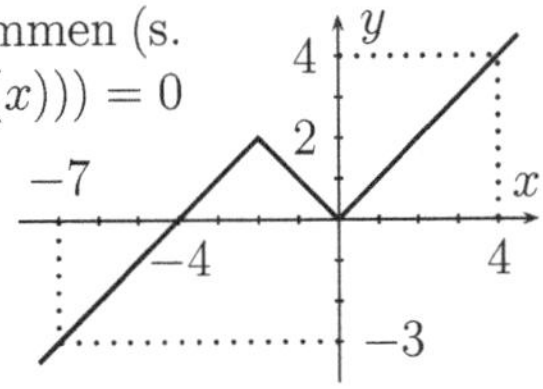


(**A**) $\{-4; 0\}$ (**B**) $\{-8; -4; 0\}$
(**C**) $\emptyset$ (**D**) $\{-12; -8; -4; 0\}$
(**E**) $\{-16; -12; -8; -4; 0\}$

A-Jun (20), D/CH-9/10 (20) -03

---

**A 2.75** Zu welcher Funktion gehört der abgebildete Graph?

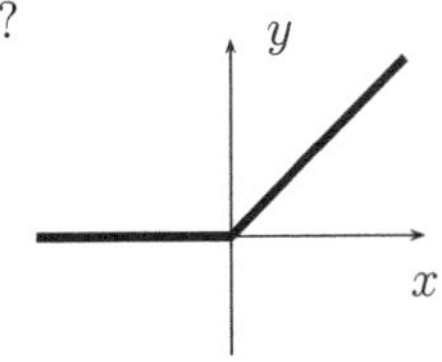


(**A**) $y = x$ (**B**) $y = x + |x|$ (**C**) $y = |x|$

(**D**) $y = \dfrac{x + |x|}{2}$ (**E**) $y = \dfrac{x - |x|}{2}$

D-9/10 (20) -01

---

**A 2.76** Ein ziemlich zerstreuter Bergwanderer überquerte die links abgebildete Bergkette von der Hütte zum See, wobei er ab und zu etwas verlor und dann umkehren musste, um es einzusammeln. Sein mitgeführter Höhenmesser zeichnete sein Auf und Ab in Abhängigkeit von der Zeit $t$ auf (rechte Abb.).

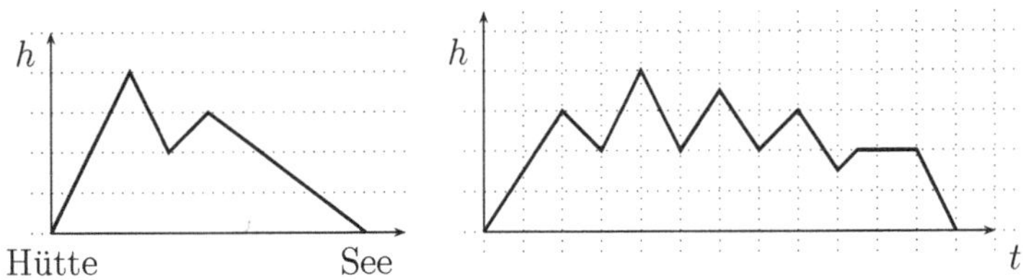


Wie oft ist er auf dem Weg von der Hütte zum See umgekehrt?

(**A**) zweimal (**B**) dreimal (**C**) fünfmal (**D**) siebenmal (**E**) neunmal

A-Jun (22), D/CH-9/10 (25) -04

---

**A 2.77** Die nebenstehende Zeichnung zeigt die Graphen der Funktionen $f$ und $g$, die für alle reellen Zahlen definiert sind. Welche der folgenden Gleichungen ist dann für jede reelle Zahl $x$ erfüllt?

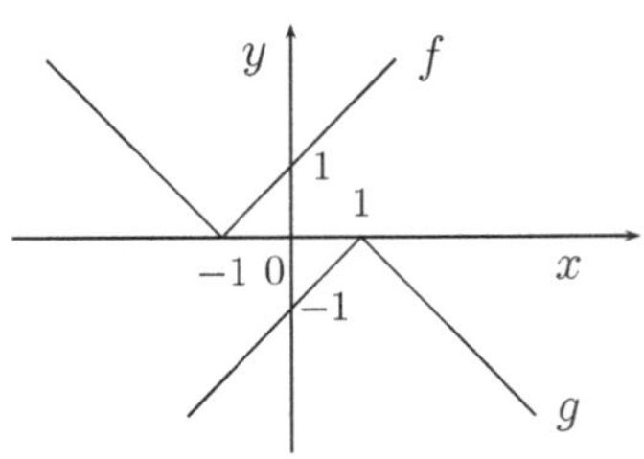


(**A**) $f(x) = -g(x) + 2$ (**B**) $f(x) = -g(x) - 2$
(**C**) $f(x) = -g(x + 2)$ (**D**) $f(x + 2) = -g(x)$
(**E**) $f(x + 1) = -g(x - 1)$

A-Stu (25), D/CH-11/13 (26) -04

---

# 3 Kombinatorik – mit Zahlen und Figuren

In dem der Kombinatorik gewidmeten dritten Kapitel finden wir Aufgaben, die schon bei Jüngeren sehr beliebt sind. Etwas vertauschen und dann schauen, auf wie viele Weisen das möglich ist; aus einer Gesamtheit alle möglichen, durch ein bestimmtes Merkmal ausgezeichneten Dinge in verschiedener Zusammenstellung auswählen und dabei vielleicht noch zusätzliche Forderungen erfüllen, damit war jeder schon irgendwann einmal befasst. Das sind Problemstellungen, denen wir täglich begegnen, ohne uns immer bewusst zu sein, dass es sich um ein in verschiedenster Verkleidung auftretendes mathematisches Problem handelt. Oft ist der Zugang zu diesen Fragestellungen relativ einfach und die Bearbeitung wird mit Freude durchgeführt. Um diese Freude zu verstärken, stecken die Känguruaufgaben häufig in „bunten Gewändern“. Dass es unter den Aufgaben eine ganze Reihe gibt, die ursprünglich für höhere Klassenstufen gestellt wurden, hat damit zu tun, dass es beim Wettbewerb ein enges Zeitlimit zu beachten gilt. Die Aufgabenstellung selbst lässt sich jedoch auch jüngeren Schülerinnen und Schülern gut vermitteln, und sie sind zur Lösung mit kleiner Unterstützung durchaus in der Lage. Dies trifft insbesondere auch für viele Beispiele aus der kombinatorischen Geometrie zu, wo das einfache Auszählen unter Beachtung und Klassifizierung der Lagemöglichkeiten den ersten Schritt darstellt, über den (im Weiteren) eine allgemeine Lösung hergeleitet werden kann.

---

## 3.1 Aufgaben zum Kombinieren

**A 3.1** Florian hat vier Paar Lieblingssocken und drei T-Shirts, die er besonders gern trägt. Er kombiniert zu seiner Lieblingshose jeweils ein Paar Lieblingssocken mit einem Lieblings-T-Shirt. Wie viele Tage mit unterschiedlicher Socken-T-Shirt-Zusammenstellung gibt es?

(**A**) 3 (**B**) 4 (**C**) 7 (**D**) 10 (**E**) 12

A-Ben (1), D-5/6 (4) –99

**A 3.2** Familie Plansch (Mutter, Vater und Tochter) mietet ein Ruderboot, in dem drei Ruderer hintereinander sitzen können. Wie viele unterschiedliche Möglichkeiten gibt es für die Drei, sich hintereinander zu setzen?

(**A**) 6 (**B**) 8 (**C**) 9 (**D**) 10 (**E**) 12

D-3/4 (4) –01

**A 3.3** Im Englischen heißt das Känguru ganz ähnlich wie im Deutschen „Kangaroo“. Wenn wir im Wort KANGAROO jeweils zwei benachbarte Buchstaben miteinander vertauschen, welches ist die kleinste Anzahl von solchen Vertauschungen, die man braucht, um alle Vokale nebeneinander zu haben?

(**A**) 1 (**B**) 2 (**C**) 3 (**D**) 4 (**E**) 5

D-5/6 (11) -97

**A 3.4** Sechs Straßen führen auf den Känguru-Platz. In vier dieser Straßen ist der Verkehr in beide Richtungen erlaubt, die restlichen beiden sind Einbahnstraßen, die zum Platz hinführen. Auf wie viele verschiedene Arten kann ein Autofahrer den Känguru-Platz passieren, wenn er den Platz nicht durch dieselbe Straße wieder verlässt, durch die er auf ihn kam?

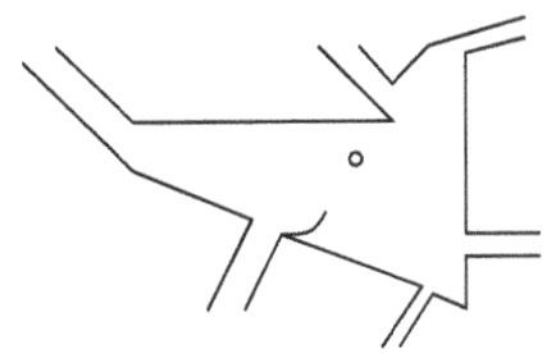

(**A**) 12 (**B**) 48 (**C**) 24 (**D**) 20 (**E**) 28

D-5/6 (27) -97

**A 3.5** In den sechswöchigen Sommerferien fahren die drei Kinder der Familie Fröhlich jedes für vier Wochen zu den Großeltern. Felix fährt gleich zu Beginn der Ferien los, Franziska folgt eine Woche später und Florian schließlich startet am Beginn der dritten Ferienwoche. Wie groß ist der Anteil der Sommerferien, in dem die Eltern allein sind?

(**A**) $\frac{1}{3}$ (**B**) $\frac{3}{5}$ (**C**) $\frac{4}{7}$ (**D**) $\frac{5}{7}$ (**E**) $\frac{7}{11}$

A-Jun (8), D/CH-9/10 (6) -03

**A 3.6** Josef hat 100 Mäuse, einige davon sind weiß, der Rest ist grau. Mindestens eine Maus ist grau und unter beliebig herausgegriffenen 7 Mäusen sind stets mindestens 4 Mäuse weiß. Wie viele der 100 Mäuse sind dann höchstens grau?

(**A**) 1 (**B**) 3 (**C**) 4 (**D**) 93 (**E**) 99

A-Stu (1), D-11/13 (1) -01

**A 3.7** Drei Ehepaare beschließen, einmal in der Woche gemeinsam Skat zu spielen. Dafür wird für jeden Freitagabend eine Skatrunde von 3 Spielern aus den 6 Personen zusammengestellt. Die Nichtspieler müssen abwaschen oder fernsehen. Da sich aber Ehepartner ab und zu streiten, wenn sie in derselben Skatrunde spielen, einigt man sich, keine Skatrunden zu bilden, denen ein Ehepaar angehört. Wie viele Freitagabende müssen mindestens eingeplant werden, damit in jeder möglichen Zusammensetzung der Skatrunde wenigstens einmal gespielt werden kann?

(**A**) 3 (**B**) 6 (**C**) 8 (**D**) 9 (**E**) 20

D-5/6 (28) -98

**A 3.8** Am Kiosk kann man einzelne Bonbons kaufen, Schokobonbons für 20 Pf., Brombeerbonbons für 15 Pf. und Pfefferminzbonbons für 10 Pf. Eric will seine 50 Pf. für Bonbons ausgeben. Er könnte z. B. 2 Schoko- und 1 Pfefferminzbonbon nehmen. Wie viele verschiedene Möglichkeiten hat er, Bonbons für genau 50 Pf. zu kaufen?

(**A**) 1 (**B**) 2 (**C**) 3 (**D**) 4 (**E**) 5

D-5/6 (9) -01

**A 3.9** Ich habe drei Würfel gleichzeitig geworfen und dann die Augenzahl aller drei Würfel addiert. Wie viele verschiedene Werte sind für diese Summe möglich?

(**A**) 18 (**B**) 17 (**C**) 16 (**D**) 15 (**E**) 14

A-Jun (1), D-9/10 (1) -01

**A 3.10** Für sein Fensterbrett hat Onkel Artur Geranien gekauft, zwei rote und je eine rosa und eine weiße Pflanze. Wie viele farblich verschiedene Anblicke kann ich haben, wenn ich vor Onkel Arturs Fensterbrett stehe und seine Geranien bewundere?

(**A**) 4 (**B**) 6 (**C**) 12 (**D**) 18 (**E**) 36

D-7/8 (8) -01

**A 3.11** In einem großen Beutel sind schwarze, weiße, rote und blaue Bälle, die wir in 4 Kästen nach Farben sortieren wollen. Wir nehmen nacheinander wahllos Bälle aus dem Beutel und legen sie jeweils in den Kasten, der für die entsprechende Farbe vorgesehen ist. Wie viele Bälle müssen wir mindestens aus dem Beutel nehmen, um sicher sein zu können, dass es einen Kasten gibt, in dem mindestens 6 Bälle liegen?

(**A**) 9 (**B**) 16 (**C**) 20 (**D**) 21 (**E**) 24

D-9/10 (8) -98

**A 3.12** Die dreieckigen Chips eines Spiels sind mit je genau drei der Farben 1 bis 5 an ihren Ecken gefärbt. Wie viele verschiedene Chips kann man herstellen?

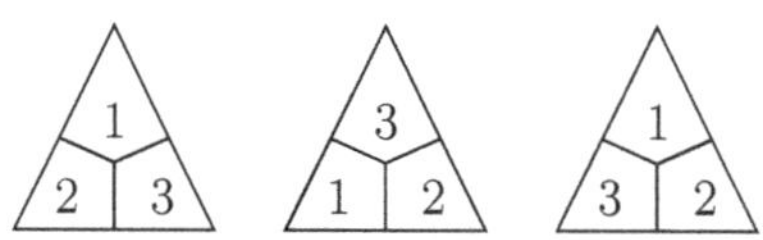

($\star$) ($\star\star$) ($\star\star\star$)

*Bemerkung: Chips, die sich voneinander nur durch eine Drehung unterscheiden, wie* ($\star$) *und* ($\star\star$) *werden als gleich angesehen,* ($\star$) *und* ($\star\star\star$) *jedoch als voneinander verschieden.*

(**A**) 125 (**B**) 27 (**C**) 20 (**D**) 54 (**E**) 15

A-Kad (23), D-7/8 (23) -02

**A 3.13** Eine ältere zerstreute Dame schrieb an fünf ihrer Jugendfreunde je einen Brief und steckte die Briefe, ohne noch einmal auf den Adressaten zu schauen, in die zuvor adressierten Couverts. Wie groß ist die Chance, dass jeder der Fünf den richtigen Brief bekommt?

(**A**) 1 zu 125 (**B**) 1 zu 90 (**C**) 1 zu 20 (**D**) 1 zu 120 (**E**) 1 zu 625

D/CH-11/13 (16) -05

**A 3.14** Beim Wandertag kommt unsere Klasse an einem Eisstand vorbei. Unser Mathelehrer sieht unseren Appetit und sagt zur Eisverkäuferin, korrekt wie stets: „Wie ich sehe, haben Sie 8 Eissorten. Bitte füllen Sie auf meine Rechnung Eistüten mit je 2 unterschiedlichen Sorten Eis und geben Sie allen Schülerinnen und Schülern je eine solche, wobei keine 2 Kinder gleiche Tüten erhalten sollen.“ Die Verkäuferin schmunzelt, mustert uns und meint: „Ich täte dies gern, jedoch ist genau einer zu viel in der Klasse, um Ihren Wunsch nach lauter verschiedenen Tüten erfüllen zu können.“ Wie viele sind wir in der Klasse?

(**A**) 22 (**B**) 28 (**C**) 29 (**D**) 35 (**E**) 37

A-Kad (12), D/CH-7/8 (7) -04

**A 3.15** Paula möchte 16 farbige Chips (je 4× blau, grün, lila bzw. rot) so in ein $4 \times 4$-Feld legen, dass es in jeder Zeile und jeder Spalte jede Farbe genau einmal gibt. Sie hat (s. Abb.) bereits begonnen, die Chips zu verteilen. Auf wie viele verschiedene Weisen kann sie bis zum Ende kommen?

| B | | | |
|---|---|---|---|
| G | B | | |
| | L | | |
| | R | | |

(**A**) 1 (**B**) 2 (**C**) 4 (**D**) 16 (**E**) 64

A-Jun (18), D/CH-9/10 (19) -04

**A 3.16** Der Direktor hat die 7-stellige Telefonnummer des Hausmeisters vergessen, erinnert sich jedoch, dass die 7 Ziffern alle verschieden sind und von links nach rechts der Größe nach wachsen. Außerdem ist weder 0 noch seine Lieblingszahl 3 dabei. Wie oft muss er im ungünstigsten Fall wählen, bis er den Hausmeister erreicht?

(**A**) 5-mal (**B**) 6-mal (**C**) 8-mal (**D**) 10-mal (**E**) 11-mal

D/CH-9/10 (17) -05

**A 3.17** Ich habe 17 von 1 bis 17 durchnummerierte Kärtchen. Wie viele der Kärtchen muss ich mindestens ziehen, um zu garantieren, dass mindestens ein Paar dabei ist, für das die Summe der beiden Zahlen 18 beträgt?

(**A**) 7 (**B**) 8 (**C**) 10 (**D**) 11 (**E**) 16

A-Jun (18), D/CH-9/10 (18) -05

**A 3.18** Im Sommercamp wollen 10 der Teilnehmer Volleyball spielen. Wie viele verschiedene Möglichkeiten, 2 Mannschaften mit je 5 Spielern zu bilden, gibt es, wenn Thomas in derselben Mannschaft wie Karla, und Eva in einer anderen als Peter spielen möchte?

(**A**) 15 (**B**) 30 (**C**) 50 (**D**) 56 (**E**) 210

A-Stu (24), D-11/13 (21) -00

**A 3.19** Bei einem Pferderennen starten die Pferde A, B, C, D und E. Bei der Diskussion der Einlaufmöglichkeiten stellen die Experten fest, dass sie die Pferde so wenig kennen, dass ihnen nahezu jeder Einlauf möglich erscheint. Die einzige Einschränkung besteht darin, dass B ganz gewiss nicht vor A durchs Ziel gehen wird. Wie viele Einlaufmöglichkeiten gibt es bei dieser Einschränkung, wenn vorausgesetzt wird, dass alle Pferde zu unterschiedlichen Zeiten durchs Ziel gehen?

(**A**) 110 (**B**) 105 (**C**) 72 (**D**) 64 (**E**) 60

D-11/13 (23) -01

## Wahrscheinlichkeit

**A 3.20** Wie groß ist die Wahrscheinlichkeit (das ist die Anzahl der günstigen Fälle geteilt durch die Anzahl der möglichen), dass eine zufällig gewählte 3-stellige Zahl geradzahlig und größer als 399 ist?

(**A**) $\frac{1}{2}$ (**B**) $\frac{1}{3}$ (**C**) $\frac{1}{6}$ (**D**) $\frac{2}{3}$ (**E**) $\frac{1}{9}$

A-Stu (5), D-11/13 (5) -01

**A 3.21** Anne spaziert von A-Dorf nach B-Dorf. Zeichnet man die Verbindungswege der beiden Dörfer schematisch auf, so entsteht das nebenstehende Bild. Anne läuft stets nach unten oder nach rechts; kommt sie an eine Kreuzung, wo beide Möglichkeiten bestehen, so wirft sie die Münze und wählt den weiteren Weg entsprechend. Wie groß ist die Wahrscheinlichkeit, dass sie auf ihrem Weg den Punkt X passiert? (Man beachte, dass die verschiedenen Wege von A-Dorf nach B-Dorf nicht alle gleichwahrscheinlich sind.)

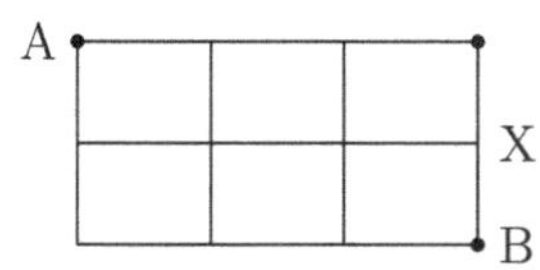


(**A**) $\frac{5}{16}$ (**B**) $\frac{1}{2}$ (**C**) $\frac{4}{10}$ (**D**) $\frac{1}{3}$ (**E**) $\frac{5}{12}$

D-11/13 (27) -98

**A 3.22** Marie und Peter setzen je 20 Gummibärchen ein und spielen durch Werfen einer Münze um diesen Einsatz. Vor jedem Wurf raten beide, was oben liegen wird, Wappen oder Zahl. Wer als Erster 10-mal richtig geraten hat, gewinnt den gesamten Einsatz (40 Gummibärchen). Als dann Marie 7-mal und Peter 9-mal richtig geraten hat, beschließen sie, die Gummibärchen entsprechend der Wahrscheinlichkeit, den ganzen Einsatz zu gewinnen, zu verteilen. Wie viele Gummibärchen bekommt Peter?

(A) 22 (B) 25 (C) 30 (D) 32 (E) 35

A-Jun (29), D-9/10 (30) -00

**A 3.23** Zwei weiße und acht graue Möwen fliegen gemeinsam. Plötzlich lassen sich alle in einer Reihe nebeneinander auf einer Mauer nieder. Es ist bekannt, dass es $1 \cdot 2 \cdot 3 \cdots 10 = 3\,628\,800$ Möglichkeiten für die Reihenfolge gibt, in der die Möwen sich hinsetzen. Wenn man die Zahl der Möglichkeiten, in denen die beiden weißen Möwen nebeneinander sitzen, durch die Zahl *aller* Möglichkeiten, wie sich die Möwen niederlassen können, teilt, erhält man

(A) $\frac{1}{5}$ (B) $\frac{1}{6}$ (C) $\frac{1}{7}$ (D) $\frac{1}{8}$ (E) $\frac{1}{9}$

A-Stu (13), D/CH-11/13 (15) -03

## 3.2 Kombinatorische Geometrie

### Erste, einfache Beispiele

**A 3.24** Das Känguru möchte eine Decke aus gleich großen quadratischen Stoffstückchen nähen, die 6 Stoffquadrate breit und 8 Stoffquadrate lang sein soll. An jeder Stelle, wo sich vier Quadrate treffen, näht es einen Knopf an. Wie viele Knöpfe benötigt es?

(A) 35 (B) 40 (C) 42 (D) 48 (E) 63

A-Eco (19), D-3/4 (14) -99

**A 3.25** Wenn von einem Dreieck zwei Seiten der Länge 5 cm und 13 cm vorgegeben sind, wie viele Möglichkeiten gibt es dann für die dritte Seite, wenn die Seitenlänge – wie bei den beiden anderen Seiten – eine ganze Zahl sein soll?

(A) 12 (B) 8 (C) 1 (D) 10 (E) 9

D/CH-5/6 (28) -03

**A 3.26** Kati soll 4 Aufgaben lösen: sie soll Kreise aus Pappe durch einen oder durch zwei gerade Schnitte in 2, in 3, in 4 und in 5 Teile zerteilen. Wie viele dieser Aufgaben kann sie lösen?

(A) keine (B) eine (C) zwei (D) drei (E) alle vier

D-7/8 (14) -98

**A 3.27** Ein Kreis, ein Quadrat und ein Dreieck sind so auf ein Zeichenblatt zu zeichnen, dass sie die größtmögliche Anzahl von Schnittpunkten miteinander haben. Wie viele sind das?

(**A**) 11 (**B**) 20 (**C**) 16 (**D**) 18 (**E**) 24

D-5/6 (28) -02

**A 3.28** Ich habe 2 Kreise und 3 Geraden gezeichnet und alle Schnittpunkte farbig markiert. Wie viele können das höchstens sein?

(**A**) 11 (**B**) 14 (**C**) 16 (**D**) 17 (**E**) 22

A-Kad (26), D-7/8 (27) -02

**A 3.29** Auf einige Plätze eines $2 \times 9$-Spielfeldes werden Münzen gelegt, wobei jedes Feld entweder eine Münze enthält oder mit einem Feld, das eine Münze enthält, eine gemeinsame Seite hat. Wie viele Münzen sind mindestens auf dem Spielfeld?

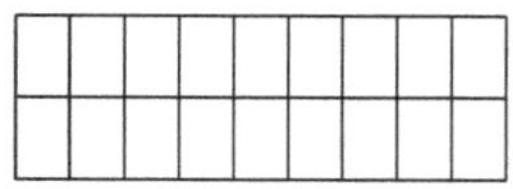

(**A**) 5 (**B**) 6 (**C**) 7 (**D**) 8 (**E**) 9

A-Kad (20), D-7/8 (19) -02

**A 3.30** Eine Menge von 3 nicht auf derselben Geraden liegenden Punkten soll *V-Menge* heißen, wenn es einen von diesen Punkten gibt, der von den beiden anderen denselben Abstand hat. Wie viele *V-Mengen* lassen sich in der aus Eckpunkten und Mittelpunkt eines Quadrats bestehenden Menge finden?

(**A**) 2 (**B**) 5 (**C**) 8 (**D**) 10 (**E**) 15

D-7/8 (13) -02

Für die nächsthöhere Altersgruppe wurde die Aufgabe abgewandelt und erfordert nun deutlich mehr Nachdenken:

**A 3.31** Eine Menge von 3 nicht auf derselben Geraden liegenden Punkten soll *V-Menge* heißen, wenn es einen von diesen Punkten gibt, der von den beiden anderen denselben Abstand hat. Wie viele *V-Mengen* lassen sich in der abgebildeten Menge von 7 Punkten finden?

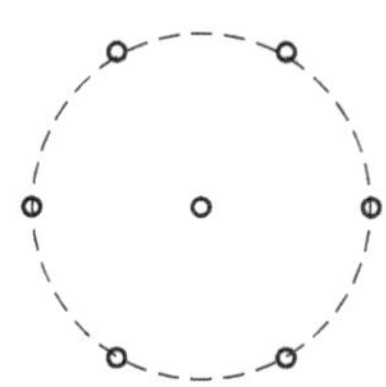

(**A**) 6 (**B**) 12 (**C**) 18 (**D**) 20 (**E**) 21

A-Jun (28), D-9/10 (29) -02

## Entdecken und Zählen von Figuren

**A 3.32** Im nebenstehenden Rechteck sind die Kästchen grau gefärbt oder weiß. Wie viele der weißen Kästchen muss ich grau malen, um zu erreichen, dass es doppelt so viele weiße wie graue Kästchen sind?

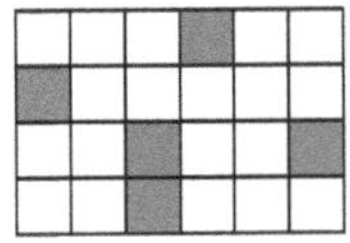

(A) 2 (B) 3 (C) 4 (D) 6 (E) das geht nicht

A-Eco (6), D/CH-3/4 (6) –04

**A 3.33** Wie viele Dreiecke kannst du in der Figur finden?

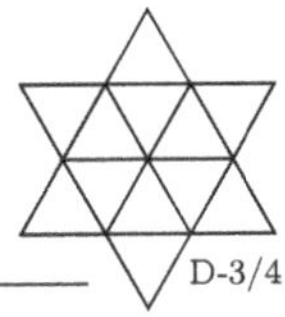

(A) 20 (B) 18 (C) 14 (D) 12 (E) 6

D-3/4 (3) –98

**A 3.34** An welcher der Halsketten sind zwei Drittel der Herzen dunkel?

(A)  (B)  (C)  (D)  (E) 

A-Ben (8), D-5/6 (6) –02

**A 3.35** Wie viele voneinander verschiedene Dreiecke, deren Fläche so groß ist wie die des dick umrandeten kleinen Quadrats, kann ich in der abgebildeten Figur finden? *Bemerkung: Das grau gefärbte ist z. B. ein solches Dreieck.*

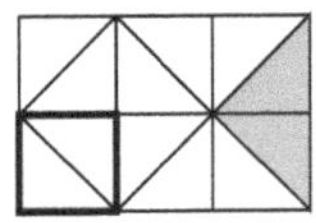

(A) 3 (B) 5 (C) 7 (D) 8 (E) 10

D/CH-5/6 (7) –03

**A 3.36** Wie viele Parallelogramme kann man in der nebenstehenden Zeichnung finden?

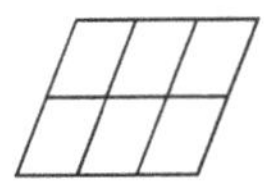

(A) 12 (B) 18 (C) 19 (D) 20 (E) eine andere Antwort

D-12 (4) –96

**A 3.37** Wie viele Quadrate kann man in der nebenstehenden Figur finden?

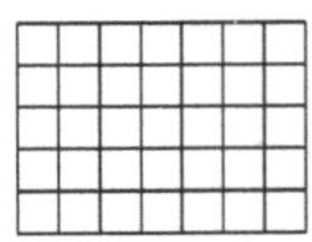

(A) 85 (B) 100 (C) 35 (D) 95 (E) 70

D-5/6 (27) u. 7/8 (11) –96

**A 3.38** Wie viele Dreiecke lassen sich in der abgebildeten Figur finden?

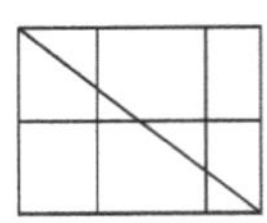

(A) 4 (B) 6 (C) 8 (D) 10 (E) 12

D-7/8 (5) –02

**A 3.39** Wie viele Quadrate sind in dieser Zeichnung?

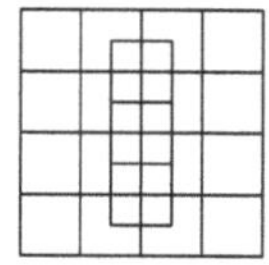

(A) 19 (B) 47 (C) 31
(D) 33 (E) 37

A-Ben (29), D-5/6 (30) –99

---

**A 3.40** Jedes der kleinen gleichseitigen Dreiecke in der Zeichnung hat den Flächeninhalt 1. Wie groß ist die grau gezeichnete Fläche?

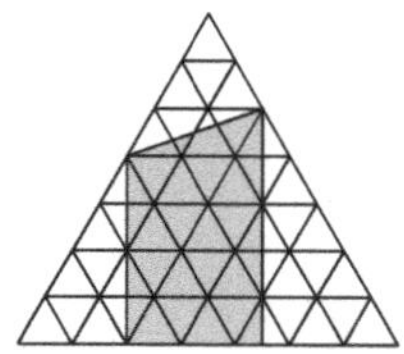

(A) 20 (B) 22,5 (C) 23,5
(D) 25 (E) 32

D/CH-7/8 (21) –05

---

## Streichholzaufgaben

**A 3.41** Teresa und Steffen legen mit Streichhölzern geometrische Figuren. Von den 60 Streichhölzern, die sie haben, legt Steffen ein Dreieck, bei dem jede der Seiten aus 6 Streichhölzern besteht. Aus dem Rest legt Teresa ein Rechteck, bei dem zwei der Seiten ebenfalls je aus 6 Streichhölzern bestehen. Wie viele Streichhölzer ist jede der beiden anderen Rechteckseiten lang?

(A) 30 (B) 12 (C) 9 (D) 15 (E) 13

A-Eco (17), D-3/4 (9) –02

---

**A 3.42** Aus 8 Streichhölzern kann man auf genau zwei Weisen ein Rechteck legen, so wie es die Zeichnung zeigt. Susi hat 18 Streichhölzer und legt sie zu einem Rechteck, wobei sie alle 18 Hölzchen verwendet. Wie viele verschiedene Möglichkeiten gibt es dafür?

(A) 9 (B) 4 (C) 12 (D) 7 (E) 5

A-Eco (18), D/CH-3/4 (17) –05

---

**A 3.43** Aus der abgebildeten Streichhölzer-Figur sollen Streichhölzer so entfernt werden, dass genau drei Quadrate übrig bleiben. Welche unter den angegebenen Zahlen ist die kleinste Zahl zu entfernender Hölzer, bei der das möglich ist?

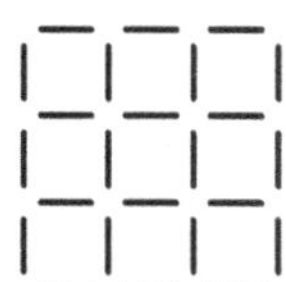

(A) 6 (B) 8 (C) 10
(D) 12 (E) 14

A-Jun (22), D-9/10 (22) –99

---

**A 3.44** Aus 10 Streichhölzern wurde ein „Fisch" gelegt, mit einem regelmäßigen Sechseck als „Bauch". Entlang der gestrichelten Linie liegt ein Strohhalm. Wenn der Flächeninhalt des „Fisches" $A$ ist, wie groß ist dann die karierte Fläche?

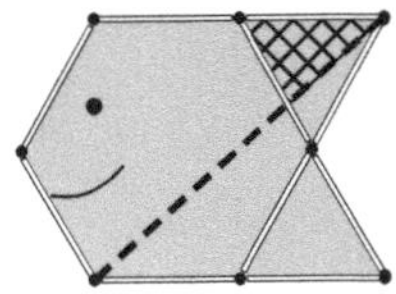

(**A**) $\frac{A}{8}$ (**B**) $\frac{A}{10}$ (**C**) $A\frac{\sqrt{3}}{10}$

(**D**) $3A\frac{\sqrt{5}}{8}$ (**E**) $\frac{A}{12}$

A-Jun (28), D/CH-9/10 (28) -05

## 3.3 Noch mehr kombinatorische Geometrie

**A 3.45** An die Tafel wurde ein Kreis gezeichnet. Paul zeichnet 4 Sehnen in diesen Kreis ein. In wie viele Teile kann Paul damit die Kreisfläche höchstens zerlegen?

(**A**) in 8 (**B**) in 11 (**C**) in 16

(**D**) in 25 (**E**) eine andere Antwort

D-9/10 (4) -96

**A 3.46** Ein Kanga-Cube ist ein Würfel, der 3 rote und 3 grüne Seitenflächen hat. Wie viele verschiedene Kanga-Cubes sind denkbar, wobei zwei Kanga-Cubes als verschieden gelten, wenn sie sich nicht durch Drehung oder Verschiebung ineinander überführen lassen?

(**A**) 1 (**B**) 2 (**C**) 3 (**D**) 4 (**E**) 6

A-Jun (1), D-9/10 (1) -99

**A 3.47** In der Ebene mögen 10 Punkte so liegen, dass keine 3 davon auf derselben Geraden liegen. Es werden alle Verbindungsstrecken zwischen je 2 der 10 Punkte gezeichnet. Nun gilt für jede Gerade, die in derselben Ebene gezeichnet wird und durch keinen der 10 Punkte verläuft, dass sie entweder keine oder eine gewisse Anzahl der Verbindungsstrecken schneidet. Wie viele können dabei höchstens geschnitten werden?

(**A**) 12 (**B**) 20 (**C**) 24 (**D**) 25 (**E**) 30

A-Kad (29), D/CH-7/8 (26) -03

**A 3.48** Welche Anzahl von Schnittpunkten können vier Geraden in der Ebene *nicht* haben?

(**A**) 0 (**B**) 2 (**C**) 3 (**D**) 5 (**E**) 6

A-Kad (9), D/CH-7/8 (10) -03

**A 3.49** Wie viele Möglichkeiten gibt es, alle weißen Felder in der abgebildeten Figur mit 1 × 2-Steinchen  vollständig zu bedecken?

(**A**) 8 (**B**) 16 (**C**) 32 (**D**) 64 (**E**) 65

A-Stu (9), D/CH-11/13 (10) –03

---

**A 3.50** Ein Fischer knüpft ein rechteckiges Netz, wobei er genau 32 Knoten im Innern macht und 28 Kugeln an den Rändern anbringt. Wie viele Maschen hat sein Netz?

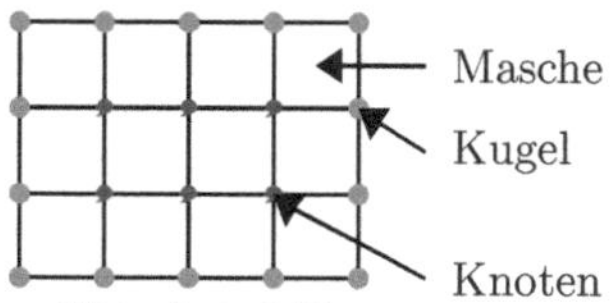


Dieses Netz hat 6 Knoten, 14 Kugeln und 12 Maschen.

(**A**) 40 (**B**) 42 (**C**) 45
(**D**) 54 (**E**) 66

A-Kad (23), D-7/8 (20) –01

---

**A 3.51** In der Ebene befinden sich drei Punkte, die nicht auf einer und derselben Geraden liegen. Wie viele Geraden gibt es in dieser Ebene, die von allen drei Punkten denselben Abstand haben?

(**A**) 0 (**B**) 1 (**C**) 2 (**D**) 3 (**E**) unendlich viele

D-9/10 (12) –98

---

**A 3.52** Mein Ball ist aus zwei Sorten Lederstücken zusammengenäht, aus regelmäßigen Fünf- und Sechsecken. An jede Fünfeckseite grenzt ein Sechseck, an drei der Sechseckseiten ein Fünfeck, an die anderen drei ein Sechseck. Beim Ball sind 12 Fünfecke verarbeitet worden. Wie viele Sechsecke sind vorhanden?

(**A**) 60 (**B**) 30 (**C**) 20 (**D**) 15 (**E**) 10

D-7/8 (28) –01

---

**A 3.53** Ein regelmäßiges Dodekaeder (das ist ein Körper, dessen Oberfläche aus 12 regelmäßigen Fünfecken besteht) hat 20 Ecken. Wie viele der Verbindungsstrecken zwischen 2 Eckpunkten liegen *nicht* auf der Oberfläche?

(**A**) 240 (**B**) 120 (**C**) 185 (**D**) 72 (**E**) 100

D-9/10 (25) –01

---

**A 3.54** Wie viele rechtwinklige Dreiecke können gebildet werden, wenn ihre Ecken gleichzeitig Eckpunkte eines gegebenen regelmäßigen Sechsecks sind?

(**A**) 6 (**B**) 12 (**C**) 15 (**D**) 16 (**E**) 18

A-Stu (10), D/CH-11/13 (6) –04

**A 3.55** Welches der Rechtecke (**A**) bis (**E**) kann nicht als Puzzle aus Teilen der Form 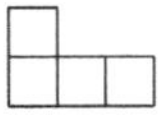 erhalten werden?

(**A**) $4 \times 4$ (**B**) $6 \times 6$ (**C**) $8 \times 8$ (**D**) $4 \times 6$ (**E**) $6 \times 8$

A-Kad (20), D-7/8 (12) -99

## Geometrie auf Gitterpunkten

**A 3.56** Eine Spinne sitzt auf einem rechteckigen Netz (siehe nebenstehende Zeichnung). Sie möchte die Fliege erreichen und kann sich dabei nur von links nach rechts und von unten nach oben bewegen. Wie viele verschiedene Wege stehen der Spinne zur Verfügung?

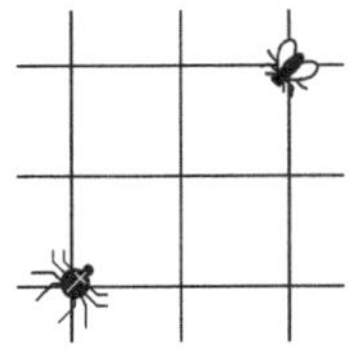

(**A**) 4 (**B**) 5 (**C**) 6
(**D**) 7 (**E**) eine andere Antwort

D-9/10 (11) -96

**A 3.57** Die abgebildeten 9 Punkte sollen auf einem quadratischen Gitter liegen. Dann lassen sich Dreiecke einzeichnen, deren 3 Eckpunkte Gitterpunkte sind. Wie viele nicht zueinander kongruente Dreiecke sind darunter, die nicht rechtwinklig sind?

(**A**) 1 (**B**) 2 (**C**) 3 (**D**) 4 (**E**) 5

A-Kad (28), D-7/8 (30) -00

**A 3.58** In dem abgebildeten $3 \times 3$-Gitter sind die benachbarten Gitterpunkte je 1 cm voneinander entfernt. Wie viele verschiedene Dreiecke, deren Eckpunkte Gitterpunkte sind und deren Flächeninhalt 1 cm$^2$ ist, kann man in dieses Gitter einzeichnen? (Dreiecke sind verschieden, wenn sie sich in mindestens einem Eckpunkt voneinander unterscheiden.)

(**A**) 32 (**B**) 24 (**C**) 12 (**D**) 36 (**E**) 8

D-11/13 (26) -01

**A 3.59** Der Abstand zwischen horizontal bzw. vertikal benachbarten Punkten in dem abgebildeten Gitter sei je 1 cm. Wie viele der Strecken zwischen je zwei Punkten sind dann 5 cm lang?

(**A**) 10 (**B**) 12 (**C**) 24 (**D**) 34 (**E**) 36

A-Jun (26), D-9/10 (26) -01

## Kürzeste Wege

**A 3.60** In der Siedlung, in der Kati wohnt, sind lauter quadratische umzäunte Grundstücke, jedes 100 m in der Länge und in der Breite (siehe Bild).

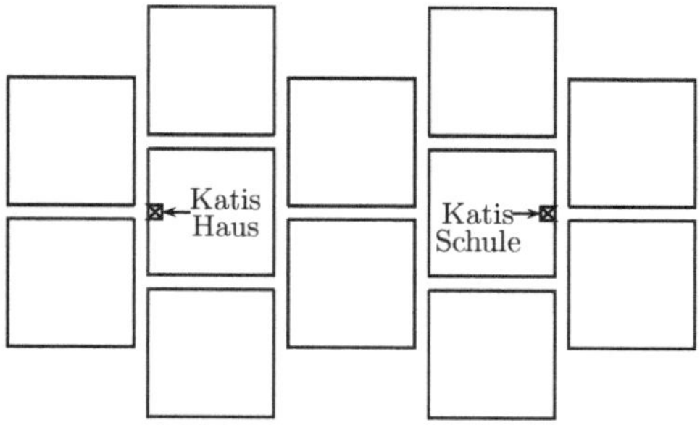


Wie lang ist der kürzeste Weg zur Schule, ohne über einen Zaun zu klettern?

(**A**) 100 m (**B**) 200 m (**C**) 350 m (**D**) 450 m (**E**) 500 m

A-Eco (11), D-3/4 (7) –01

**A 3.61** Susan und ihre Schwester Maggie gehen zur selben Schule, aber sie gehen auf unterschiedlichen Wegen. Ihr Känguru springt, um sie abzuholen, auf direktem Weg über Bach und Gartenzäune hinweg.

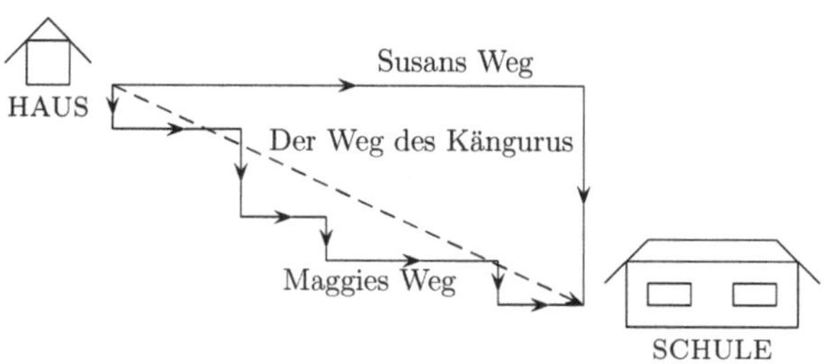


Was trifft zu?

(**A**) Susans Weg ist länger als Maggies.

(**B**) Maggies Weg ist länger als Susans.

(**C**) Ihr Känguru hat den längsten Weg.

(**D**) Die Schwestern haben gleich lange Wege.

(**E**) Alle Wege sind verschieden, aber man kann den längsten nicht bestimmen.

A-Ben (2), D-5/6 (2) –99

**A 3.62** Die Punkte $S$ und $T$ seien die Mittelpunkte der Kanten $BC$ bzw. $CG$ des Würfels $ABCDEFGH$. Welcher der folgenden Streckenzüge ist der kürzeste, wenn man von $F$ nach $D$ gelangen will?

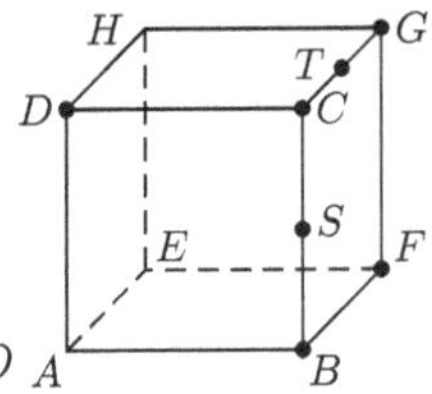


(**A**) $FCD$ (**B**) $FGD$ (**C**) $FTD$ (**D**) $FBD$ (**E**) $FSCD$

D-9/10 (9) –97

---

**A 3.63** Wie viele Wege, wobei man sich immer in Pfeilrichtung bewegen muss, führen von $A$ nach $C$?

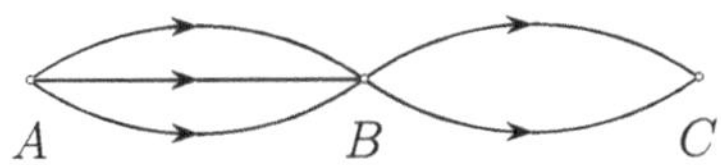


(**A**) 6 (**B**) 2 (**C**) 3 (**D**) 9 (**E**) 5

A-Ben (4), D-5/6 (5) –99

---

**A 3.64** Auf wie vielen verschiedenen Wegen kann man – in Pfeilrichtung – vom Start zum Ziel gelangen?

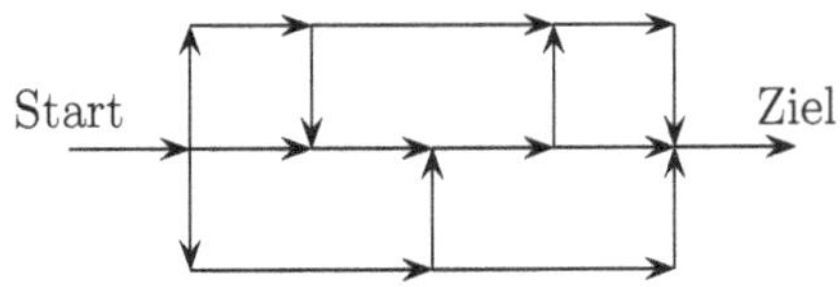


(**A**) 3 (**B**) 6 (**C**) 7 (**D**) 8 (**E**) 10

D-5/6 (8) –02

---

**A 3.65** Wie viele unterschiedliche kürzeste Wege entlang der Kanten des Würfels gibt es vom Eckpunkt $A$ zum Eckpunkt $G$?

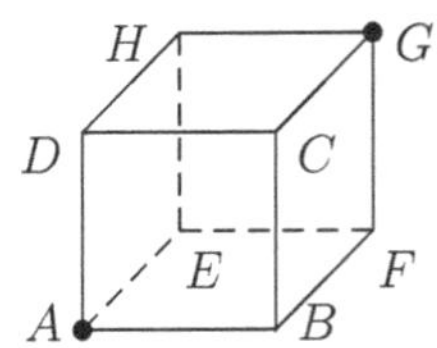


(**A**) 12 (**B**) 2 (**C**) 6 (**D**) 9 (**E**) 3

A-Ben (18), D/CH-5/6 (23) –03

---

**A 3.66** Eine Schildkröte beginnt mittags um 12 Uhr, von ihrem Lieblingsruheplatz aus über die Wiese zu kriechen. Sie schafft in der ersten Stunde 1 m, in der 2. Stunde 2 m, in der 3. Stunde 3 m usw., und sie ändert zu jeder vollen Stunde ihre Richtung um 90° (nach links oder rechts). Welches ist die kleinstmögliche Distanz, die sie um 21 Uhr zu ihrem Lieblingsruheplatz haben kann?

(**A**) 0 m (**B**) 1 m (**C**) 2 m (**D**) 5 m (**E**) 9 m

D/CH-9/10 (24) –05

---

# 4 Geometrie

Bei der Sammlung geometrischer Aufgaben, die wir hier zusammengestellt haben, soll es weniger darum gehen, einzelne geometrische Sätze zu üben – dies ergibt sich für einige der grundlegenden Sätze fast nebenher. Es sind vielmehr so wichtige Dinge wie räumliches, aber auch ebenes Vorstellungsvermögen, die Fähigkeit zur Begriffsbildung, zum Finden von typischen Merkmalen und Strukturen, die Fähigkeit, ein Ding exakt zu definieren, (kleine) Beweise zu führen und dabei zu erlernen, was eine Voraussetzung ist, was logisch einwandfreies Schließen beinhaltet, die wir anhand der Aufgaben üben und verbessern wollen. Die Geometrie ist – in der Schule – ein ideales Feld zum Erlernen der Anfangsgründe eines wissenschaftlichen Arbeitsstils. Dass es daneben ausgesprochen viel Freude macht, in geometrischen Figuren zu entdecken, was alles sich aus gegebenen Voraussetzungen herleiten lässt, dass sich hier das „Hurra, ich habs! Ich weiß, wie es zusammenhängt!“ so ganz unmittelbar und mit überschaubarem Aufwand erleben lässt, ist ein zusätzlicher Grund, geometrische Aufgaben viel- und sorgfältig zu nutzen.

---

## 4.1 Ebene Geometrie

**A 4.1** Für die drei Winkel eines Dreiecks gilt: Ein Winkel ist der kleinste, der nächstgrößere Winkel ist doppelt so groß wie der kleinste, und der größte Winkel ist dreimal so groß wie der kleinste. Das Dreieck ist

(**A**) gleichschenklig
(**B**) rechtwinklig
(**C**) gleichseitig
(**D**) rechtwinklig und gleichschenklig
(**E**) beliebig

D-5/6 (9) -96

**A 4.2** Ein Stück Papier hat die Form eines rechtwinkligen Dreiecks mit unterschiedlich langen Seiten $AB$ und $BC$ (s. Abb.). Wenn du dieses Papier so faltest, dass $C$ auf $B$ zu liegen kommt und anschließend so, dass $A$ auf $B$ zu liegen kommt, dann erhältst du

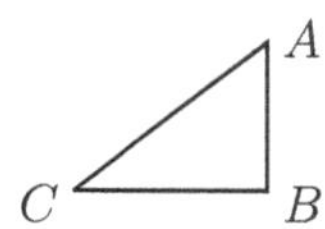


(**A**) ein Fünfeck
(**B**) ein Dreieck
(**C**) ein Sechseck
(**D**) ein Quadrat
(**E**) ein (nichtquadratisches) Rechteck

A-Kad (5), D-7/8 (1) -01

**A 4.3** Im Heft meines Banknachbarn lese ich die Aufgabe: „Zeichne ein Dreieck $ABC$, bei dem für die Größe der Winkel $\alpha, \beta, \gamma$ gilt: $\alpha = 36°, \beta = 98°$ und $\gamma = 36°$.“ Was trifft zu?

**(A)** $\triangle ABC$ ist spitzwinklig  **(B)** $\triangle ABC$ ist rechtwinklig
**(C)** $\triangle ABC$ ist gleichseitig  **(D)** $\triangle ABC$ ist gleichschenklig
**(E)** $\triangle ABC$ existiert nicht

D/CH-7/8 (8) -04

**A 4.4** In der Abbildung ist dargestellt, wie ein 2 m × 3 m großer Raum mit sieben quadratischen und zehn dreieckigen Fliesen ausgelegt wurde. Wir wollen auf dieselbe Weise den 4 m × 11 m großen Flur in unserer Schule fliesen lassen und fragen uns, wie viele quadratische Fliesen dazu gebraucht werden.

**(A)** 73  **(B)** 74  **(C)** 75  **(D)** 76  **(E)** 77

A-Kad (22), D-7/8 (21) -99

## Muster erkennen

**A 4.5** Stell dir vor, dass das rechts abgebildete Rechteck, das aus lauter kleinen Quadraten besteht, auf eine durchsichtige Folie gedruckt ist. Welches der unten abgebildeten Rechtecke kannst du damit so überdecken, dass dann alles dunkel erscheint?

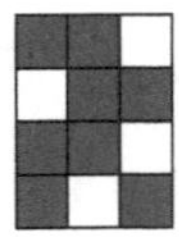

**(A)** 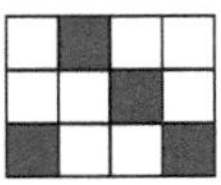 **(B)** 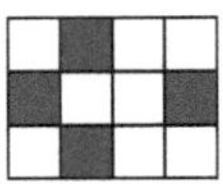 **(C)** 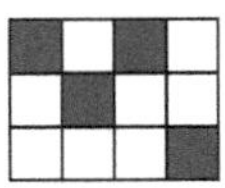 **(D)** 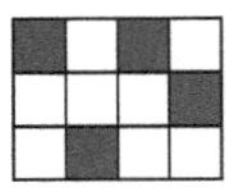 **(E)** 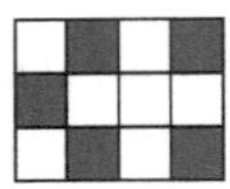

A-Eco (8) u. Ben (7), D/CH-3/4 (7) -04

**A 4.6** Stell dir vor, dass das rechts abgebildete Dreieck auf eine durchsichtige Folie gedruckt ist. Welches der unten abgebildeten Dreiecke kannst du damit so überdecken, dass dann alles schwarz erscheint?

**(A)**  **(B)**  **(C)**  **(D)** 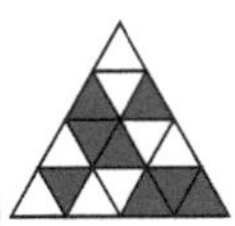 **(E)** 

D/CH-5/6 (5) -04

**A 4.7** In welcher der abgebildeten Figuren ist genau ein Viertel der Fläche schwarz?

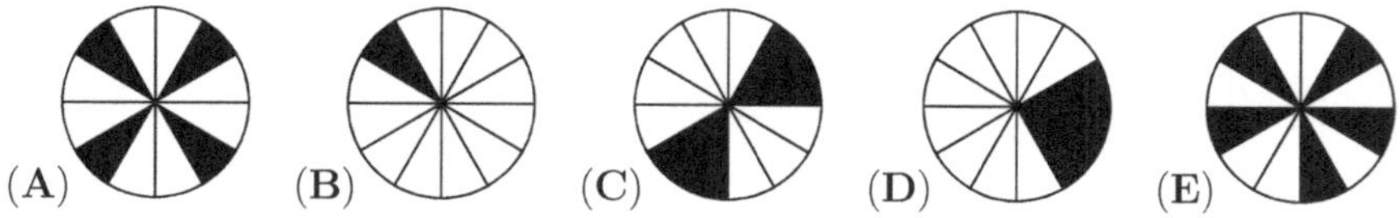



D-3/4 (12) u. 5/6 (4) –97

**A 4.8** Aus vier von den fünf gezeigten Puzzleteilen kann ein Quadrat zusammengelegt werden. Welches Puzzleteil lässt sich dabei nicht verwenden?

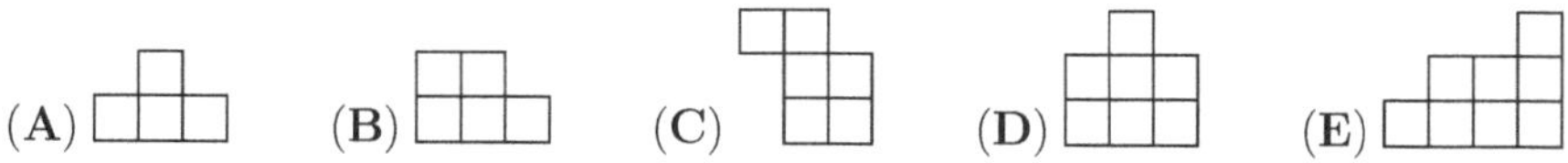



D-5/6 (21) –97

**A 4.9** Welches der Papierdeckchen gehört zu dem abgebildeten zweimal gefalteten Papier?

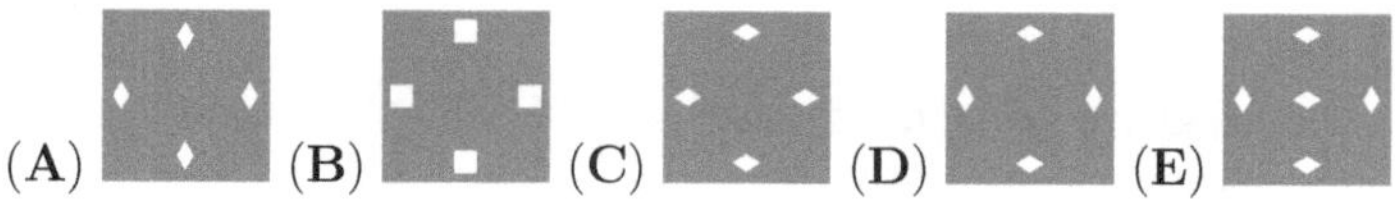

D/CH-5/6 (3) u. 7/8 (3) –03

**A 4.10** Mit welchen beiden Karopapierteilen lässt sich die frei gebliebene Fläche vollständig bedecken, ohne dass die Teile sich dabei überlappen?

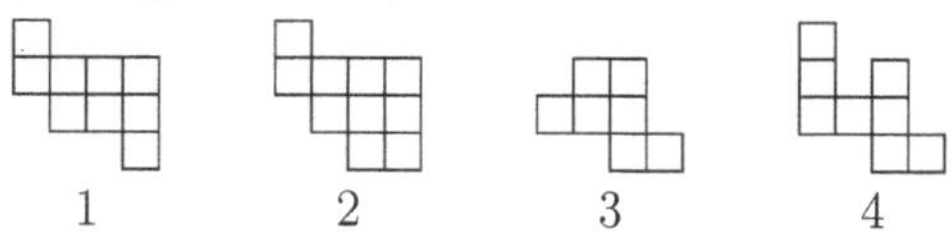



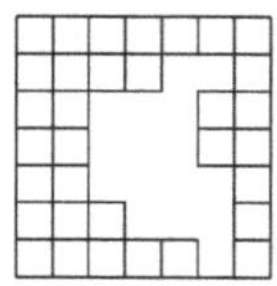

(A) 1 und 3 (B) 2 und 4 (C) 2 und 3 (D) 1 und 4 (E) 3 und 4

A-Eco (24), D/CH-5/6 (10) –03

**A 4.11** Die beiden rechts abgebildeten Teile befinden sich auf einer Magnettafel und lassen sich auf dieser Tafel verschieben und drehen, nicht aber wenden. Welche der Figuren (**A**) bis (**E**) lässt sich nicht aus den beiden rechts abgebildeten Figuren zusammenschieben?

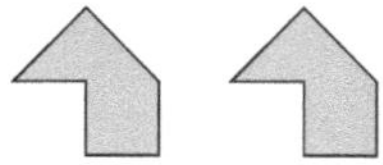

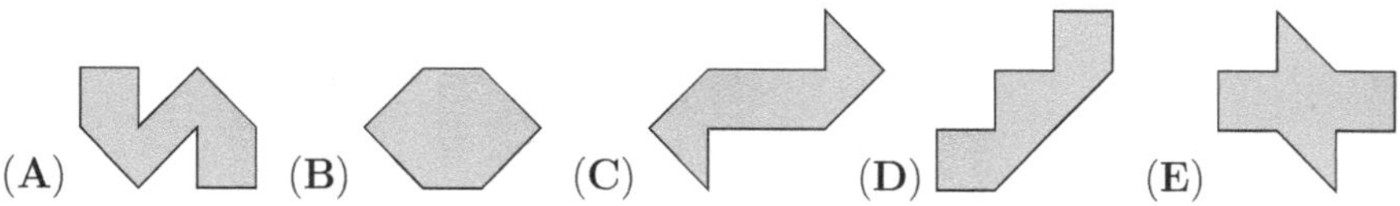



A-Ben (13), D/CH-5/6 (12) –04

**A 4.12** Von den fünf abgebildeten Puzzleteilen haben zwei denselben Flächeninhalt. Welche sind das?

(**A**) 4 und 2 (**B**) 1 und 5 (**C**) 1 und 3 (**D**) 4 und 5 (**E**) 5 und 3

D-5/6 (10) –98

---

**A 4.13** Legt man ein jedes der unten gezeichneten Quadrate so auf das nebenstehend abgebildete, dass die Punkte $P'$ und $Q'$ genau über $P$ bzw. $Q$ zu liegen kommen, so entsteht eine neue schattierte Figur. In einem Fall ist die Gerade $PQ$ Symmetrieachse dieser schattierten Figur, für welchen?

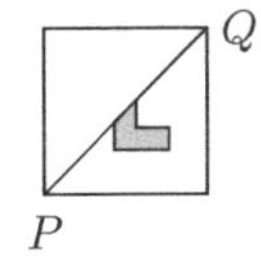


(**A**) 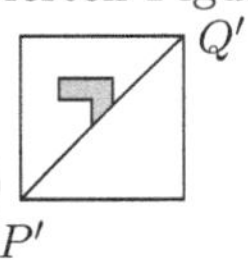

(**B**) 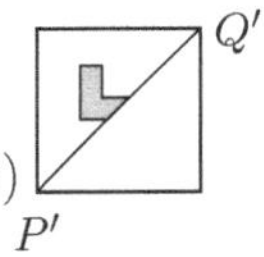

(**C**) 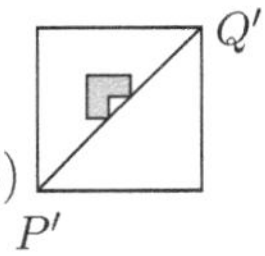

(**D**) 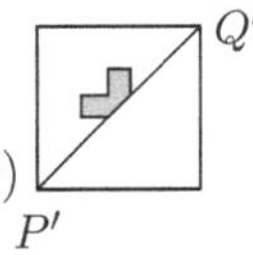

(**E**) 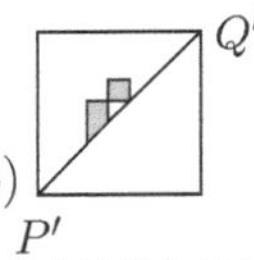


D-5/6 (29) –97

---

**A 4.14** Wir haben 16 gleich große quadratische Spielsteine; 8 davon haben eine schwarze Ober- und karierte Unterseite, die anderen 8 eine weiße Ober- und gestreifte Unterseite. Welches der folgenden Muster kann nicht mit diesen 16 Steinen gebildet worden sein?

(**A**)  (**B**) 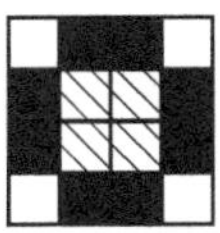 (**C**) 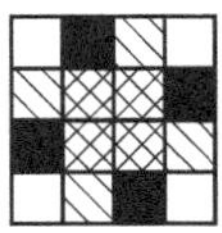 (**D**) 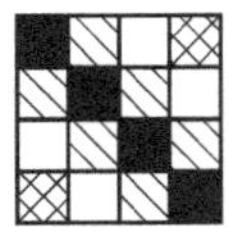 (**E**) 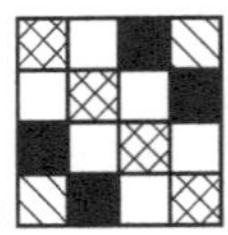

D-5/6 (15) –02

---

**A 4.15** Ein quadratisches Stück Papier ist in 3 Teile geteilt worden. Zwei davon sind rechts gezeichnet. Welche Gestalt hat das dritte?

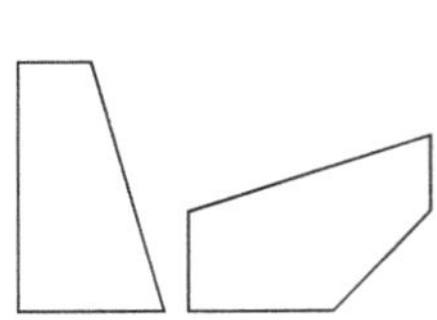

(**A**) 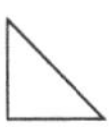 (**B**) 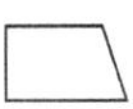 (**C**)  (**D**)  (**E**) 

A-Ben (20), D/CH-5/6 (25) –05

---

**A 4.16** Ein quadratisches Stück Papier ist in 3 Teile zerschnitten worden, zwei davon sind rechts abgebildet. Welches ist das dritte?

(**A**)  (**B**) 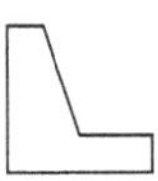 (**C**)  (**D**)  (**E**) 

A-Jun (6), D/CH-11/13 (5) –05

**A 4.17** Welches der Puzzleteile bildet zusammen mit dem rechts abgebildeten ein Rechteck?

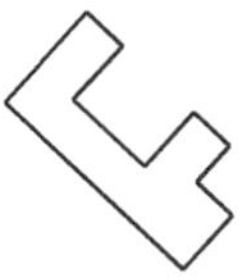

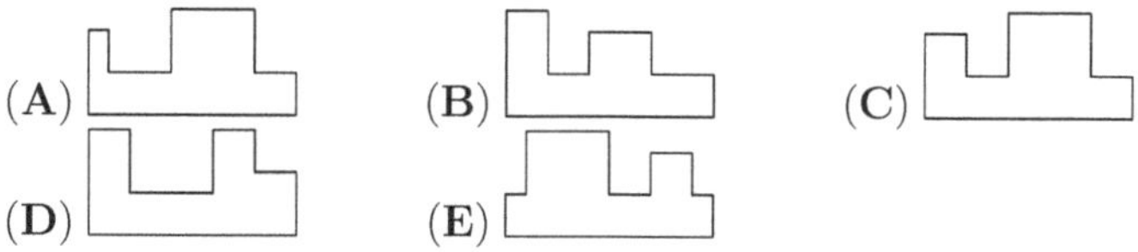

A-Ben (15), D-5/6 (18) -99

**A 4.18** In welcher der Figuren ist der Flächeninhalt der grauen Fläche am größten?

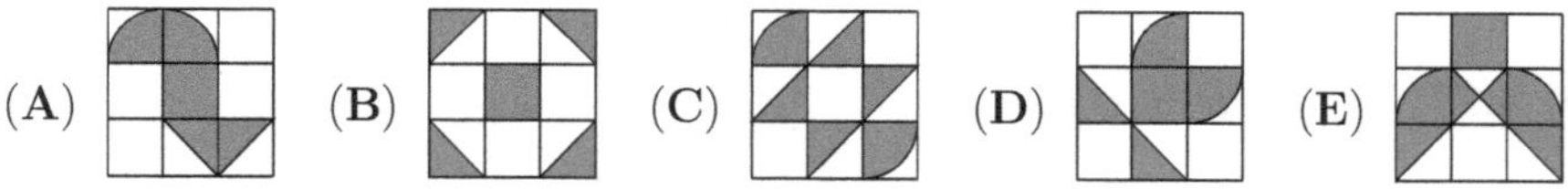

A-Ben (11), D-5/6 (13) -01

**A 4.19** Hugo und Kuno, zwei Klempner, haben jeder in der Freizeit ein Kunstwerk aus acht gleich langen Rohrstücken geschweißt. „Sie sind sich nicht unähnlich“, stellt Kuno fest, und versucht, sie so übereinander zu legen, dass möglichst viele der acht Stücke zur Deckung kommen.
Für wie viele lässt sich das maximal erreichen?

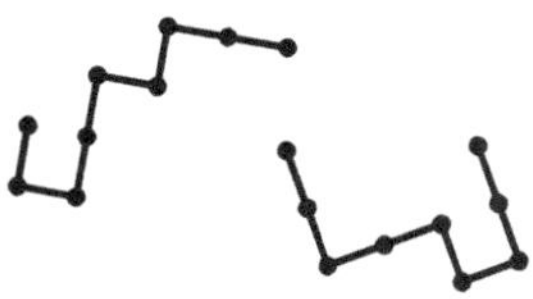

(**A**) 1 (**B**) 2 (**C**) 3 (**D**) 4 (**E**) 5

A-Kad (17), D/CH-7/8 (23) -05

## Symmetrisches und Gespiegeltes

**A 4.20** Rechts sind die Zahlen 1, 2, 3 und 4 zusammen mit ihren Spiegelbildern zu sehen. Welche der Zeichnungen (**A**) bis (**E**) gehört als nächste in die Reihe?

A-Eco (7), D-3/4 (1) -01

**A 4.21** Wie viele der kleinen Quadrate muss man mindestens grau färben, damit im Ergebnis eine Figur entsteht, die mindestens *eine* Symmetrieachse hat?

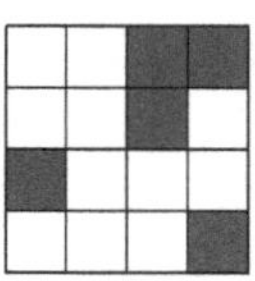

(**A**) keine (**B**) 2 (**C**) 3 (**D**) 5 (**E**) 6

A-Ben (15), D/CH-5/6 (16) -04

**A 4.22** Susanne steckt sich dicht neben ihr rechtes Ohr eine Schleife ins Haar. Wie viele der vier Bilder könnten dann im Spiegel zu sehen sein?

(**A**) 0 (**B**) 1 (**C**) 2 (**D**) 3 (**E**) 4

A-Eco (12), D-3/4 (9) –01

---

**A 4.23** Auf eine durchsichtige Folie wurde der Buchstabe  geschrieben. Wir drehen die Folie um 90° im Uhrzeigersinn, klappen sie dann nach links um, so dass sie nun mit der Rückseite nach oben zu liegen kommt, und drehen sie dann noch einmal, diesmal gegen den Uhrzeigersinn, um 180°. Was ist jetzt zu sehen?

(**A**)  (**B**)  (**C**)  (**D**)  (**E**) 

A-Kad (14), D/CH-7/8 (11) –03

---

**A 4.24** Am Morgen, als Laura sich zum Losgehen in die Schule vorbereitet, kämmt sie sich die Haare. Im Spiegel sieht sie die Uhr. „Da haben wirs“, sagt Laura, „die Uhr ist fünf Minuten vor 4 Uhr stehengeblieben.“ Aber Laura hat sich geirrt und nicht bedacht, dass sie in den Spiegel schaut. Wie spät ist es tatsächlich?

(**A**) 8.05 Uhr (**B**) 7.50 Uhr (**C**) 7.55 Uhr (**D**) 7.35 Uhr (**E**) 8.25 Uhr

D-5/6 (20) –97

---

## Eigenschaften geometrischer Figuren

**A 4.25** Für wie viele Dreiecke trifft zu, dass zwei Seiten 5 cm lang sind, dass auch die dritte Seite ganzzahlig ist und dass der von den 5 cm langen Seiten eingeschlossene Winkel größer als 60° ist?

(**A**) 0 (**B**) 1 (**C**) 3 (**D**) 4 (**E**) 7

A-Kad (19), D/CH-7/8 (14) –04

---

**A 4.26** Stell dir vor, du hast 6 Holzleisten in den Längen 1 cm, 2 cm, 3 cm, 2001 cm, 2002 cm und 2003 cm. Wie viele verschiedene Dreiecke könntest du daraus legen? (*Bemerkung: Dreiecke werden hier als voneinander verschieden angesehen, wenn sie sich in mindestens einer Seitenlänge voneinander unterscheiden.*)

(**A**) 1 (**B**) 3 (**C**) 6 (**D**) 9 (**E**) 20

A-Kad (18), D/CH-7/8 (24) –03

**A 4.27** Ein konvexes Viereck kann maximal vier rechte Winkel haben. Wie viele rechte Winkel kann ein konvexes Achteck maximal haben? (*Ein Vieleck ist konvex, wenn die Verbindungsstrecke je zweier nicht benachbarter Eckpunkte ganz im Innern des Vielecks verläuft.*)

(**A**) 8 (**B**) 6 (**C**) 4 (**D**) 3 (**E**) 2

D-9/10 (12) -00

**A 4.28** Zeichnet man eine Gerade, die das abgebildete $4 \times 4$-Kästchenpapier schneidet, so teilt diese einige der Kästchen in zwei Teile. Welches ist die größtmögliche Anzahl von Kästchen, die dabei in zwei Teile zerlegt werden können?

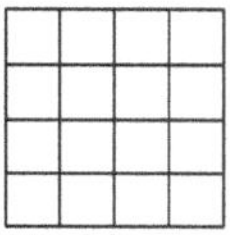

(**A**) 11 (**B**) 7 (**C**) 3 (**D**) 6 (**E**) 5

D/CH-7/8 (4) -03

**A 4.29** Für die Längen der vier Seiten und einer der beiden Diagonalen eines Vierecks werden fünf Zahlen (in cm) angegeben 1; 2; 2,8; 5 und 7,5. Welche dieser Zahlen ist die Länge der Diagonalen?

(**A**) 1 (**B**) 2 (**C**) 2,8 (**D**) 5 (**E**) 7,5

D-7/8 (23) -98

**A 4.30** Jemand hat ein rechtwinkliges Dreieck mit Katheten der Länge 6 cm und 8 cm aus Papier ausgeschnitten und es dann entlang einer geraden Linie einmal gefaltet. Welcher der folgenden Werte kann der Flächeninhalt des beim Falten entstandenen Vielecks sein?

(**A**) 9 cm$^2$ (**B**) 12 cm$^2$ (**C**) 18 cm$^2$ (**D**) 24 cm$^2$ (**E**) 32 cm$^2$

A-Ben (24), D/CH-11/13 (23) -04

**A 4.31** Die Länge der Hypotenuse eines rechtwinkligen Dreiecks sei 0,9 cm, die der Katheten $a$ cm und $b$ cm. Welche der folgenden Zahlen ist die kleinste?

(**A**) $a^2+b^2$ (**B**) $(a+b)^2$ (**C**) 0,9 (**D**) $a+b$ (**E**) $ab$

A-Stu (18), D-11/13 (20) -01

**A 4.32** Eine neugierige Laus krabbelt auf einem Stück Kästchenpapier herum, jedes der quadratischen Kästchen ist 1 cm $\times$ 1 cm groß. Nachdem die Laus 3 cm weit gelaufen ist, muss sie sich erst einmal ausruhen. Wie viele Kästchen konnte sie bis zur Ruhepause höchstens betreten?

(**A**) 3 (**B**) 6 (**C**) 8 (**D**) 9 (**E**) 10

D/CH-11/13 (28) -04

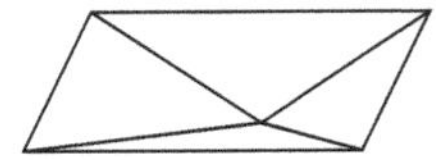

**A 4.33** Ein Parallelogramm ist in vier Dreiecke zerlegt. „Wenn ich mich richtig erinnere, waren die Maßzahlen für die Flächeninhalte der 4 Dreiecke 4, 5, 8 und 9“, sagt Zoe. „Nein, 5, 6, 7 und 12“, sagt Yusuf. „Irrtum, es waren 10, 11, 12 und 19“, sagt Xaver. „Aber nein, 11, 13, 15 und 16 waren die Flächeninhalte“, sagt Willy. „Ein Blick auf die Zeichnung sagt mir, dass bei keinem von euch die vier Zahlen richtig sind“, sagt Veronika. Wer könnte Recht haben?

(**A**) Zoe (**B**) Yusuf (**C**) Xaver (**D**) Willy (**E**) Veronika

A-Stu (24), D/CH-11/13 (25) –04

## 4.2 Berechnung von Längen

**A 4.34** Um zur Schule zu kommen, laufe ich eine 1 km lange gerade Allee entlang, vorbei an einer Eisdiele und am Kino. Mit dem Fahrradcomputer habe ich irgendwann ausgemessen, dass die Eisdiele 530 m von der Schule entfernt ist und dass es von unserem Haus 750 m bis zum Kino sind. Wie weit sind Kino und Eisdiele voneinander entfernt?

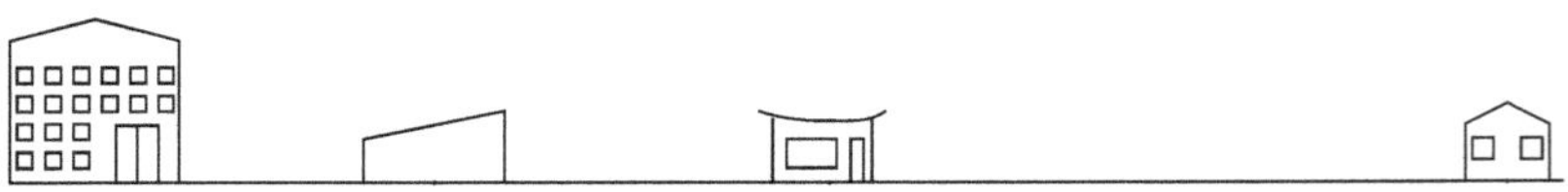


(**A**) 280 m (**B**) 250 m (**C**) 320 m (**D**) 150 m (**E**) 220 m

A-Eco (9), D/CH-3/4 (6) –03

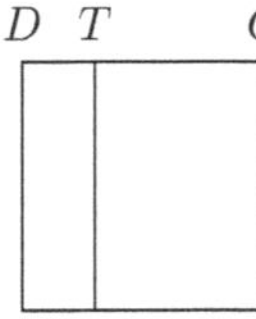


**A 4.35** $ABCD$ ist ein Quadrat mit einer Seitenlänge von 10 cm. $AMTD$ ist ein Rechteck, dessen kürzere Seite 3 cm lang ist. Wie viele Zentimeter ist der Umfang des Quadrats $ABCD$ länger als der Umfang des Rechtecks $AMTD$? (*Als Umfang wird die Summe der 4 Seitenlängen bezeichnet.*)

(**A**) 14 cm (**B**) 13 cm (**C**) 10 cm (**D**) 7 cm (**E**) 3 cm

A-Eco (8), D-3/4 (13) –02

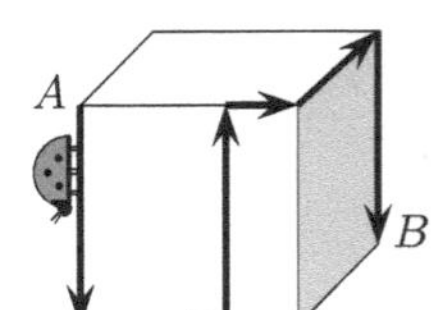


**A 4.36** Auf einem Würfel mit der Kantenlänge 12 cm krabbelt ein Marienkäfer von der Ecke $A$ zur Ecke $B$ auf dem in der Zeichnung markierten Weg. Wie lang ist der Weg?

(**A**) 40 cm (**B**) 48 cm (**C**) 50 cm (**D**) 60 cm (**E**) 64 cm

A-Ben (6), D/CH-5/6 (9) –05

**A 4.37** Jede meiner 5 Nichten baut aus Legobausteinen die Grundmauern für ein Haus. Als die 5 Mauern fertig sind, frage ich mich, welche die längste ist.

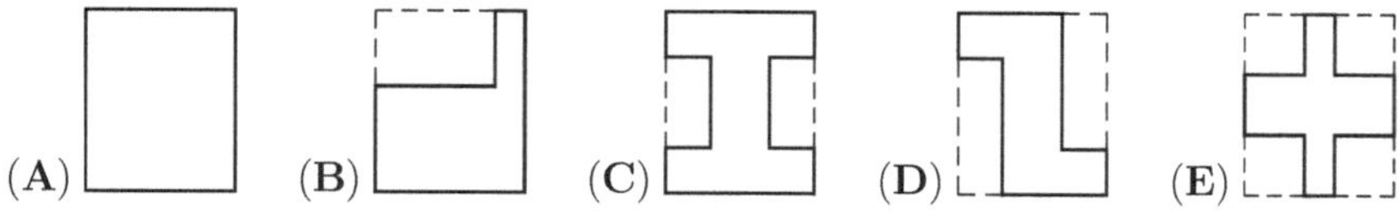


A-Ben (15), D-5/6 (15) –00

**A 4.38** Ein Geschenk für meinen Freund habe ich in einen 9 cm × 7 cm × 30 cm großen Karton getan und ein schönes Band drumgebunden (s. Abb.). Wie lang ist das Band (Knoten sollen nicht berücksichtigt werden)?

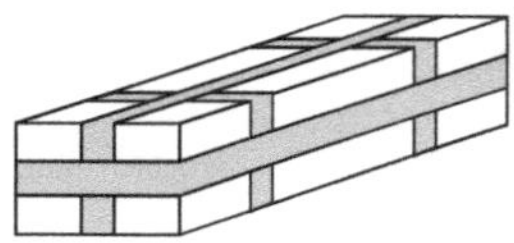

(**A**) 2 m 2 cm (**B**) 184 cm (**C**) 2 m 58 cm (**D**) 2 m 16 cm (**E**) 244 cm

A-Ben (8), D-5/6 (10) –00

**A 4.39** In ein Rechteck mit den Seitenlängen $a$ und $b$ sind parallel zu den Seiten Strecken gezeichnet (s. Zeichnung). Wie lang sind alle diese Strecken zusammen?

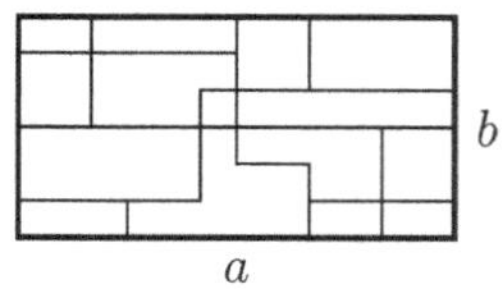


(**A**) $3a + 2b$ (**B**) $3a + 3b$ (**C**) $2a + 3b$ (**D**) $2a + 2b$ (**E**) $3a + b$

D-5/6 (24) –02

**A 4.40** Die Figuren I, II, III und IV sind Quadrate. Der Umfang des Quadrats I beträgt 16 cm, der des Quadrats II beträgt 24 cm. Welchen Umfang hat das Quadrat IV? (*Als Umfang wird die Summe der 4 Seitenlängen bezeichnet.*)

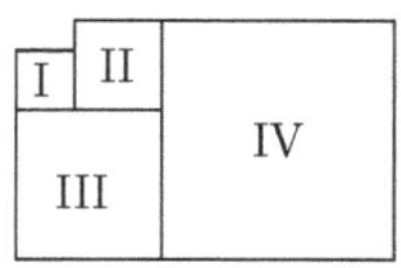


(**A**) 56 cm (**B**) 60 cm (**C**) 60,5 cm (**D**) 62,5 cm (**E**) 64 cm

A-Ben (12), D-5/6 (13) –02

**A 4.41** Die 7 Stäbe in der Abbildung haben die gleiche Länge. Ebenso sind die Abstände zwischen nebeneinanderliegenden Stäben gleich lang.

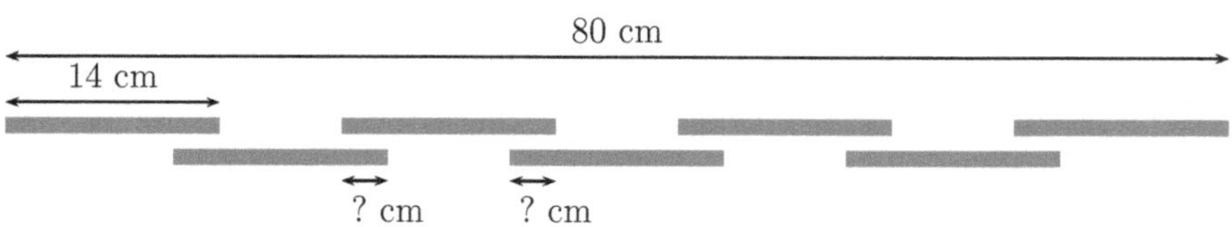


Wie lang sind die mit einem „?“ versehenen Stücke?

(**A**) 1 cm (**B**) 2 cm (**C**) 3 cm (**D**) 5 cm (**E**) 7 cm

A-Ben (23), D-5/6 (19) –01

**A 4.42** Um einen rechteckigen Garten herum verläuft ein Weg, der überall gleich breit ist. Der äußere Umfang ist um 8 m länger als der innere Umfang. Wie breit ist der Weg?

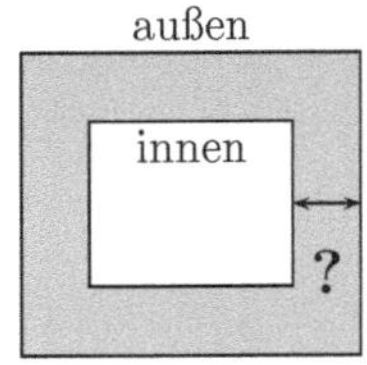


(**A**) 1 m (**B**) 2 m (**C**) 4 m
(**D**) 8 m (**E**) Das hängt von der Gartengröße ab.

A-Ben (15), D/CH-5/6 (19) -05

**A 4.43** Zu den drei Wegen a) bis c) ist notiert, wie lang sie sind. Wie viele Zentimeter misst Weg d)?

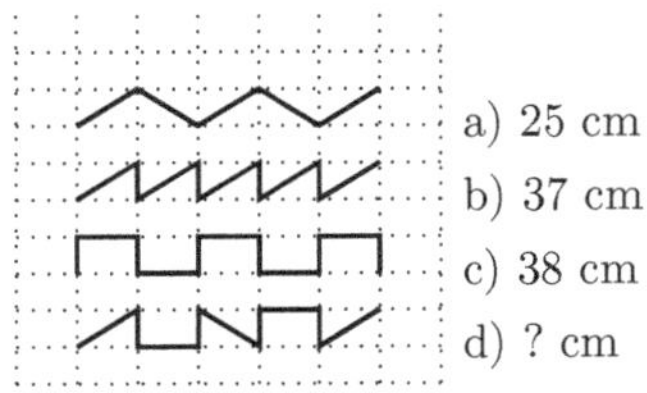


(**A**) 27 (**B**) 32 (**C**) 35
(**D**) 36 (**E**) 41

D/CH-5/6 (22) -04

**A 4.44** Welchen Durchmesser hat der abgebildete Kreis?

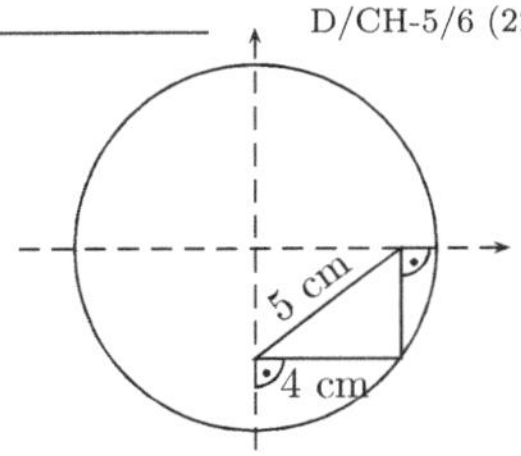


(**A**) 18 cm (**B**) 12 cm
(**C**) 10 cm (**D**) 14 cm
(**E**) 12,5 cm

A-Kad (11), D/CH-7/8 (10) -04

**A 4.45** Einen Papierstreifen von 1 m Länge markieren wir an 3 Stellen, so dass der Papierstreifen in 4 gleiche Teile geteilt ist, anschließend an 2 Stellen, so dass eine Teilung des ganzen Streifens in 3 gleiche Teile entsteht. Schließlich schneiden wir den Streifen an allen markierten Stellen durch. Wie viele verschiedene Längen gibt es?

(**A**) 2 (**B**) 3 (**C**) 4 (**D**) 5 (**E**) 6

A-Kad (7), D-7/8 (7) -00

**A 4.46** In ein Quadrat $PQRS$ der Seitenlänge 6 cm sei parallel zu $PQ$ eine Strecke $AB$ derart gelegt, dass ihr Mittelpunkt mit dem Mittelpunkt des Quadrats zusammenfällt. Weiter werden $A$ und $B$ je mit $P$ und $R$ verbunden (s. Zeichnung). Wie lang muss $AB$ sein, damit die drei Flächeninhalte $A_{PQRB}, A_{PBRA}$ und $A_{PARS}$ übereinstimmen?

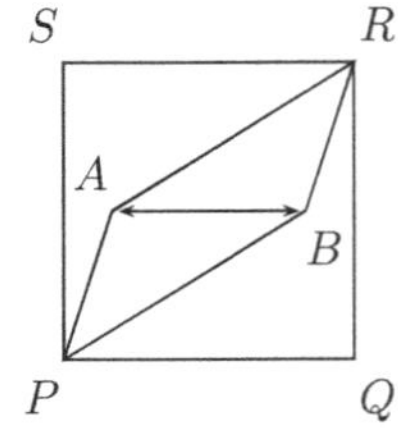


(**A**) 3,0 cm (**B**) 4,0 cm (**C**) 4,5 cm
(**D**) 4,8 cm (**E**) nicht ermittelbar

A-Kad (25), D/CH-7/8 (27) -04

**A 4.47** Es sei $ABCD$ ein Trapez mit zwei parallelen Seiten $AB = 40$ und $CD = 16$. $P$ sei ein Punkt auf $AB$ derart, dass die Strecke $DP$ das Trapez in zwei flächengleiche Teile zerlegt. Gesucht ist die Länge von $AP$.

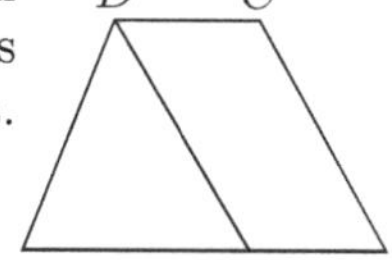


(**A**) 16 (**B**) 20 (**C**) 28 (**D**) 32 (**E**) 36

D-11 (19) –95

**A 4.48** Für eine Sitzecke auf dem Schulhof haben wir gemeinsam mit dem Förster Bänke aus halbierten Baumstämmen von 27 cm Durchmesser für die Fußstützen und 53 cm Durchmesser für die Sitzfläche gebaut (s. Abb.). Die Fußstützen sollen auf ein 3 cm dickes Brett geschraubt werden. Wie weit müssen sie voneinander entfernt sein, wenn die Sitzhöhe bequemerweise ca. 35 cm betragen soll?

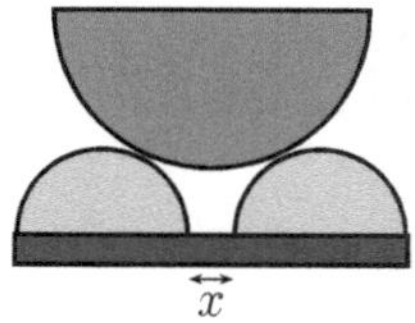


(**A**) etwa 6 cm (**B**) ca. 12 cm (**C**) knapp 15 cm
(**D**) etwa 21 cm (**E**) ca. 25 cm

A-Jun (16), D/CH-9/10 (18) –04

**A 4.49** Der alte Zaun zwischen dem Garten meiner Eltern und dem unseres Nachbarn hat den rechts skizzierten Verlauf. Das Stück $ST$ ist parallel zum vorderen und hinteren Zaun, die Teile $RS$ und $TU$ sind senkrecht dazu. Das Zaunstück $RSTU$ soll durch ein gerades Zaunstück $RV$ ersetzt werden (gestrichelte Linie). Wie weit muss $V$ von $U$ entfernt sein, wenn sich die Größen der Gartenflächen nach dem Zaunneubau nicht geändert haben sollen?

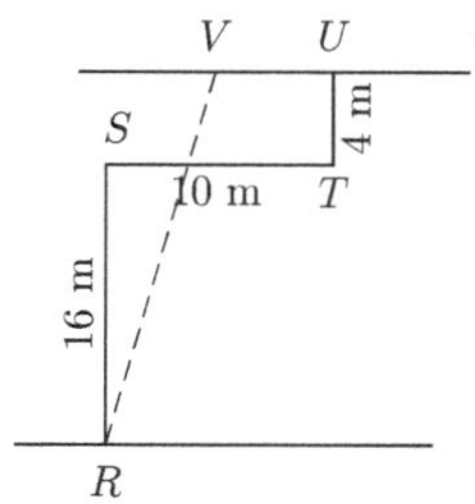


(**A**) 4 m (**B**) 3 m (**C**) $< 3$ m (**D**) 6 m (**E**) $> 6$ m

A-Jun (26), D/CH-9/10 (27) –05

**A 4.50** Der Rhombus (auch Raute genannt) $EBFD$ ist entstanden, indem die Ecken $A$ und $C$ eines geeigneten Rechtecks $ABCD$ auf den Mittelpunkt dieses Rechtecks gefaltet wurden (s. Abb.). Wenn $a$ die Länge der kürzeren Seite $BC$ des Rechtecks ist, wie lang ist dann eine Rhombusseite?

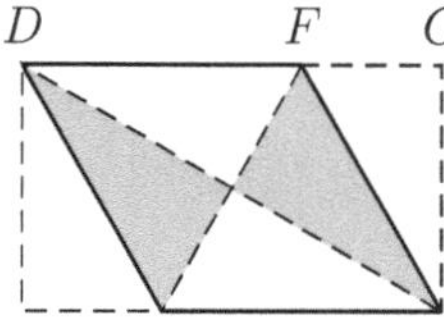


(**A**) $2a$ (**B**) $\sqrt{2}a$ (**C**) $(\sqrt{3}-1)a$
(**D**) $\frac{2a}{3}\sqrt{3}$ (**E**) Das hängt auch von der Länge von $AB$ ab.

A-Jun (26), D/CH-9/10 (28) –04

**A 4.51** In ein Rechteck werden beide Diagonalen eingezeichnet sowie die Strecke, die den Punkt $A$ mit dem Mittelpunkt der Seite $CD$ verbindet. $P$ und $Q$ seien die Schnittpunkte auf $BD$ (s. Abb.). Wenn $d$ die Länge der Diagonale ist, dann ist $\overline{PQ} =$

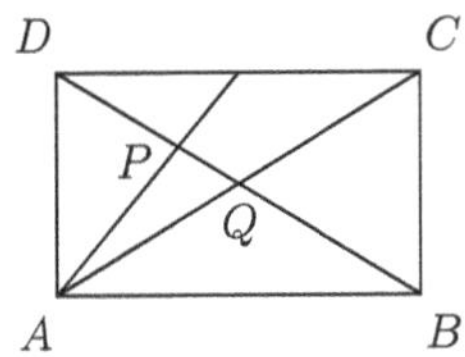


(**A**) $\frac{d}{2}$ (**B**) $\frac{d}{3}$ (**C**) $\frac{d}{4}$ (**D**) $\frac{d}{6}$ (**E**) $\frac{d}{10}$

A-Jun (21), D/CH-9/10 (24) –04

**A 4.52** Es sei $ABCD$ ein Quadrat, $\triangle OEF$ rechtwinklig bei $O$ und $\overline{OA} = 48$ und $\overline{OB} = 36$. Dann gilt $\overline{EF} =$

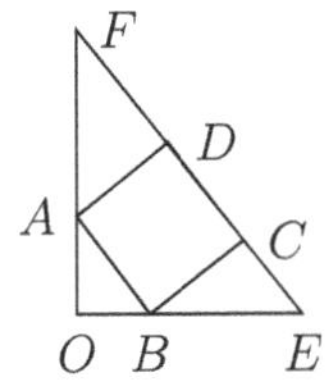


(**A**) 176 (**B**) 180 (**C**) 185
(**D**) 188 (**E**) 190

A-Jun (26), D-9/10 (16) –02

**A 4.53** Ein rechteckiges, 6 cm breites und 12 cm langes Stück Papier wird entlang der Diagonale gefaltet. Nun wird alles, was nicht doppelt liegt, abgeschnitten. Es bleibt ein Rhombus (Raute) übrig. Wie lang ist eine Rhombusseite?

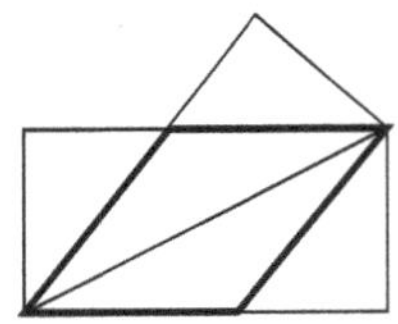

(**A**) 8,1 cm (**B**) $7,5 \cdot \sqrt{5}$ cm
(**C**) 7,35 cm (**D**) $7,85 \cdot \sqrt{2}$ cm
(**E**) 7,5 cm

A-Jun (24), D/CH-9/10 (28) –03

**A 4.54** Eine 3 m lange und eine 6 m lange Stange stehen auf ebenem Untergrund. Durch Taue ist – wie in der Abbildung dargestellt – das obere Ende einer jeden Stange mit dem Fuß der anderen verbunden. In welcher Höhe befindet sich der Schnittpunkt der beiden Taue?

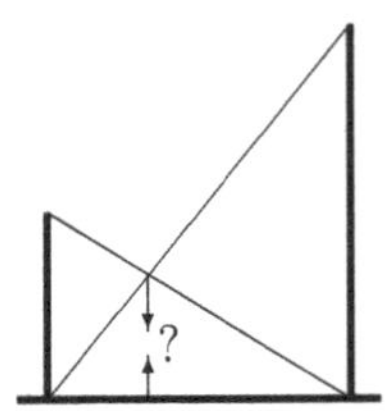


(**A**) 1,5 m (**B**) $\sqrt{3}$ m
(**C**) 2 m (**D**) 2,25 m
(**E**) die Höhe hängt von der Entfernung der Stangen ab

D-9/10 (10) –98

**A 4.55** Die kleinste natürliche Zahl $n$, für die man einen Würfel mit der Kantenlänge 2 in ein quadratisches Stück Papier der Größe $n \times n$ einpacken kann, ist

(**A**) 4 (**B**) 5 (**C**) 6 (**D**) 7 (**E**) 8

D-11/13 (26) –98

## Überall Pythagoras

**A 4.56** Ein Känguru beginnt am Morgen in Sydney sein Trainingsspringen. Es bewegt sich zuerst 10 km nach Norden, dann 10 km nach Osten, anschließend 6 km nach Süden, dann 2 km nach Westen und nun wieder 8 km nach Norden, dann 4 km nach Westen und schließlich 9 km nach Süden. Wie viel Kilometer ist der Endpunkt dieses Trainingsspringens vom Startpunkt entfernt? (Die Erdkrümmung soll unberücksichtigt bleiben.)

(**A**) 0 (**B**) 1 (**C**) $\sqrt{5}$ (**D**) 5 (**E**) $10\sqrt{2}$

A-Stu (1), D-11/13 (1) -00

**A 4.57** Für welches der folgenden Tripel trifft zu, dass die drei Zahlen *nicht* Seitenlängen eines rechtwinkligen Dreiecks sind?

(**A**) (11; 60; 61) (**B**) (9; 40; 43) (**C**) (7; 24; 25) (**D**) (5; 12; 13) (**E**) (3; 4; 5)

D-11 (15) -96

**A 4.58** Welchen Umfang hat das abgebildete Fünfeck?

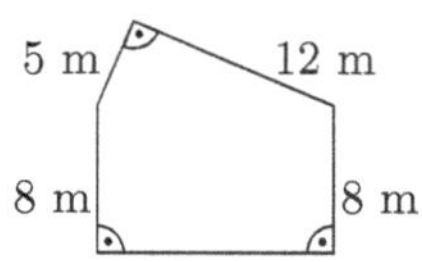


(**A**) 38 m (**B**) 41 m (**C**) 46 m
(**D**) 50 m (**E**) 59 m

D-9/10 (8) -01

**A 4.59** Meiers wollen für ihren Garten einen neuen Zaun kaufen. Die Abschnitte $\overline{AB}$ und $\overline{BX}$ haben sie bereits vermessen. Da rennen die Zwillinge Max und Moritz von $X$ aus mit exakt gleicher Geschwindigkeit, aber in entgegengesetzter Richtung entlang der Gartengrenze los. Als sie sich genau im Punkt $A$ treffen, sagt die Mutter: „Fein, jetzt brauchen wir nicht weiter zu messen.“ Wie lang ist $\overline{CX}$, ausgedrückt durch $\overline{AB} = a$ und $\overline{BX} = s$?

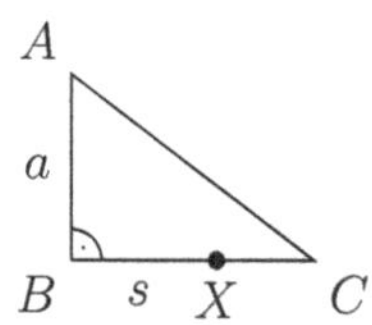


(**A**) $\frac{s}{2} + a$ (**B**) $\frac{as}{2s+a}$ (**C**) $\frac{s+a}{2}$
(**D**) $\sqrt{s^2+a^2} + \frac{a}{2}$ (**E**) $a - s$

A-Jun (22), D-9/10 (22) -01

**A 4.60** Paula und Jan starten um 14:10 Uhr mit ihren Fahrrädern vom selben Ort. Paula fährt mit 32 km/h nach Norden, Jan mit 24 km/h nach Osten. Wenn sie ohne Pause mit stets gleicher Geschwindigkeit fahren, dann sind sie 130 km voneinander entfernt um

(**A**) 16:10 Uhr (**B**) 16:20 Uhr (**C**) 17:00 Uhr (**D**) 17:25 Uhr (**E**) 18:10 Uhr

A-Stu (9), D-11/13 (9) -01

**A 4.61** Einem Viertelkreis mit dem Radius $R$ sei ein Kreis $k$ einbeschrieben (s. Abb.). Wie groß ist der Radius von $k$?

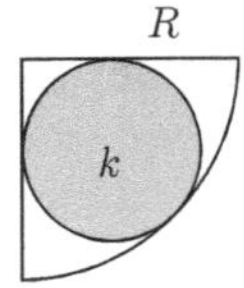


(A) $\frac{R-\sqrt{2}}{2}$ (B) $\frac{R\sqrt{2}}{4}$ (C) $\frac{5R}{2}$

(D) $\frac{R}{2}$ (E) $R\left(\sqrt{2}-1\right)$

A-Stu (20), D/CH-11/13 (18) –04

## Koordinatengeometrie

**A 4.62** Die Menge aller Parameter $m$, für die die Kurven $x^2+y^2=1$ und $y=x^2+m$ genau einen gemeinsamen Punkt haben, ist

(A) $\left\{-\frac{5}{4};-1;1\right\}$ (B) $\left\{-\frac{5}{4};1\right\}$ (C) $\{-1;1\}$

(D) $\left\{-\frac{5}{4}\right\}$ (E) $\{1\}$

A-Stu (8), D/CH-11/13 (8) –03

**A 4.63** Welches ist die graphische Darstellung der Menge aller Punkte $(x,y)$ der Ebene, für die $x^2+y^2=4$ und $x\cdot y\leq 0$ gilt?

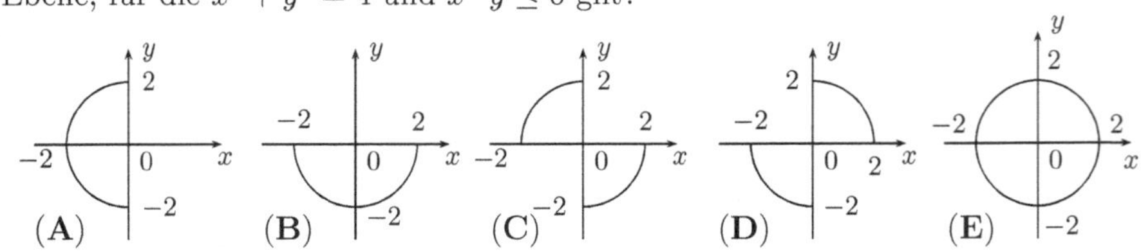


A-Stu (15), D/CH-11/13 (12) –04

**A 4.64** Wie viele Quadrate mit einem Eckpunkt in $A(-1;-1)$ gibt es, bei denen mindestens eine Koordinatenachse Symmetrieachse dieses Quadrats ist?

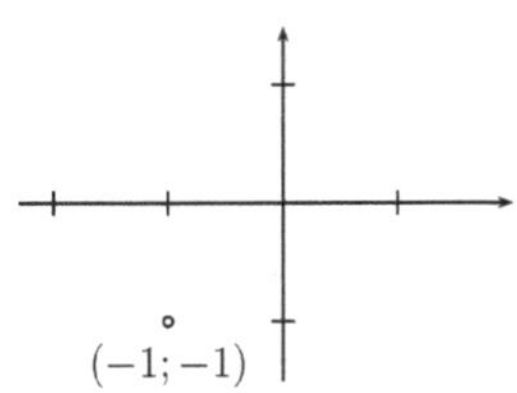


(A) 2 (B) 3 (C) 4 (D) 5 (E) 6

A-Stu (13), D/CH-11/13 (16) –04

**A 4.65** Ein Punkt $P(x;y)$ liege auf einem Kreis mit dem Mittelpunkt $M(2;2)$ und dem Radius $r>2$. Es ist bekannt, dass $y=r$ ist, und dass $x$, $y$ und $r$ positive ganze Zahlen sind. Welches ist der kleinstmögliche Wert von $x$?

(A) 2 (B) 4 (C) 6 (D) 8 (E) 10

A-Stu (22), D/CH-11/13 (23) –03

## 4.3 Winkelberechnungen

**A 4.66** Im abgebildeten Dreieck kennen wir die Größe der Winkel **1** und **2**. Welche der Winkel $\alpha$, $\beta$ und $\gamma$ können wir ausrechnen?

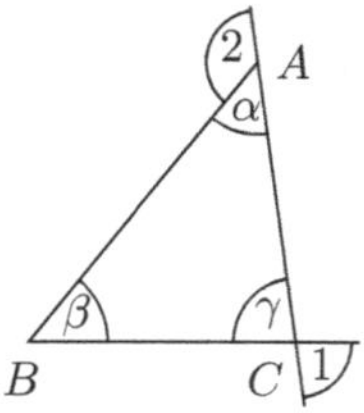

(**A**) nur $\alpha$ (**B**) nur $\beta$ (**C**) nur $\gamma$
(**D**) nur $\alpha$ und $\gamma$ (**E**) $\alpha$, $\beta$, und $\gamma$

D-7/8 (8) –98

**A 4.67** Der Winkel $\alpha$ in der nebenstehenden Figur ist gleich

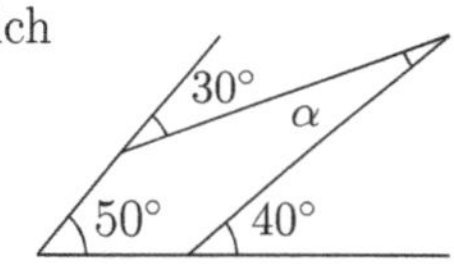

(**A**) 20° (**B**) 25° (**C**) 30°
(**D**) 35° (**E**) 40°

A-Kad (10), D-7/8 (10) –99

**A 4.68** Drei Strecken schneiden sich in einem Punkt und sind paarweise, wie es in der Zeichnung dargestellt ist, miteinander verbunden. Dann beträgt die Summe der 6 markierten Winkel

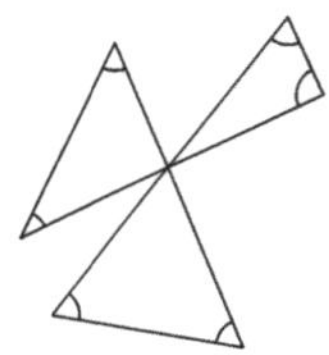

(**A**) 270° (**B**) 300° (**C**) 330°
(**D**) 360° (**E**) 420°

D-7/8-96 (16) u. A-Kad (24) u. Jun (15), D/CH-7/8 (20) –05

**A 4.69** Die Zeichnung zeigt ein gleichseitiges Dreieck und ein regelmäßiges Fünfeck. Wie groß ist der Winkel $x$?

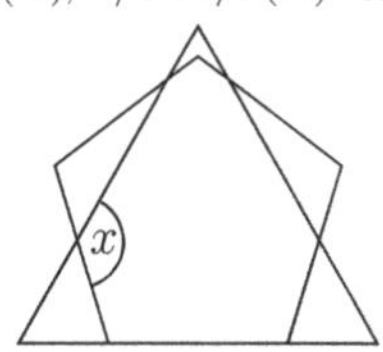

(**A**) 124° (**B**) 128° (**C**) 132°
(**D**) 136° (**E**) 140°

A-Kad (17), D/CH-7/8 (25) –05

**A 4.70** Es sei $ABCDE$ ein regelmäßiges Fünfeck. $F$ sei ein Punkt im Inneren des Fünfecks derart, dass das Dreieck $ABF$ gleichseitig ist. Wie groß ist dann der Winkel $DEF$?

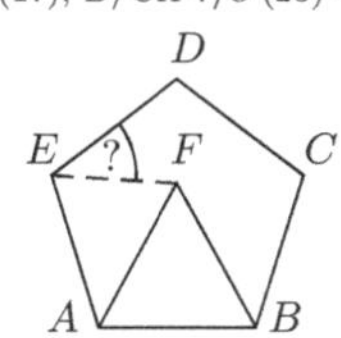

(**A**) 36° (**B**) 42° (**C**) 45° (**D**) 54° (**E**) 60°

D-12 (26) –96

**A 4.71** Der Mittelpunkt des Umkreises um das Dreieck $ABC$ sei $M$. In dem Dreieck gilt $\overline{AC} = \overline{BC}$ und $\measuredangle MAC = 24°$. Wie groß ist $\measuredangle MAB$?

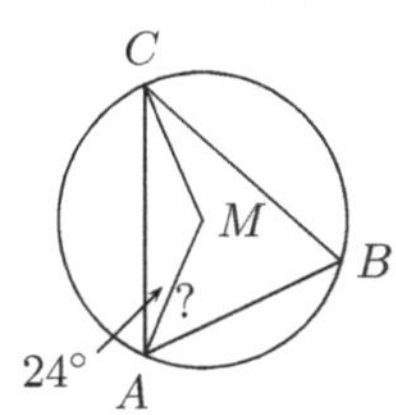

(**A**) 30° (**B**) 40° (**C**) 42° (**D**) 48° (**E**) 66°

D-7/8 (30) –97

**A 4.72** Wie groß ist der mit einem Fragezeichen gekennzeichnete Winkel in dem nebenstehend gezeichneten Dreieck, wenn die Winkel mit gleicher Markierung gleich groß sind und der Winkel, unter dem sich die Winkelhalbierende der beiden anderen Dreieckswinkel schneiden, 110° groß sind?

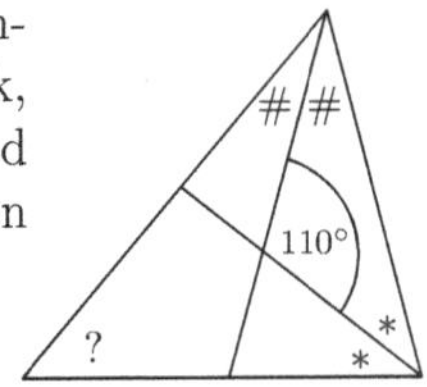


(**A**) 30° (**B**) 40° (**C**) 45° (**D**) 55° (**E**) 70°

D-7/8 (14) –96

---

**A 4.73** Aus einem quadratischen Stück Papier wird in der abgebildeten Weise ein Fünfeck gefaltet: $B$ und $D$ kommen im 1. Schritt auf der Diagonale $AC$ zu liegen, im 2. Schritt kommt $C$ auf $A$ zu liegen. Wie groß ist $\measuredangle\alpha$?

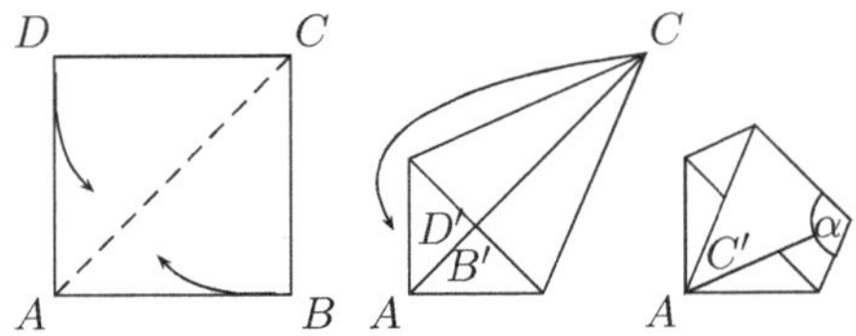


(**A**) 95° (**B**) 102° (**C**) 112,5° (**D**) 108° (**E**) 105,5°

A-Kad (27), D-7/8 (28) –02

---

**A 4.74** Im rechts abgebildeten Viereck sind einige Winkel eingezeichnet. Wenn $\overline{DC} = \overline{AB}$ ist, dann ist $\measuredangle ABC =$

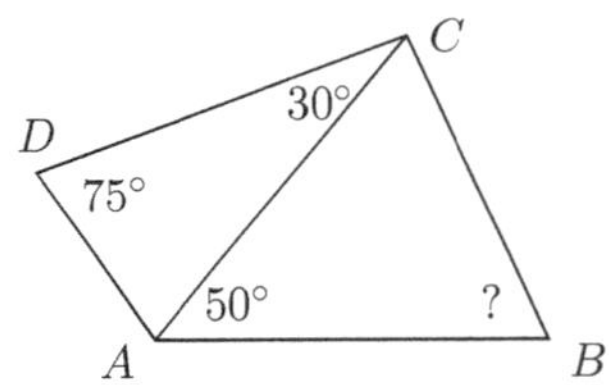


(**A**) 30° (**B**) 45° (**C**) 50°
(**D**) 65° (**E**) 75°

A-Jun (6), D/CH-9/10 (6) –04

---

**A 4.75** Der Winkel zwischen den Diagonalen $A_1D$ und $D_1C$ des Würfels $ABCDA_1B_1C_1D_1$ beträgt

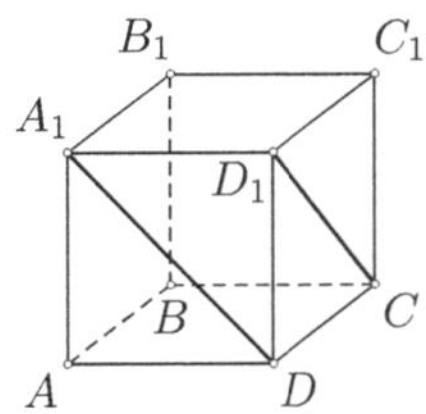


(**A**) 60° (**B**) 80° (**C**) 45°
(**D**) 90° (**E**) 75°

A-Stu (2), D-11/13 (10) –99

---

**A 4.76** Wie groß ist $\measuredangle XAY$?

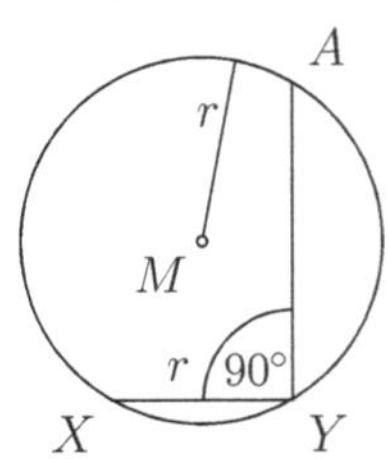


(**A**) 22,5° (**B**) 30°
(**C**) 37,5° (**D**) 42,5°
(**E**) 45°

A-Stu (12), D/CH-11/13 (10) –04

**A 4.77** Im Viereck $ABCD$ sei die Diagonale $BD$ Winkelhalbierende des Winkels $\measuredangle ABC$ und es sei $\overline{AC} = \overline{BC}$. Wenn $\measuredangle BDC = 80°$ und $\measuredangle ACB = 20°$, dann ist $\measuredangle BAD$ gleich

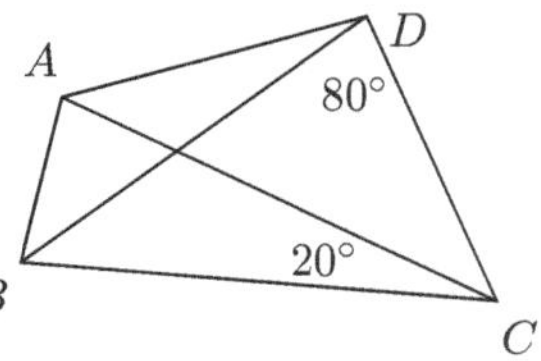


(**A**) 90° (**B**) 100° (**C**) 110°
(**D**) 120° (**E**) 135°

A-Stu (29), D/CH-11/13 (19) -05

# 4.4 Flächeninhalte

## Dreiecke, Vierecke und andere Polygone

**A 4.78** Bodo, Betty, Bruno, Bernd und Britta haben am Strand ihre Badetücher zu einem großen Quadrat zusammengelegt (wie im Bild zu sehen). Bodo und Betty haben quadratische Badetücher, die jeweils einen Umfang von 720 cm haben. Die Badetücher der drei Anderen sind rechteckig und gleich groß. Welchen Umfang hat Brunos Badetuch? (*Der Umfang eines Rechtecks bzw. eines Quadrats ist die Summe der Längen der 4 Seiten.*)

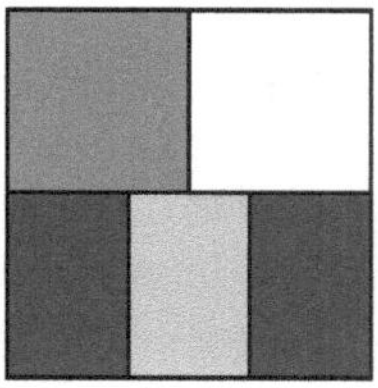

(**A**) 320 cm (**B**) 480 cm (**C**) 540 cm (**D**) 600 cm (**E**) 720 cm

A-Eco (21), D-3/4 (19) -01

**A 4.79** Rechts ist der Garten von Familie Grün gezeichnet, er ist 120 $m^2$ groß und in drei rechteckige Beete aufgeteilt. Das Blumenbeet ist 2 m breit und hat eine Fläche von 20 $m^2$, der Teil mit den Erdbeeren ist 3 m breit. Wie groß ist die Fläche, auf der Gemüse wächst?

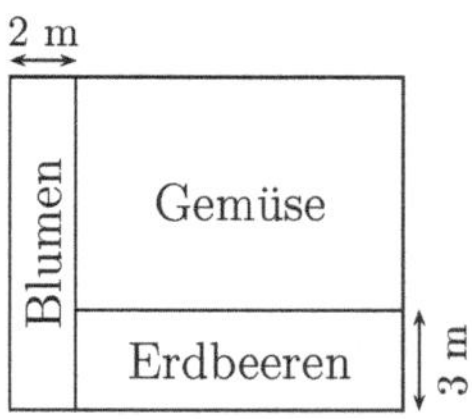


(**A**) 12 $m^2$ (**B**) 16 $m^2$ (**C**) 24 $m^2$
(**D**) 45 $m^2$ (**E**) 70 $m^2$

A-Ben (12), D/CH-5/6 (14) -05

**A 4.80** Bei einem Rechteck habe ich die Mittelpunkte von zwei benachbarten Seiten miteinander verbunden. Wie oft passt das dabei entstehende Dreieck in das Rechteck hinein?

(**A**) 3-mal (**B**) 4-mal
(**C**) 6-mal (**D**) 8-mal
(**E**) Das hängt vom Verhältnis der Längen der Seiten des Rechtecks ab.

A-Ben (10), D-5/6 (9) -02

**A 4.81** Die abgebildete Figur setzt sich aus lauter Quadraten zusammen. Mit wie vielen Quadraten der Größe des Quadrats $B$ lässt sich das Quadrat $A$ auslegen?

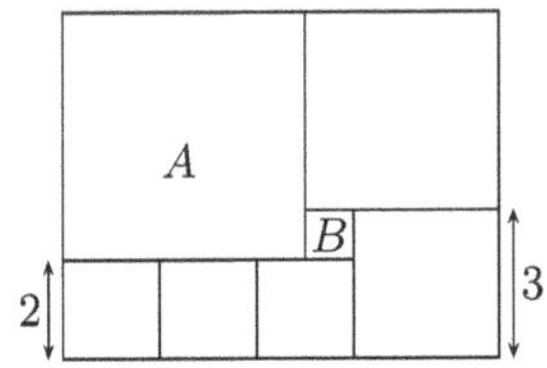


(**A**) mit 15 (**B**) mit 16 (**C**) mit 25
(**D**) mit 49 (**E**) es geht gar nicht

A-Ben (12), D/CH-5/6 (14) –03

**A 4.82** Das größte der drei abgebildeten Quadrate hat einen Flächeninhalt von 16 cm$^2$, das kleinste von 4 cm$^2$. Wie groß ist das mittlere?

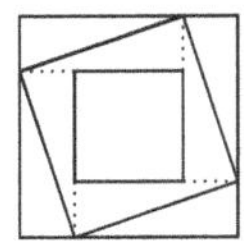

(**A**) 8 cm$^2$ (**B**) $8\frac{1}{2}$ cm$^2$ (**C**) 10 cm$^2$
(**D**) $10\frac{1}{2}$ cm$^2$ (**E**) 12 cm$^2$

A-Ben (26), D-5/6 (21) –01

**A 4.83** Der graue Stern wurde gezeichnet, indem man die Mitten je dreier Seiten eines regelmäßigen Sechsecks miteinander verbunden hat. Der Flächeninhalt des Sterns beträgt 6 cm$^2$. Welchen Flächeninhalt hat das Sechseck?

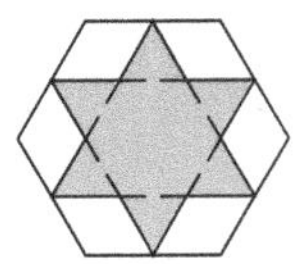

(**A**) 8 cm$^2$ (**B**) 9 cm$^2$ (**C**) 12 cm$^2$ (**D**) 15 cm$^2$ (**E**) 18 cm$^2$

A-Ben (28), D-7/8 (11) u. 5/6 (27) –01

**A 4.84** Die nebenstehende Zeichnung zeigt den Grundriss eines Zimmers, bei dem die Längs- und die Querwände alle zueinander senkrecht stehen. Die Buchstaben $a$, $b$ stehen für die entsprechenden Längenangaben. Welche Grundfläche hat der Raum?

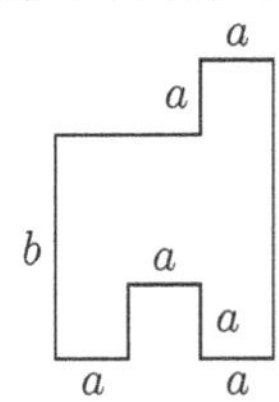


(**A**) $3ab + a^2$ (**B**) $8a + 2b$ (**C**) $3a^2b$ (**D**) $b^2 - a^2$ (**E**) $3ab$

A-Kad (7), D/CH-7/8 (5) –05

**A 4.85** Gretas Großeltern haben einen 3200 m$^2$ großen rechteckigen Garten, der 80 m lang ist. Der Garten von Gretas Eltern ist ebenfalls rechteckig, jedoch nur halb so groß und halb so breit wie der großelterliche. Wie lang ist der Garten der Eltern?

(**A**) 20 m (**B**) 40 m (**C**) 60 m (**D**) 80 m (**E**) 100 m

A-Ben (19), D-5/6 (15) –01

**A 4.86** Ein quadratisches Stück Papier der Größe 10 cm × 10 cm wurde in quadratische Teile der Größe 25 cm$^2$ zerschnitten. Diese wiederum wurden jeweils in 2 Dreiecke geteilt. Wie viele Teile sind insgesamt entstanden?

(**A**) 5 (**B**) 8 (**C**) 9 (**D**) 16 (**E**) 21

A-Kad (8), D-7/8 (6) –99

**A 4.87** In wie viele Quadrate der Seitenlänge 1 lässt sich das abgebildete Papierstück zerschneiden?

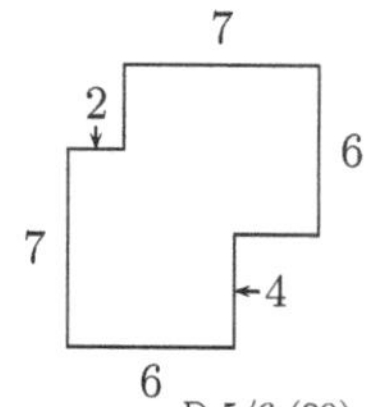


(**A**) 90 (**B**) 84 (**C**) 78
(**D**) 74 (**E**) 72

D-5/6 (20) -02

---

**A 4.88** In der nebenstehenden Zeichnung ist ein großes Quadrat zu sehen, dessen Flächeninhalt 1 $m^2$ beträgt. Die Diagonale des Quadrats ist in drei gleich lange Teile geteilt, der mittlere Teil ist die Diagonale des schwarz gefärbten kleinen Quadrates. Wie groß ist die Fläche dieses schwarzen Quadrates?

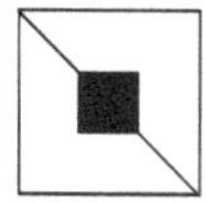

(**A**) $\frac{1}{10}$ $m^2$ (**B**) $\frac{1}{9}$ $m^2$ (**C**) $\frac{1}{6}$ $m^2$ (**D**) $\frac{1}{4}$ $m^2$ (**E**) $\frac{1}{3}$ $m^2$

D-7/8 (7) -96

---

**A 4.89** Von dem Rechteck $ABCD$, das den Umfang 120 cm hat, wissen wir, dass es sich in drei gleich große Quadrate zerlegen lässt. Wie groß ist der Flächeninhalt?

(**A**) 120 $cm^2$ (**B**) 675 $cm^2$ (**C**) 800 $cm^2$
(**D**) 2700 $cm^2$ (**E**) 3200 $cm^2$

D-7/8 (18) -99

---

**A 4.90** Ein Quadrat mit der Seitenlänge 1 wurde, wie in der Zeichnung gezeigt, teilweise schwarz gefärbt. Wie groß ist der Flächeninhalt des schwarzen Teils?

(**A**) $\frac{1}{2}$ (**B**) 0,5 (**C**) $\frac{1}{4}$ (**D**) $\frac{1}{3}$ (**E**) $\frac{3}{8}$

D-7/8 (12) -97

---

**A 4.91** Ein Rechteck ist in vier Felder geteilt; der Flächeninhalt von drei dieser Teile ist 3, 4 und 5 (siehe Zeichnung). Wie groß ist der Flächeninhalt des vierten kleinen Rechtecks?

| 3 | 4 |
|---|---|
| ? | 5 |

(**A**) 2 (**B**) 3, 75 (**C**) 6
(**D**) 2, 33 (**E**) hierfür fehlen Vorgaben

D-5/6 (24) -96

---

**A 4.92** Im Rechteck $ABCD$ seien $P$, $Q$, $R$ und $S$ die Mittelpunkte der Seiten und $T$ Mittelpunkt von $\overline{RS}$. Dann ist der Anteil der Dreieckfläche $A_{PQT}$ an der Rechteckfläche

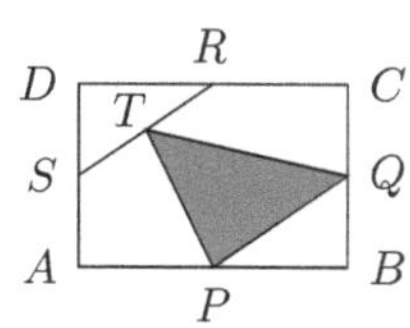


(**A**) $\frac{5}{16}$ (**B**) $\frac{1}{4}$ (**C**) $\frac{1}{5}$ (**D**) $\frac{1}{6}$ (**E**) $\frac{3}{8}$

A-Kad (22) u. Jun (19), D/CH-7/8 (29) u. 9/10 (12) -03

**A 4.93** Es sei mit $v$ der Flächeninhalt der senkrecht gestreiften Flächenstücken, mit $w$ der der waagerecht gestreiften Fläche bezeichnet. Das kleinste Quadrat ragt zur Hälfte in das größte hinein; die Mittelpunkte der beiden mittelgroßen Quadrate fallen mit den beiden Eckpunkten des größten Quadrates zusammen (s. Abb.). Die Seitenlängen der Quadrate sind 6, 4, 4 und 2. Dann gilt:

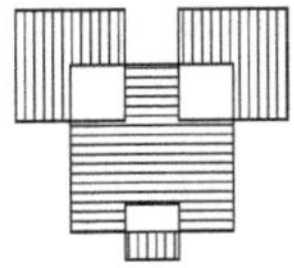

(**A**) $2v = w$ (**B**) $3v = 2w$ (**C**) $v = w$ (**D**) $2v = 3w$ (**E**) $v = 2w$

A-Kad (26), D-7/8 (19) –99

**A 4.94** Die Punkte $P$, $Q$, $R$ und $S$ teilen die Seiten des Rechtecks $ABCD$ im Verhältnis 1 : 2 (s. Abb.). Der Flächeninhalt $A_{PQRS}$ des Parallelogramms $PQRS$ ist dann gleich

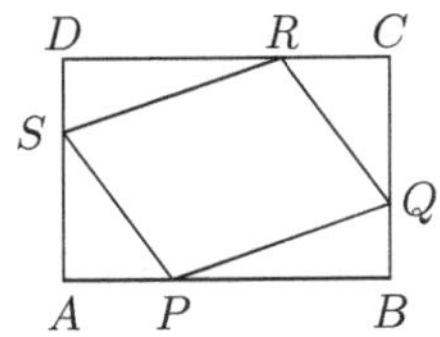


(**A**) $\frac{2}{5}A_{ABCD}$ (**B**) $\frac{3}{5}A_{ABCD}$ (**C**) $\frac{4}{9}A_{ABCD}$

(**D**) $\frac{5}{9}A_{ABCD}$ (**E**) $\frac{2}{3}A_{ABCD}$

A-Kad (21), D-7/8 (25) –00

**A 4.95** Im Trapez $ABCD$ sei $AB \parallel CD$. Es sei $E$ der Punkt auf der Verlängerung von $AB$ über $B$ hinaus, für den $DB \parallel CE$ ist. Was gilt dann für das Verhältnis der Flächeninhalte $A_{ABCD}$ und $A_{ACE}$?

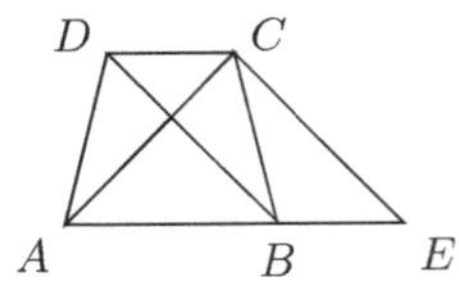


(**A**) $A_{ABCD} = A_{ACE}$ (**B**) $A_{ABCD} = 2A_{ACE}$ (**C**) $2A_{ABCD} = A_{ACE}$

(**D**) $A_{ABCD} = \frac{2}{3}A_{ACE}$ (**E**) Das lässt sich nicht bestimmen.

A-Stu (7), D-11/13 (7) –01

**A 4.96** Der Flächeninhalt des abgebildeten Dreiecks $ABC$ ist 12. Für die auf den Seiten liegenden Punkte $P$, $Q$, $R$ und $S$ gilt $\overline{AP} = \overline{PQ} = \overline{QC}$ und $\overline{BR} = \overline{RS} = \overline{SC}$. Dann ist der Flächeninhalt der grauen Fläche gleich

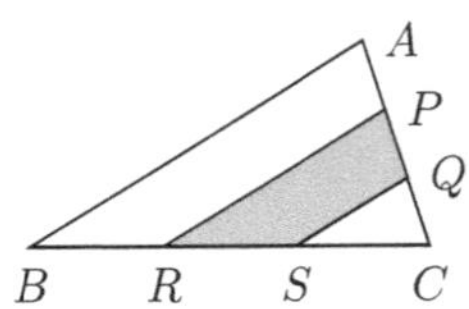


(**A**) 3 (**B**) 4 (**C**) 6 (**D**) 8 (**E**) 9

A-Jun (12), D-9/10 (14) –02

**A 4.97** Von einem Rechteck sind zwei Dreiecke abgeschnitten worden (s. Zeichnung), und zwar so, dass von den beiden parallelen Seiten des verbleibenden Trapezes die eine halb so lang wie die andere ist. Der Flächeninhalt des Trapezes ist 30 cm². Dann ist die Summe der Flächeninhalte der abgeschnittenen Dreiecke gleich

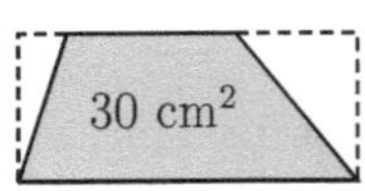


(**A**) 10 cm² (**B**) 12 cm² (**C**) 15 cm² (**D**) 18 cm² (**E**) 20 cm²

A-Jun (15), D-9/10 (15) –01

**A 4.98** Auf der nebenstehenden Zeichnung sind zwei Quadrate mit der Seitenlänge $a$ abgebildet, von denen eines einen der Eckpunkte des anderen in seinem Mittelpunkt hat. Wie groß ist die Fläche, die die beiden Quadrate gemeinsam haben?

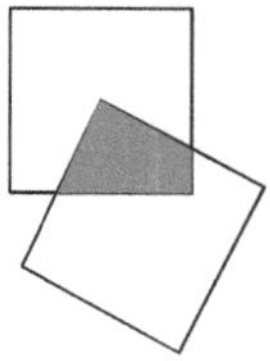

(**A**) $a^2/4$ (**B**) $a^2/3$ (**C**) $a^2/2$
(**D**) $a^2/6$ (**E**) eine andere Antwort

D-9/10 (23) -96

**A 4.99** Der Flächeninhalt der grauen Fläche in der abgebildeten Figur ist gleich

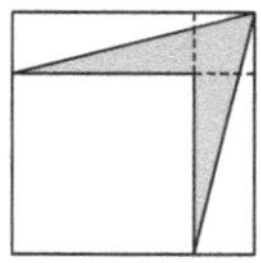


(**A**) $x^2$ (**B**) $3x^2$ (**C**) $6x^2$
(**D**) $7x^2$ (**E**) $9x^2$

A-Kad (17), D-7/8 (29) -99

**A 4.100** Man geht aus von der Figur, die zum Satz des Pythagoras gehört, und verbindet die äußeren Eckpunkte wie in der Abbildung dargestellt. Der Flächeninhalt des entstehenden Sechsecks ist dann gleich

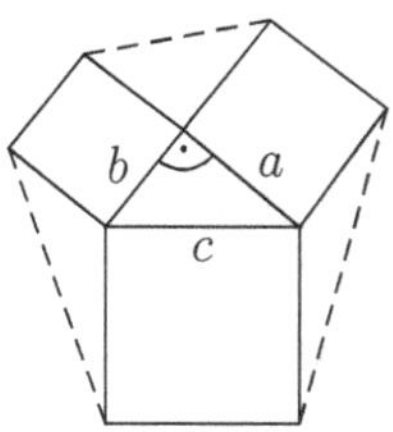


(**A**) $ab+\frac{5}{2}(a^2+b^2)$ (**B**) $2ab+\frac{3}{2}(a^2+b^2)$
(**C**) $\frac{3}{2}ab+2\,(a^2+b^2)$ (**D**) $2(ab+a^2+b^2)$
(**E**) $2\,(a^2+b^2)+\frac{5}{2}ab$

A-Jun (18), D-9/10 (22) -00

**A 4.101** Die Abbildung zeigt 2 Quadrate, deren Seitenlängen 2 m bzw. 1 m sind. Welchen Flächeninhalt hat das grau gefärbte Gebiet?

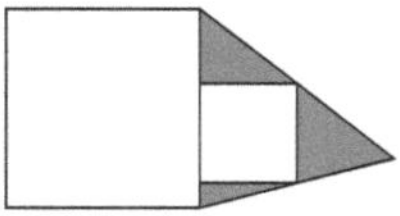

(**A**) 1 $m^2$ (**B**) 2 $m^2$ (**C**) $2\sqrt{2}$ $m^2$
(**D**) 4 $m^2$ (**E**) Das hängt von der Lage des kleinen Quadrats ab.

A-Stu (18), D/CH-11/13 (5) -03

**A 4.102** Das rechts abgebildete gleichseitige Zwölfeck, das man sich aus zwei gekreuzten Rechtecken entstanden vorstellen kann, ist in ein Quadrat einbeschrieben. Wenn der Umfang dieses Zwölfecks 36 cm beträgt, was ist dann der Flächeninhalt des umbeschriebenen Quadrats?

(**A**) 48 $cm^2$ (**B**) 72 $cm^2$ (**C**) 108 $cm^2$ (**D**) 96 $cm^2$ (**E**) 64 $cm^2$

A-Jun (23), D/CH-9/10 (26) -04

## Kreise und Teile von Kreisen

**A 4.103** Die fünf in der nebenstehenden Zeichnung abgebildeten Kreise haben alle denselben Radius. Die vier äußeren Kreise berühren den inneren. Die Mittelpunkte der vier äußeren Kreise sind die Eckpunkte eines Quadrats. Das Verhältnis des Flächeninhalts der grauen Fläche zum Flächeninhalt der schraffierten Teile der vier äußeren Kreise beträgt

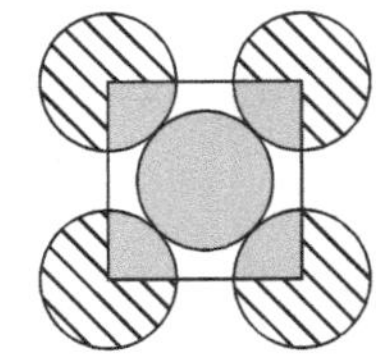

(**A**) 1 : 3 (**B**) 2 : 3 (**C**) 1 : 4 (**D**) 2 : 5 (**E**) 5 : 4

A-Kad (13) u. Jun (7), D/CH-5/6 (24) –05

Es folgen zwei sehr ähnliche Aufgaben, die in höheren Klassenstufen zu lösen waren und etwas mehr Kenntnis der Winkelverhältnisse erfordern:

**A 4.104** Die vier Kreise (s. Zeichnung) sind gleich groß. Die drei äußeren Kreise, deren Mittelpunkte die Eckpunkte eines gleichseitigen Dreiecks sind, berühren den inneren Kreis. Das Verhältnis des Flächeninhalts der grauen Fläche zum Flächeninhalt der schraffierten Fläche beträgt

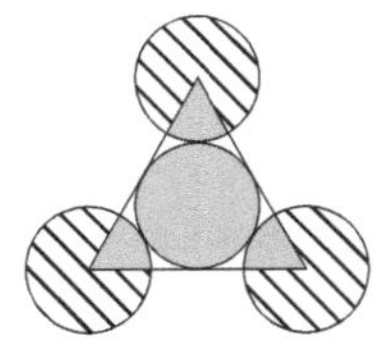

(**A**) 1 : 2 (**B**) 3 : 2 (**C**) 7 : 12 (**D**) 3 : 4 (**E**) 3 : 5

D/CH-7/8 (18) –05

**A 4.105** Die sechs Kreise (s. Zeichnung) haben alle denselben Radius. Die Mittelpunkte der fünf äußeren Kreise, die alle den inneren berühren, sind die Eckpunkte eines regelmäßigen Fünfecks. Das Verhältnis des Flächeninhalts der grauen Fläche zum Flächeninhalt der schraffierten Teile der fünf äußeren Kreise beträgt

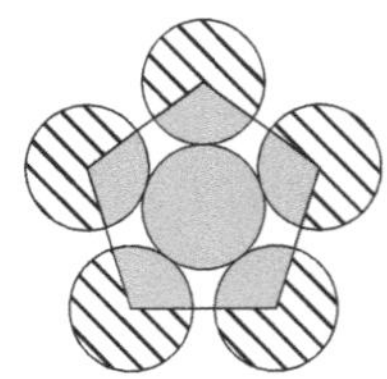

(**A**) 5 : 7 (**B**) 3 : 4 (**C**) 2 : 5 (**D**) 2 : 3 (**E**) 5 : 4

D/CH-9/10 (16) –05

**A 4.106** Die abgebildete Dart-Scheibe besteht aus einem inneren schwarzen Kreis $K$, der von einem kleineren weißen Ring $Rw$ und einem äußeren schwarzen Ring $Rs$ umgeben ist. Der Radius von $K$ ist ebenso lang wie jeder der Ringe breit ist. Da es viel leichter ist, $Rs$ als $K$ zu treffen, interessiert mich das Verhältnis der Flächeninhalte $A_{Rs} : A_K$ von schwarzem Ring und innerem Kreis. Es ist

(**A**) 2 : 1 (**B**) 3 : 1 (**C**) 4 : 1 (**D**) 5 : 1 (**E**) 6 : 1

A-Jun (9), D/CH-9/10 (9) –04

**A 4.107** Mit $v$ sei der Flächeninhalt der senkrecht gestreiften Flächenstücken, mit $w$ der der waagerecht gestreiften Fläche bezeichnet. Die Mittelpunkte des kleinsten und der beiden mittelgroßen Kreise liegen auf der Kreislinie des größten Kreises. Die Durchmesser der Kreise seien 6, 4, 4 und 2. Dann gilt:

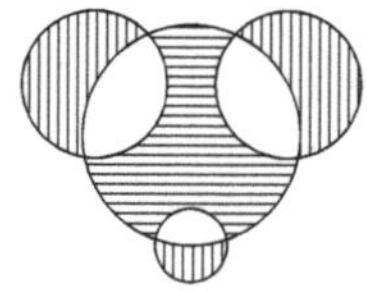

(**A**) $2v = w$ (**B**) $3v = 2w$ (**C**) $v = w$ (**D**) $2v = 3w$ (**E**) $v = 2w$

A-Jun (17), D-9/10 (17) –99

**A 4.108** Gegeben seien drei Halbkreise, $EFBA$ sei ein Rechteck, $E$ und $F$ seien die Mittelpunkte der unteren Halbkreise. Die Radien der Halbkreise seien je 2 cm lang. Dann ist der Flächeninhalt der grau gefärbten Fläche gleich (in cm$^2$)

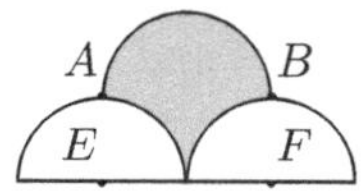


(**A**) 8 (**B**) 7 (**C**) $2\pi$ (**D**) $2\pi + 1$ (**E**) $2\pi + 2$

A-Stu (10), D/CH-11/13 (10) –05

**A 4.109** Wir betrachten zwei Kreise, die sich in den Punkten $P$ und $Q$ schneiden, und für die $\measuredangle QM_1P = 60°$ und $\measuredangle PM_2Q = 90°$ ist. Dann ist das Verhältnis der Radien $r_1 : r_2 =$

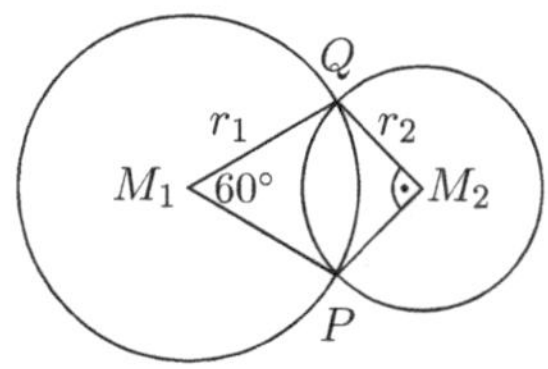


(**A**) $4:3$ (**B**) $\sqrt{2}:1$ (**C**) $3:2$
(**D**) $\sqrt{3}:1$ (**E**) $2:1$

A-Jun (12), D/CH-9/10 (12) –04

**A 4.110** Zwei gleich große Quadrate überdecken – wie in der Abb. ersichtlich – einen Kreis. Wenn der Kreisradius 3 cm beträgt, welchen Flächeninhalt hat dann die grau gefärbte Fläche?

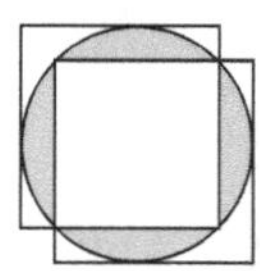

(**A**) $8(\pi-1)\,\text{cm}^2$ (**B**) $6(2\pi-1)\,\text{cm}^2$ (**C**) $(9\pi-25)\,\text{cm}^2$
(**D**) $9(\pi-2)\,\text{cm}^2$ (**E**) $\frac{6\pi}{5}\,\text{cm}^2$

D/CH-9/10 (19) –03

**A 4.111** Zwei Kreise, deren kleinerer $k$ den größeren $K$ von innen berührt, haben die Radien $r$ bzw. $2r$. Der Punkt $P$ auf der Peripherie von $k$ fällt in der Ausgangslage mit dem Mittelpunkt von $K$ zusammen (s. Abb.). Nun soll $k$ in $K$ abrollen, d. h. sich drehen und dabei $K$ stets von innen berühren. Von welcher Gestalt ist der Weg, den $P$ dabei zurücklegt?

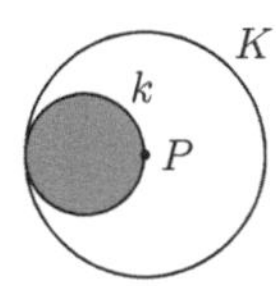


(**A**)  (**B**) 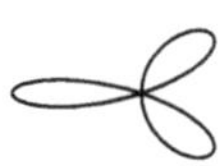 (**C**)  (**D**)  (**E**) 

A-Jun (20), D/CH-9/10 (20) –04

**A 4.112** Das nebenstehend abgebildete Tao-Symbol wird mit Hilfe eines Kreises mit dem Durchmesser $2R$ und zweier Kreise mit dem Durchmesser $R$ gezeichnet. Kreis, schwarze Teilfläche, weiße Teilfläche – welche Aussage zu diesen drei Flächen ist wahr?

(**A**) Der Kreis (mit dem Durchmesser $2R$) hat den größten Umfang.

(**B**) Der schwarze Teil hat den größten Umfang.

(**C**) Der weiße Teil hat den größten Umfang.

(**D**) Der weiße und der schwarze Teil haben denselben Umfang, und dieser ist größer als der Kreisumfang.

(**E**) Alle drei Objekte haben denselben Umfang.

D-11 (14) -96

# 4.5 Räumliche Geometrie

## Körpernetze

**A 4.113** Linda hält einen Würfel in der Hand, bei dem die einander gegenüberliegenden Seiten gleich gemustert sind. Welches der abgebildeten Würfelnetze kann sie für den Bau eines solchen Würfels nehmen?

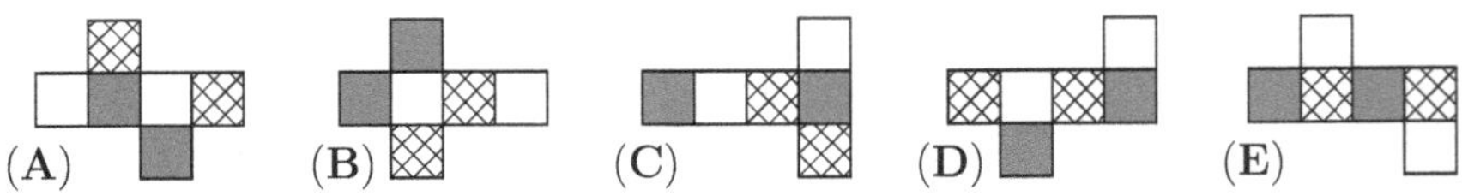


A-Eco (12), D/CH-3/4 (12) -04

**A 4.114** Aus welchem der zweifarbigen Würfelnetze kann ein Würfel gefaltet werden, bei dem je zwei beliebige Flächenstücke, die an einer Würfelkante zusammentreffen, dieselbe Farbe haben?

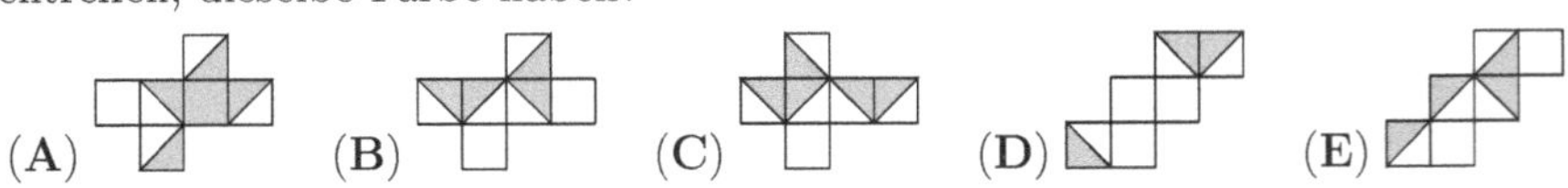


A-Kad (19), D-7/8 (24) -00

**A 4.115** Wenn ich aus dem rechts gezeichneten Würfelnetz einen Würfel falte, dann befindet sich die Fläche mit dem $x$ gegenüber der Fläche mit dem Buchstaben

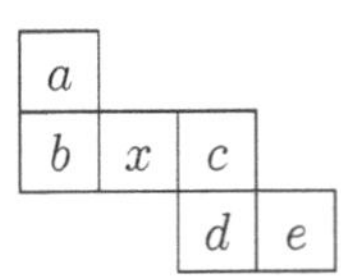


(**A**) $a$ (**B**) $b$ (**C**) $c$ (**D**) $d$ (**E**) $e$

A-Kad (8), D/CH-7/8 (9) -03

**A 4.116** Welcher der abgebildeten Würfel kann aus dem abgebildeten Netz gefaltet worden sein?

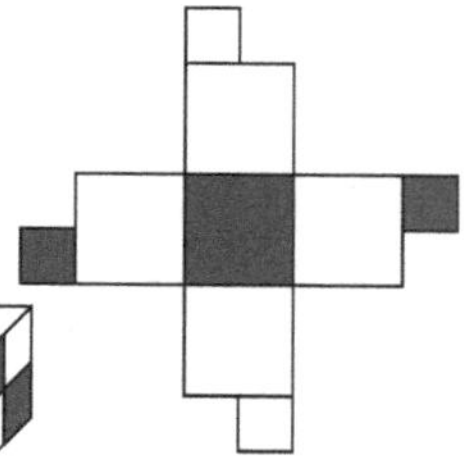

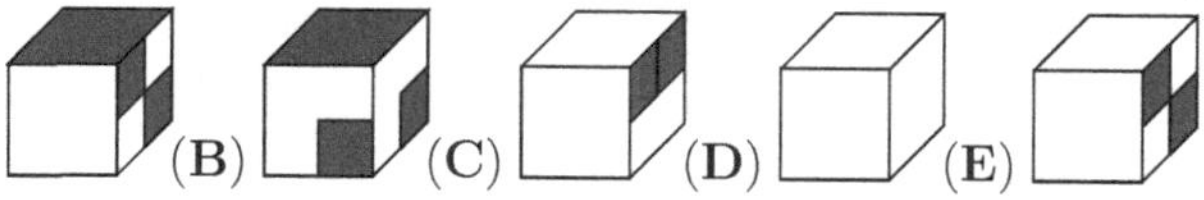

(A) (B) (C) (D) (E)

A-Ben (16), D/CH-5/6 (10) -05

**A 4.117** Bei dem rechts abgebildeten Würfel ist eine Ecke abgeschnitten worden. Aus welchem der Körpernetze ließe sich dieser Würfel mit der fehlenden Ecke bauen?

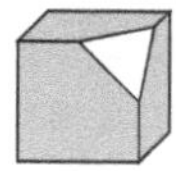

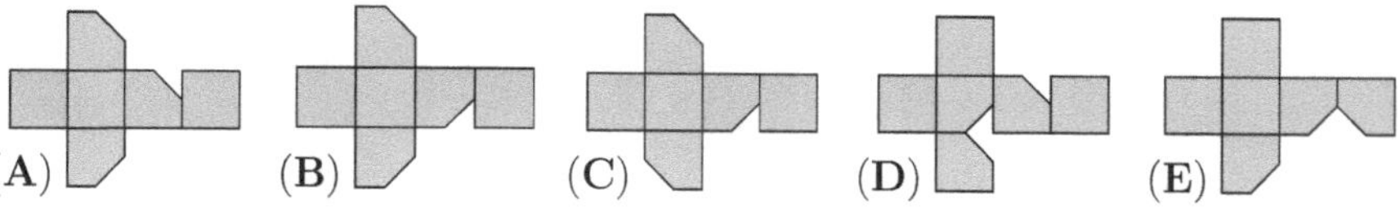

(A) (B) (C) (D) (E)

A-Ben (16), D/CH-5/6 (18) -04

**A 4.118** In der nebenstehenden Zeichnung ist das Netz eines Würfels dargestellt, auf dessen Seitenflächen sich die Zahlen von 1 bis 6 befinden. Hans faltet den Würfel zusammen und schreibt für jeden der 8 Eckpunkte das Produkt der 3 Zahlen auf, die auf den Seitenflächen stehen, die in der betreffenden Ecke zusammenstoßen. Welches ist die größte Zahl, die er aufschreibt?

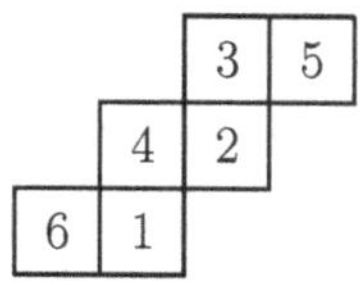

(A) 40 (B) 60 (C) 72 (D) 90 (E) 120

A-Kad (22), D-7/8 (19) -01

**A 4.119** Unter den aus 6 Quadraten zusammengesetzten Figuren ist genau eine, die kein Würfelnetz ist. Welche ist es?

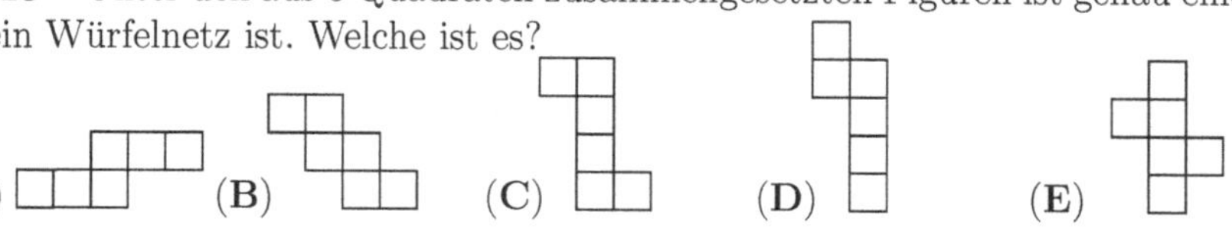

(A) (B) (C) (D) (E)

D-5/6 (22) -96

**A 4.120** Rechts sehen wir das Netz eines Würfels. Von unserer Mathelehrerin erfahren wir, dass genau einer der abgebildeten Würfel aus diesem Netz gefaltet wurde. Welcher ist es?

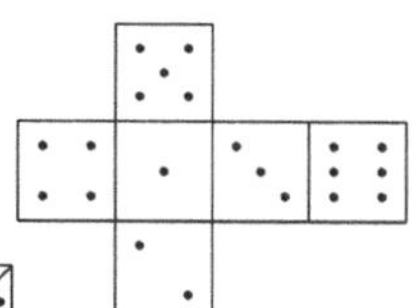

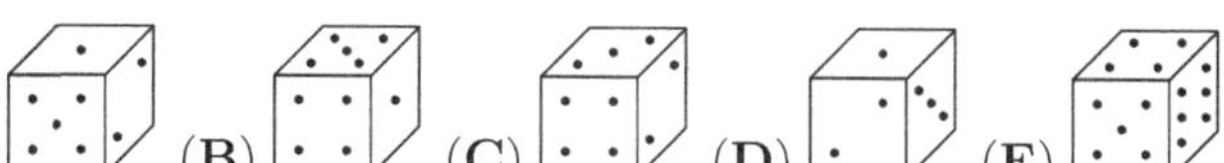

(A) (B) (C) (D) (E)

A-Eco (24), D-5/6 (28) -99

**A 4.121** Aus dem rechts abgebildeten Ausschneidebogen habe ich ein Haus gebaut. Welches?

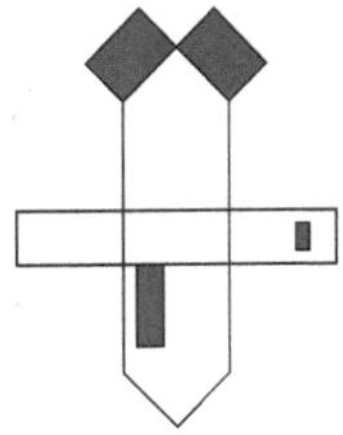

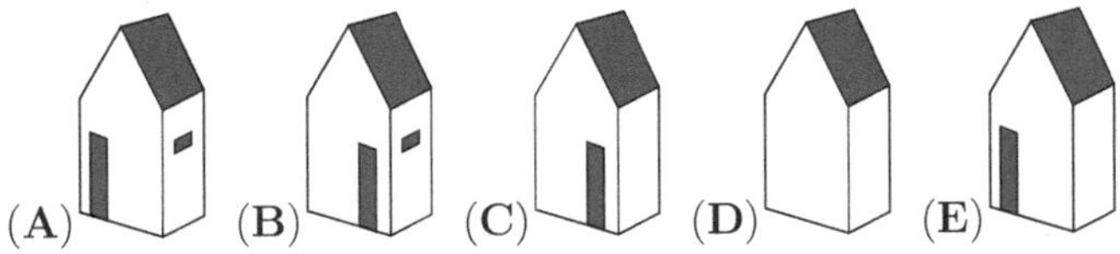


A-Eco (19), D/CH-3/4 (17) u. 5/6 (21) –03

**A 4.122** Die Abbildung zeigt das Netz eines Tetraeders. Irgendjemand hat zwischen die vier Zeichnungen des fertigen Tetraeders, die jeweils den Blick von oben auf eine der Ecken darstellen, eine falsche Zeichnung dazugelegt. Welche ist das?

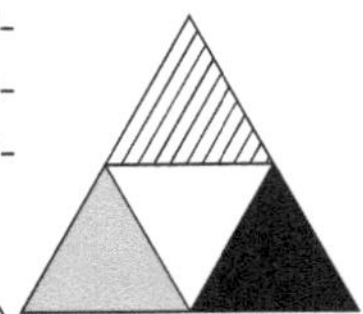

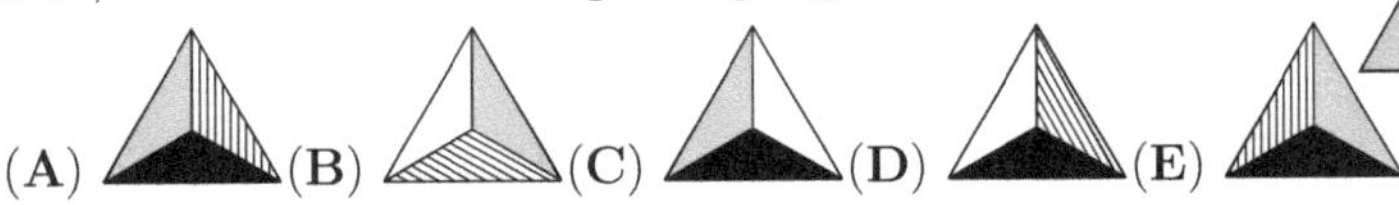


A-Kad (24), D-7/8 (26) u. 9/10 (23) –99

## Räumliches Vorstellungsvermögen gefragt!

**A 4.123** In welcher Reihenfolge kann man die Bausteine *nicht* in den Container bekommen?

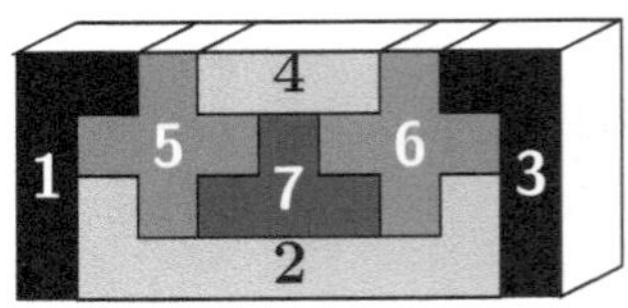


(A) 2 7 5 6 4 1 3 (B) 2 7 5 1 6 4 3
(C) 2 7 6 3 4 5 1 (D) 2 7 6 5 3 1 4
(E) 2 7 5 1 6 3 4

A-Ben –98, D-5/6 (17) –98

**A 4.124** Welcher Grundriss gehört zum rechts abgebildeten Schrägbild?

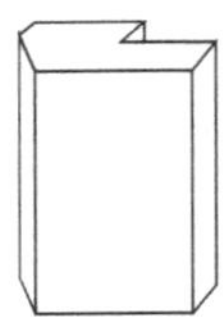

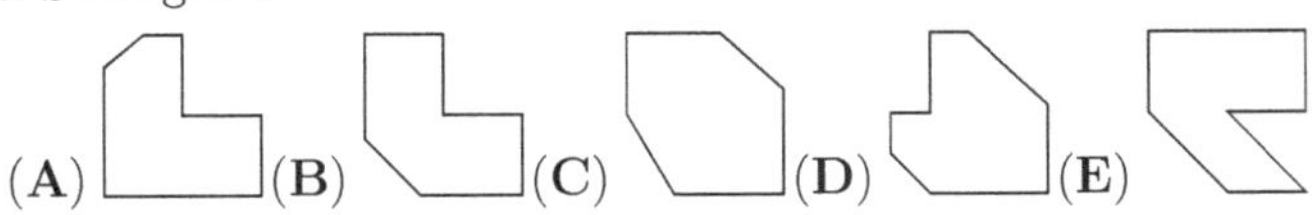


A-Stu (2), D/CH-11/13 (2) –03

**A 4.125** Die Zeichnungen zeigen einen Würfel aus drei unterschiedlichen Blickrichtungen. Welches der Zeichen ist auf der Seite, die derjenigen mit dem Rechteck ▬ gegenüberliegt?

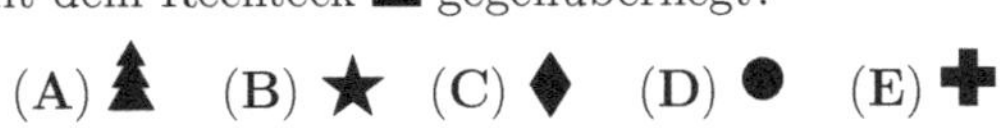


D/CH-5/6 (23) –04

**A 4.126** Meine kleine Schwester hat aus lauter gleich großen Holzwürfeln ein „Boot“ gebaut (Bild 1). Später reißt sie es ein und baut daraus eine Pyramide (Bild 2). Wie viele der Bausteine, die im „Boot“ verbaut waren, sind nun übrig?

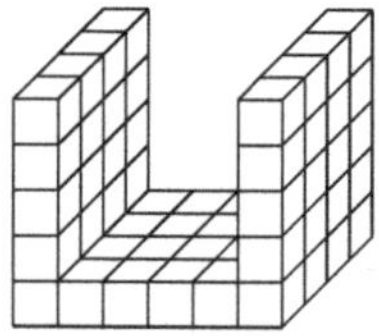
Bild 1

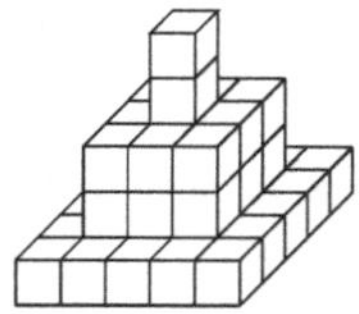
Bild 2

(**A**) 11 (**B**) 9 (**C**) 12 (**D**) 5 (**E**) 3

A-Eco (20), D-3/4 (19) -02

**A 4.127** Jeder der folgenden Körper hat dasselbe Volumen. Welcher hat die größte Oberfläche?

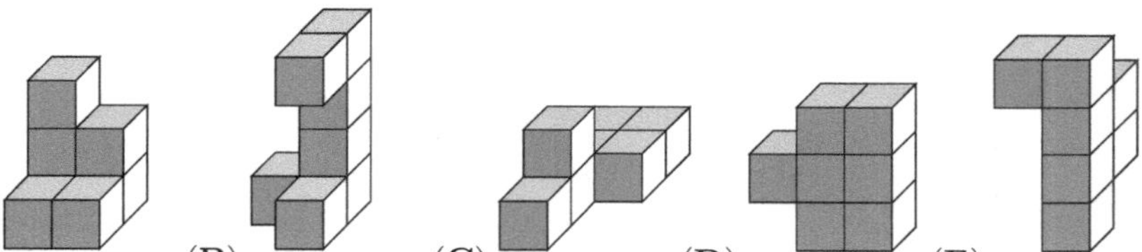

(**A**) (**B**) (**C**) (**D**) (**E**)

A-Ben (29), D-5/6 (29) -01

**A 4.128** Florian – aus Klasse 5 – hat einen Quader gebaut, der aus drei Bausteinen besteht, von denen jeder sich aus vier kleinen Würfeln zusammensetzt. Von zwei Teilen kann man alle vier Würfel sehen. Wie sieht das dritte (schwarz-weiß gemusterte) Teil aus?

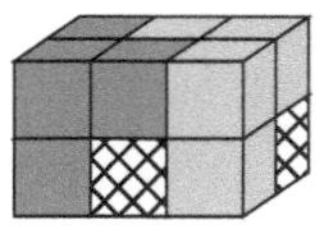

(**A**) (**B**) (**C**) (**D**) (**E**)

A-Ben (21), D/CH-5/6 (27) -03

**A 4.129** Florian – aus Klasse 11 – hat ebenfalls einen Quader, allerdings aus vier Teilen, gebaut, von dem jeder aus vier Würfeln besteht. Wie sieht hier das dunkle Teil aus?

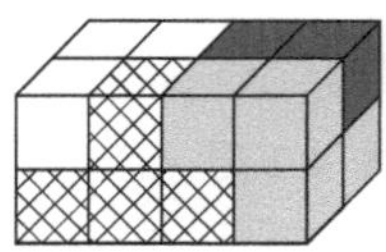

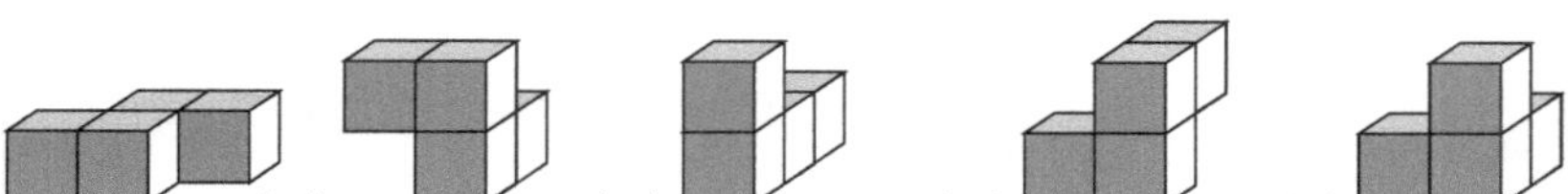

(**A**) (**B**) (**C**) (**D**) (**E**)

A-Kad (12), D/CH-11/13 (7) -03

**A 4.130** In Känguruland gibt es fünf seltsame Berge. In der oberen Reihe der Zeichnung sind sie dargestellt. Stell dir vor, du schneidest diese Berge in der Höhe von 100 m, von 200 m, von 300 m und von 400 m jeweils mit einer Ebene. Die dabei entstehenden Schnittlinien heißen Höhenlinien und sind in der unteren Reihe gezeichnet. Allerdings sind sie in der Reihenfolge durcheinander gekommen. Welche Reihenfolge passt zur Reihenfolge der Berge in der oberen Reihe?

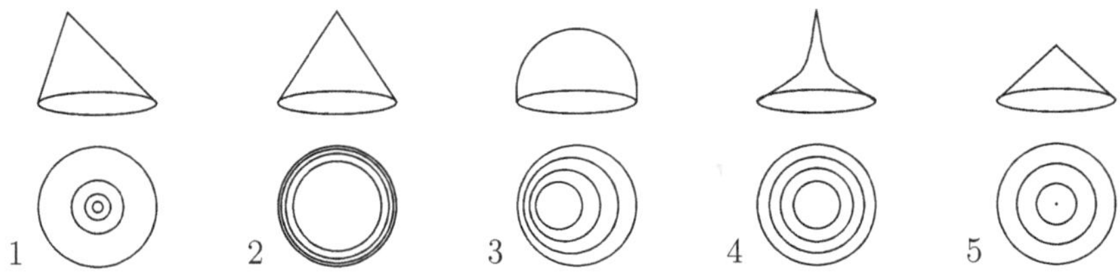


(**A**) 3 4 1 2 5 (**B**) 3 5 2 1 4 (**C**) 1 3 2 5 4 (**D**) 3 2 4 1 5 (**E**) 3 4 2 1 5

D/CH-5/6 (29) –05

---

**A 4.131** Der rechts abgebildete Quader besteht aus kleinen roten und blauen Würfeln. Alle Würfel, die zur Oberfläche des Quaders gehören, d. h. also die äußeren, sind rot, alle anderen sind blau. Wie viele blaue Würfel sind das?

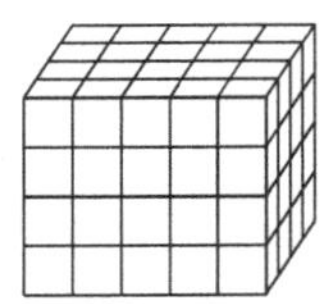

(**A**) 12 (**B**) 24 (**C**) 36 (**D**) 40 (**E**) 48

A-Eco (10), D/CH-3/4 (8) –03

---

**A 4.132** Vier Würfel sind – wie im Bild dargestellt – zusammengesteckt worden. Wie viele Verbindungsteile (das sind die kleinen schwarzen Kugeln, an denen jeweils die Ecken zusammengesteckt sind) wurden dazu verwendet?

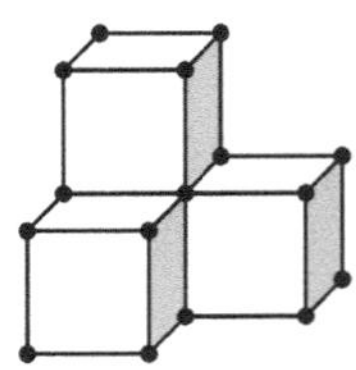

(**A**) 15 (**B**) 16 (**C**) 20 (**D**) 21 (**E**) 24

D-3/4 (17) –01

---

**A 4.133** Der abgebildete Körper besteht aus untereinander gleich großen Würfeln. Wie viele Würfel dieser Größe muss ich mindestens hinzufügen, wenn ich den Körper zu einem Würfel ergänzen will?

(**A**) 49 (**B**) 60 (**C**) 64
(**D**) 81 (**E**) 110

A-Jun (4), D-9/10 (10) –01

**A 4.134** Bei meinem Würfel sind alle Ecken farbig, entweder rot oder blau. Egal, auf welche der Seitenflächen des Würfels ich gucke, stets ist mindestens eine der vier Ecken, die dann zu sehen sind, rot. Wie viele Ecken müssen dann mindestens rot sein?

(**A**) 1 (**B**) 2 (**C**) 3 (**D**) 4 (**E**) 5

D-5/6 (7) –02

**A 4.135** Ich schneide einen Würfel mit einer Ebene. Die Kanten der ebenen Schnittfigur habe ich mit gestrichelten Linien auf das Würfelnetz gezeichnet (s. Abb.). Um welche Figur handelt es sich?

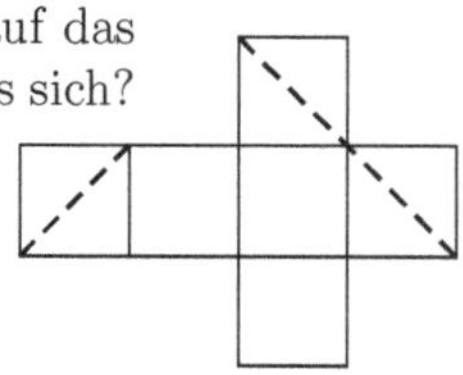

(**A**) ein gleichseitiges Dreieck (**B**) ein Quadrat
(**C**) ein rechtwinkliges Dreieck (**D**) ein Sechseck
(**E**) ein Rechteck, jedoch kein Quadrat

A-Kad (9), D/CH-7/8 (6) –04

**A 4.136** Die Seiten einer beim Schnitt einer Ebene mit einem Würfel entstandenen ebenen Schnittfigur sind mit gestrichelten Linien auf das Würfelnetz gezeichnet, und zwar auf *die* Seite des Papiers, die nach dem Falten die Außenseite bildet (s. Abb.). Um welche Figur handelt es sich?

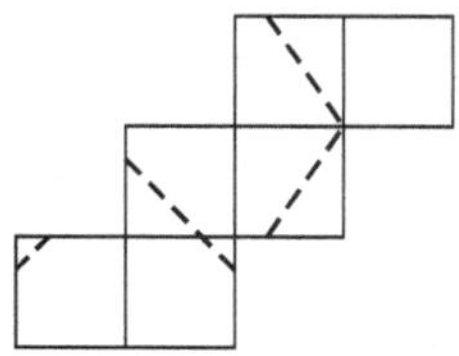

(**A**) ein Dreieck, aber nicht rechtwinklig (**B**) ein Sechseck
(**C**) ein rechtwinkliges Dreieck (**D**) ein Fünfeck
(**E**) ein Viereck, jedoch kein Parallelogramm

D/CH-11/13 (21) –04

**A 4.137** In der Abbildung sieht man zwei Ansichten eines Hauses, welches aus kleinen Würfeln zusammengesetzt ist: die Ansicht von links und die Ansicht von vorn. Wie viele Würfel wurden höchstens verwendet?

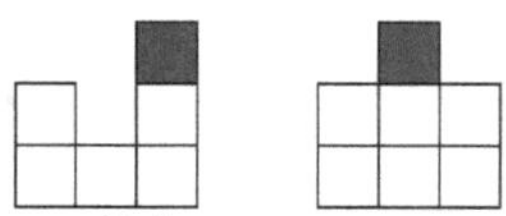

von links von vorn

(**A**) 12 (**B**) 13 (**C**) 14 (**D**) 15 (**E**) 16

A-Kad (28), D-7/8 (27) –01

**A 4.138** Auf einem Tisch steht ein Bauwerk, das aus Würfeln zusammengestellt wurde. Die Bilder in der Figur sind die Ansichten dieses Bauwerks von vorn und von rechts. Wie viele Würfel sind höchstens zum Bauen verwendet worden?

von vorn von rechts

(**A**) 6 (**B**) 8 (**C**) 12 (**D**) 20 (**E**) 24

A-Ben (21), D/CH-5/6 (27) –05

**A 4.139** Aus einem Marmorwürfel mit einem Volumen von 125 dm$^3$ ist ein kleiner Quader – wie in der Abbildung dargestellt – herausgemeißelt worden. Welchen Flächeninhalt hat die Oberfläche des Restkörpers?

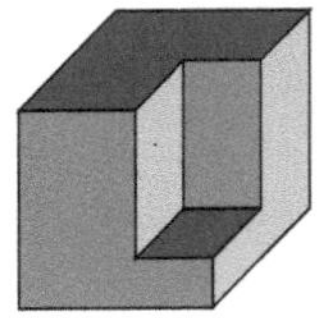

(**A**) 320 dm$^2$ (**B**) 250 dm$^2$ (**C**) 150 dm$^2$
(**D**) 625 dm$^2$ (**E**) zur Berechnung sind weitere Angaben nötig

A-Stu (13), D-11/13 (11) –02

**A 4.140** Christine behauptet, dass man durch einen Würfel einen ebenen Schnitt so legen kann, dass die Schnittfläche ein regelmäßiges Sechseck ist. Robert behauptet, dass man einen Schnitt so legen kann, dass die Schnittfläche ein Rechteck ist, bei dem eine Seite halb so lang wie die andere ist. Wer hat Recht?

(**A**) Keiner von beiden hat Recht (**B**) Nur Christine hat Recht
(**C**) Nur Robert hat Recht. (**D**) Beide haben Recht.
(**E**) Das hängt von der Länge der Würfelkante ab.

D-11/13 (20) –00

**A 4.141** Ein Körper, dessen sämtliche Seitenflächen Vielecke sind, heißt Polyeder. Welches ist die kleinste Anzahl von Seitenflächen, die ein Polyeder haben kann, das ein Fünfeck als Seitenfläche besitzt?

(**A**) 5 (**B**) 6 (**C**) 8 (**D**) 9 (**E**) 12

A-Jun (7), D-9/10 (8) –02

**A 4.142** Ich habe eine Pyramide, die 7 Flächen hat. Wie viele Kanten hat sie?

(**A**) 7 (**B**) 9 (**C**) 10 (**D**) 12 (**E**) 18

A-Jun (3), D/CH-9/10 (3) –04

**A 4.143** Wie viele Kanten hat ein Prisma mit 2002 Ecken?

(**A**) 3003 (**B**) 1001 (**C**) 2002 (**D**) 4002 (**E**) 2001

A-Stu (6), D-11/13 (7) –02

## Volumenberechnung

**A 4.144** Wie viele Kugeln vom Radius 1 cm passen höchstens in eine würfelförmige Schachtel mit einem Innenvolumen von 64 cm$^3$?

(**A**) 8 (**B**) 16 (**C**) 27 (**D**) 36 (**E**) 64

A-Stu (2), D-11/13 (2) –01

**A 4.145** Die Oberfläche eines Würfels misst 24 $cm^2$. Wie groß ist sein Volumen?

(**A**) $8^3$ $cm^3$ (**B**) $6^3$ $cm^3$ (**C**) 240 $cm^3$ (**D**) 27 $cm^3$ (**E**) 8 $cm^3$

D-9/10 (4) -01

**A 4.146** Auf die gesamte Oberfläche eines Sees hat es in der Nacht geregnet, insgesamt 60 l Wasser je $m^2$. Die Oberfläche des Sees ist dadurch gestiegen um

(**A**) 60 cm (**B**) 6 cm
(**C**) 0,6 cm (**D**) 6 m
(**E**) Das hängt von der Größe der Oberfläche des Sees ab.

D-5/6 (23) -96

**A 4.147** Alle Kanten des Körpers, dessen Netz in der Abbildung dargestellt ist, sind 4 cm lang. Dann ist das Volumen des Körpers gleich

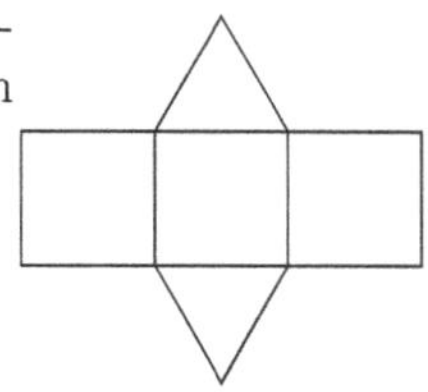

(**A**) $16\sqrt{3}$ $cm^3$ (**B**) 32 $cm^3$ (**C**) $\frac{64}{3}$ $cm^3$
(**D**) $32\sqrt{3}$ $cm^3$ (**E**) 64 $cm^3$

A-Stu (12), D-11/13 (13) -01

**A 4.148** Axel wollte das Volumen einer Kugel ausrechnen, verwendete aber statt des Radius, der in die Formel einzusetzen war, den Durchmesser. Was sollte er mit seinem Resultat tun, um das richtige Ergebnis zu bekommen?

(**A**) verdoppeln (**B**) $\pi$ addieren (**C**) durch 3 teilen
(**D**) durch 8 teilen (**E**) durch $4\pi$ teilen

A-Stu (4), D/CH-11/13 (3) -03

**A 4.149** Ein zylindrisches Glas, dessen Höhe doppelt so groß wie der Durchmesser der Grundfläche ist, ist in einem Winkel von 45° gekippt (s. Abb.). Wie viel Prozent des Glases sind gefüllt?

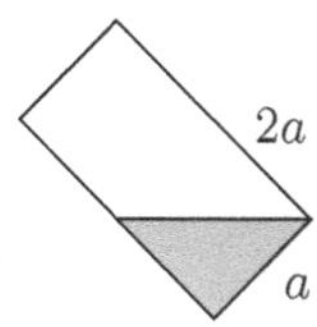


(**A**) weniger als 25 % (**B**) 25 % (**C**) 33 %
(**D**) $33\frac{1}{3}$ % (**E**) mehr als $33\frac{1}{3}$ %

A-Stu (9), D-11/13 (5) -02

**A 4.150** In der Pyramide $SABC$ sind alle ebenen Winkel bei der Spitze $S$ rechte Winkel. Die Flächeninhalte der Seitenflächen $SAB$, $SAC$ und $SBC$ sind 3, 4 bzw. 6. Dann beträgt das Volumen der Pyramide

(**A**) 3 (**B**) 4 (**C**) 6 (**D**) 12 (**E**) 18

A-Stu (22), D/CH-11/13 (23) -05

# 5 Logisches, Kryptisches, Magisches

Im letzten Kapitel sind Aufgaben zusammengefasst, die sich nur schwer einem der üblichen Gebiete, in die die Mathematik in der Schule eingeteilt wird, zuordnen lassen. Es sind Aufgaben, die darauf abzielen, unseren gesunden Menschenverstand, das logische Denkvermögen, die Fähigkeit zu kombinieren zu testen und zu schulen. Wenn wir sie lösen wollen, müssen wir den Text mit großer Aufmerksamkeit lesen, genau überlegen, ob es Dinge darin gibt, die sich widersprechen, ob alle Informationen für die Lösung herangezogen wurden, ob sich gewisse Regeln erkennen lassen usw. Meist machen gerade diese Knobelaufgaben jedermann bemerkenswert viel Spaß, und die Beschäftigung mit ihnen ist auch in besonderem Maße an keine Altersbeschränkung gebunden. Allerdings sollten Jüngere beim Lösen der für die Großen vorgeschlagenen Aufgaben eventuell hin und wieder etwas Zuspruch und Hilfe bekommen, weil es bis zur erfolgreichen Bewältigung einer längeren Kette von Versuchen, Erwägungen und Schlussfolgerungen bedarf.

---

## 5.1 Logische Aufgaben

### Mit wachen Sinnen nachgedacht

**A 5.1** Im Zirkuszug fuhr Känguru Max im 7. Wagen von vorn, während das Kängurufräulein Lisa im 6. Wagen von hinten untergebracht war. Zwischen beiden war genau ein Wagen. Wie viele Wagen hatte der Zug?

(**A**) 15 (**B**) 14 (**C**) 13
(**D**) weniger als 13 (**E**) das ist unbestimmt

A-Stu (1), D/CH-11/13 (1) –03

**A 5.2** Die zwei Katzen Tiny und Tony und die beiden Hunde Dim und Dill begegnen einander. Tiny fürchtet sich vor beiden Hunden, während Tony zwar vor Dim Furcht hat, mit Dill jedoch in Freundschaft lebt. Welche der folgenden Aussagen ist gewiss falsch?

(**A**) Jede Katze fürchtet sich vor irgendeinem der Hunde.
(**B**) Es gibt eine Katze, die sich vor einem der Hunde nicht fürchtet.
(**C**) Es gibt einen Hund, vor dem beide Katzen sich fürchten.
(**D**) Vor jedem der Hunde fürchtet sich mindestens eine Katze.
(**E**) Es gibt einen Hund, der mit beiden Katzen befreundet ist.

A-Eco (16), D/CH-3/4 (14) –05

**A 5.3** Auf dem Mars wurden Kopf tragende Kreaturen entdeckt. Ein Wissenschaftler berichtete: „Alle Marskreaturen haben zwei Köpfe." Später stellte sich heraus, dass seine Aussage falsch war. Welche der folgenden Aussagen ist dann garantiert richtig?

(**A**) Es gibt keine Marskreaturen mit zwei Köpfen.
(**B**) Jede Marskreatur hat entweder einen Kopf oder mehr als zwei Köpfe.
(**C**) Es gibt eine Marskreatur mit einem Kopf.
(**D**) Es gibt eine Marskreatur, die entweder einen oder mehr als zwei Köpfe hat.
(**E**) Es gibt eine Marskreatur mit mehr als zwei Köpfen.

D-5/6 (25) -97

**A 5.4** Über die Temperatur $t$ im Känguru-Nationalpark ist Folgendes bekannt:
(1) Wenn die Sonne scheint, dann ist $t$ nicht unter 25 °C
(2) Wenn $t$ höher ist als 26 °C, dann scheint die Sonne.
Dann gilt gewiss:

(**A**) Nachts ist $t$ niedriger als 25 °C.
(**B**) Am Tage ist $t$ höher als 24 °C.
(**C**) Nachts kann $t$ nicht 27 °C betragen.
(**D**) Am Tage kann $t$ nicht 24 °C sein.
(**E**) Bei $t = 25$ °C scheint die Sonne.

A-Kad (18), D-7/8 (19) -00

**A 5.5** Vor Herbert stehen vier Mädchen:

Ann Mary Tanya Olga

Er möchte sehr gern wissen, ob es stimmt, dass ein Mädchen, wenn es keine Brille trägt, eine Schleife im Haar hat. Um seine Neugier zu befriedigen, muss er nicht alle vier Mädchen bitten, sich umzudrehen. Es genügt

(**A**) Mary und Tanya (**B**) Mary (**C**) Tanya
(**D**) Ann und Mary (**E**) Tanya und Olga

D-7/8 (13) -98

**A 5.6** Björn hat 9 Buntstifte, davon ist *mindestens einer* blau. Nimmt man irgendwelche 4 dieser Buntstifte aus der Federtasche heraus, sind *stets mindestens 2* von gleicher Farbe. Nimmt man irgendwelche 5 dieser Buntstifte heraus, so sind *stets höchstens 3* von gleicher Farbe. Wie viele blaue Stifte hat Björn?

(**A**) 6 (**B**) 3 (**C**) 1 (**D**) 4 (**E**) unbestimmt

D/CH-11/13 (12) –03

**A 5.7** Anne, Ben, Carlo und Dirk haben ein Geburtstagsgeschenk für ihren Vater gebastelt, eines der Kinder hat es versteckt. Die Mutter fragt, wer es war, und erhält die Antworten: *Anne*: Ich wars nicht. *Ben*: Ich wars auch nicht. *Carlo*: Es war Dirk. *Dirk*: Es war Ben. Es kommt heraus, dass genau eine der 4 Aussagen falsch ist. Wer hat das Geschenk versteckt?

(**A**) Anne (**B**) Ben (**C**) Carlo (**D**) Dirk (**E**) nicht entscheidbar

A-Kad (17), D-7/8 (16) –02

**A 5.8** Im kleinen Wäldchen des Kängurugeheges hielten sich mehrere Kängurus auf. „Wir sind genau zu sechst hier“, sagte ein Känguru, und dann sprang es fort. In jeder der folgenden Minuten sprang eines der noch im Wäldchen weilenden Kängurus fort, nachdem es „Alle, die vor mir weggesprungen sind, haben gelogen“, gesagt hatte. Das ging so, bis kein Känguru mehr im Wäldchen saß. Wie viele Kängurus haben die Wahrheit gesagt?

(**A**) 0 (**B**) 1 (**C**) 2 (**D**) 3 (**E**) nicht entscheidbar

A-Kad (24), D/CH-7/8 (19) –04

**A 5.9** Eine böse Hexe lügt stets von Montag bis Mittwoch, während sie an den anderen Tagen stets die Wahrheit spricht. An welchem Wochentag kann sie sagen: „Ich habe gestern gelogen und werde morgen lügen.“?

(**A**) am Montag (**B**) am Dienstag (**C**) am Donnerstag
(**D**) am Sonntag (**E**) solch einen Tag gibt es nicht

A-Jun (10) u. Stu (2), D-11/13 (2) –00

**A 5.10** Beim Programmieren ihrer vier sprachbegabten Roboter ist Ines eventuell ein Fehler unterlaufen. Wahrscheinlich hat sie einen oder auch mehrere der Roboter, die sonst stets die Wahrheit sagen, so programmiert, dass sie stets lügen. Sicher gibt es viele Möglichkeiten, die fehlprogrammierten Roboter herauszufinden; sie entschließt sich zu der Frage: „Wie viele von euch lügen?“ Darauf antwortet der erste Roboter: „Einer“, der zweite: „Zwei“, der dritte: „Drei“, der vierte: „Vier“. Wie viele lügen?

(**A**) keiner (**B**) einer (**C**) zwei (**D**) drei (**E**) alle

D/CH-11/13 (20) –05

**A 5.11** Eine Insel wird zum einen Teil von edelgesinnten Leuten bewohnt, die stets die Wahrheit sagen, zum anderen Teil von solchen Leuten, die stets lügen. Insgesamt wohnen 1999 Menschen auf dieser Insel. Für jeden von ihnen trifft genau eine der folgenden Lieblingsbeschäftigungen zu; entweder singt dieser Mensch gern, oder er surft gern im Internet oder er liest gern Märchen. Jedem Bewohner werden die folgenden 3 Fragen gestellt:
1. Singst du gern? 2. Surfst du gern im Internet? 3. Liest du gern Märchen?
1000 der Bewohner bejahten die erste, 700 die zweite und 500 die dritte Frage. Wie viele Lügner gibt es auf der Insel?

(**A**) 102 (**B**) 180 (**C**) 201 (**D**) 322 (**E**) 729

A-Stu (23), D-11/13 (24) –99

## Auf die richtige Reihenfolge kommt es an

**A 5.12** In der Buntstraße gibt es nur die 5 Häuser von Nr. 1 bis Nr. 5, alle in einer Reihe, aber jedes hat eine andere Farbe, und zwar blau, rot, gelb, hellbraun und grün. Das rote Haus ist nur mit dem blauen benachbart. Das blaue Haus steht zwischen dem grünen und dem roten. Welche Farbe hat das Haus Nr. 3?

(**A**) blau (**B**) rot (**C**) gelb (**D**) hellbraun (**E**) grün

A-Eco (19), D/CH-3/4 (17) –04

**A 5.13** Auf einer Bank sitzen Theo, seine Mutter, sein Großvater und sein Teddy. Der Großvater sitzt direkt neben Theo, aber nicht neben dem Teddy. Der Teddy sitzt nicht direkt neben der Mutter. Wer sitzt direkt neben der Mutter?

(**A**) Theo (**B**) Großvater
(**C**) Theo und der Großvater (**D**) Theo und der Teddy
(**E**) der Großvater und der Teddy

D-3/4 (9) –98

**A 5.14** Rolf, Susi, Tony, Ulf, Vera und Walter stehen in einer Reihe, und zwar Ulf zwischen Vera und Walter, Tony zwischen Ulf und Vera, Susi zwischen Tony und Ulf und Rolf zwischen Susi und Tony, wobei „A steht zwischen B und C“ nicht bedeutet, dass die drei benachbart stehen müssen. Was ist wahr?

(**A**) Rolf steht links oder rechts am Ende der Reihe.
(**B**) Rolf ist der Zweite von links oder von rechts.
(**C**) Rolf ist der Dritte von links oder von rechts.
(**D**) Eine Reihe, bei der alle Bedingungen gelten, gibt es nicht.
(**E**) Rolfs Platz in der Reihe lässt sich nicht bestimmen.

A-Jun (2), D-9/10 (2) –01

**A 5.15** „Stellt euch vor“, sagt die Mathelehrerin, „dass 5 Leute, A, B, C, D und E, sich so auf einer Kreislinie aufgestellt haben, dass die Abstände zwischen benachbarten Leuten sämtlich voneinander verschieden sind. Als die 5 Personen gefragt werden, wer am nächsten zu ihnen stehe, wird zweimal A, zweimal B und einmal C genannt. Was ist dann richtig?“

(**A**) A steht nicht neben B. (**B**) D steht nicht neben E.
(**C**) D steht neben E. (**D**) So eine Aufstellung gibt es nicht.
(**E**) Keine der Antworten (**A**) bis (**D**) ist wahr.

D/CH-7/8 (28) –03

**A 5.16** Molly, Dolly, Sally, Elly und Kelly sitzen auf einer Parkbank. Molly sitzt nicht rechts außen, Dolly nicht links außen, Sally sitzt an keiner Seite ganz außen. Kelly sitzt nicht neben Sally und Sally nicht neben Dolly. Elly sitzt rechts von Dolly, aber es ist nicht sicher, ob sie unmittelbar neben ihr sitzt. Wer sitzt rechts außen?

(**A**) Das ist unbestimmt. (**B**) Dolly (**C**) Sally (**D**) Elly (**E**) Kelly

A-Ben (24), D/CH-5/6 (30) –05

**A 5.17** Die Teller $P$, $Q$ und $R$ sind nach abnehmendem Gewicht geordnet. Der Teller $X$ soll unter Beibehaltung dieser Ordnung einsortiert werden; was ist richtig?

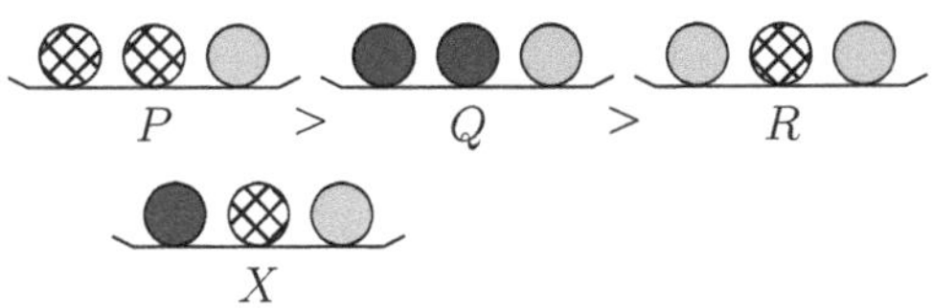


(**A**) $X$ zwischen $P$ und $Q$ (**B**) $X$ zwischen $Q$ und $R$ (**C**) $X$ vor $P$
(**D**) $X$ hinter $R$ (**E**) $X$ hat dasselbe Gewicht wie $R$

A-Ben (17) u. Kad (18), D-5/6 (17) –02

**A 5.18** Bastian sammelt Fotos von Tieren Australiens. Von Kängurus und Koalas hat er insgesamt 50 Fotos. Als er sie in der Schule ausstellt, hängt er sie in langer Reihe an die Wand, und zwar so, dass nie zwei Koalafotos nebeneinander hängen, aber neben jedem Kängurufoto mindestens ein weiteres Kängurufoto hängt. Als er mit dem Aufhängen fertig ist, fragt Bastian mich, welche der folgenden Aussagen falsch sein *kann*.

(**A**) Es sind mindestens 32 Kängurufotos.
(**B**) Es sind höchstens 17 Koalafotos.
(**C**) Es gibt 3 Kängurufotos, die nebeneinander hängen.
(**D**) Wenn es 17 Koalafotos sind, hängt eines links und eines rechts außen.
(**E**) Von 9 nebeneinander hängenden Fotos sind mindestens 6 Kängurufotos.

A-Kad (25), D/CH-7/8 (30) –03

## Knifflige Färberei

**A 5.19** Für die 12 Feen, die zu Dornröschens Geburtstag zum Schloss kamen, hatte der Koch sorgfältig einen großen runden Tisch gedeckt. Vor jeder Fee stand ein goldener Teller und neben den Teller hatte der Koch eine farbige Serviette gelegt. Keine zwei benachbarten und auch keine einander direkt gegenüber sitzenden Feen bekamen gleichfarbige Servietten. Wie viele verschiedene Farben mussten die 12 Servietten mindestens haben?

(**A**) 12 (**B**) 9 (**C**) 5 (**D**) 3 (**E**) 2

D/CH-3/4 (19) -04

**A 5.20** Die Fee Adelaide hat unter ihrem Zaubertuch 11 weiße, 7 graue und 5 schwarze Mäuse versteckt. Wenn sie die Farbe der Mäuse weder sehen noch ertasten kann, wie viele muss sie mindestens unter dem Tuch hervorholen, damit sie sicher sein kann, dass sie von jeder Farbe mindestens eine Maus hervorgeholt hat?

(**A**) 6 (**B**) 12 (**C**) 13 (**D**) 18 (**E**) 19

A-Ben (16), D-5/6 (23) -02

**A 5.21** Man hat drei verschiedene Farben zur Verfügung, um die untenstehenden Zeichnungen auszumalen. Dies soll so geschehen, dass benachbarte Teilflächen (d. h. solche, die eine gemeinsame Randlinie haben) mit unterschiedlichen Farben ausgemalt werden. Unter den fünf Zeichnungen gibt es genau eine, bei der das nicht möglich ist. Welche?

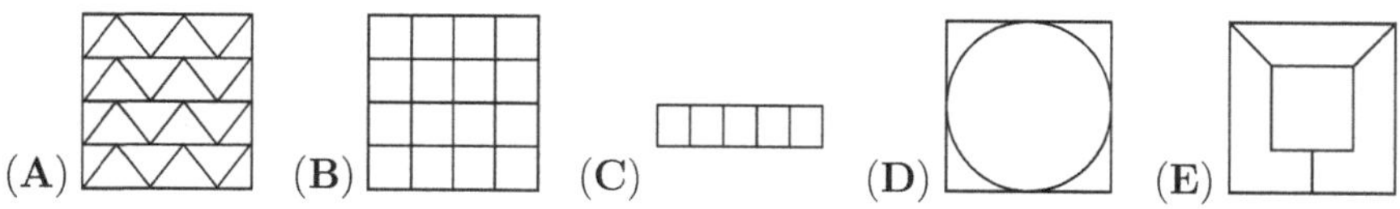


D-12 (2) -96

**A 5.22** Ein 43 × 43-Kästchenpapier ist mit den Farben 1, 2, 3 und 4 ausgemalt (s. Abb.). Welche Farbe wurde am häufigsten benutzt?

| | | | | | | | | |
|---|---|---|---|---|---|---|---|---|
| 1 | 2 | 3 | 4 | 1 | 2 | 3 | ··· | |
| 2 | 3 | 4 | 1 | 2 | 3 | | ··· | |
| 3 | 4 | 1 | 2 | 3 | | | ··· | |
| 4 | 1 | 2 | 3 | | | | ··· | |
| 1 | 2 | 3 | | | | | ··· | |
| 2 | 3 | | | | | | ··· | |
| 3 | | | | | | | ··· | |
| ⋮ | ⋮ | ⋮ | ⋮ | ⋮ | ⋮ | ⋮ | ⋱ | ⋮ |
| | | | | | | | ··· | |

(**A**) 1 (**B**) 2 (**C**) 3
(**D**) 4 (**E**) keine

A-Stu (22), D-11/13 (21) -01

## 5.2 Noch mehr knifflig-logische Aufgaben

**A 5.23** In unserem Dorfchor singen Willi, Werner, Wolfgang und vier Sänger mit dem Vornamen Waldemar. Zwei der Sänger sind die Brüder Meier, drei weitere tragen den Nachnamen Schulze, einer heißt Lehmann und der siebente schließlich Krause. „Dann kann ich mit Sicherheit einen kompletten Namen nennen", sagt meine Tante. Welcher ist das?

(**A**) Werner Krause (**B**) Waldemar Meier (**C**) Willi Meier
(**D**) Waldemar Schulze (**E**) Wolfgang Krause

D/CH-7/8 (21) -03

**A 5.24** Als Bärbel in einem Geschichtsbuch liest, dass die Menschen im Altertum die natürlichen Zahlen auf andere als die uns bekannte Weise dargestellt haben, beschließt sie, sich auch ein Zahlen-System auszudenken. Sie nimmt für die 1 das Zeichen ♡, für die 5 das ♣ und für die 20 das Zeichen ◇. Dann ist 7 z. B. ♣♡♡ und 32 ist ◇♣♣♡♡. Wenn Bärbel mit ihren „Zahlen" notieren will, dass sie 53 € in ihrem Sparschwein zu stecken hat, welche von den „Zahlen" muss sie dann schreiben?

(**A**) ◇♣♣♡♡ € (**B**) ◇◇♣♣♡♡♡♡ € (**C**) ◇♣♣♣♡♡ €
(**D**) ◇◇◇♣♣♡♡♡ € (**E**) ◇◇♣♣♡♡♡ €

A-Eco (12), D-3/4 (18) -02

**A 5.25** Fünf Kärtchen sind mit den Zahlen 1 bis 5 beschrieben und in der oben abgebildeten Reihenfolge hingelegt worden. Es wird vereinbart, dass in jedem Schritt stets irgend zwei Kärtchen ihre Plätze tauschen. Wie viele solche Schritte braucht man mindestens, um von der oberen zur unteren Anordnung zu gelangen?

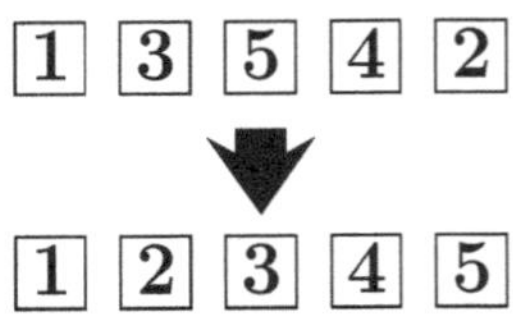


(**A**) 1 (**B**) 2 (**C**) 3 (**D**) 4 (**E**) 5

A-Ben (8), D/CH-5/6 (10) -05

**A 5.26** Gerd, Gaby und Gisela haben für den Monat März die Tafelreinigung übernommen. Vor dem Beginn des Unterrichts treffen sie sich und legen jeweils fest, wer für den ganzen Tag dran ist. Der 21. März ist der 15. Schultag im Monat März. Als es an die Festlegung des Verantwortlichen geht, sagt Gisela: „Heute will ich nicht dran sein; jetzt sind 14 Tage vorbei, und ich war öfter dran als jeder von euch beiden." Wie oft war Gisela mindestens dran?

(**A**) 4-mal (**B**) 5-mal (**C**) 6-mal (**D**) 7-mal (**E**) 8-mal

D-3/4 (14) -02

**A 5.27** Leo, Ludwig und Lars haben im Vorgarten insgesamt 17 Sträucher gepflanzt, Leo dabei mehr als jeder der beiden anderen. Wie viele Sträucher hat er mindestens gepflanzt?

(**A**) 5 (**B**) 6 (**C**) 7 (**D**) 8 (**E**) 9

A-Kad (6), D-7/8 (6) -02

**A 5.28** Wie viele der 8 Marienkäfer in dem 4 × 4-Feld müssen mindestens zu einem anderen Feld krabbeln, damit es in jeder Zeile und jeder Spalte genau zwei Marienkäfer sind?

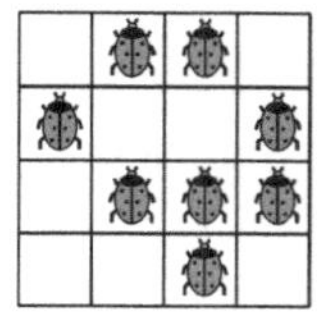

(**A**) 0 (**B**) 1 (**C**) 2 (**D**) 3 (**E**) 4

A-Ben (3), D/CH-5/6 (3) -05

**A 5.29** Über das 5 × 5-Karopapier wuseln 10 Ameisen. Wie viele müssen mindestens zu einem anderen Feld krabbeln, damit es in jeder Zeile und jeder Spalte genau zwei Ameisen sind?

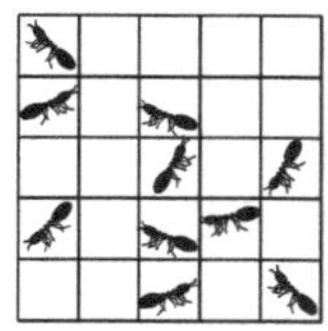

(**A**) 0 (**B**) 1 (**C**) 2 (**D**) 3 (**E**) 4

D/CH-11/13 (3) -05

**A 5.30** Auf der Ferieninsel Kangu herrschen merkwürdige Wetterverhältnisse. Montags und mittwochs regnet es immer, am Samstag ist es stets neblig, an allen anderen Tagen jedoch zum Glück sonnig. Welcher Wochentag ist für den Urlaubsbeginn auf der Kangu-Insel am besten, wenn man 23 Tage bleiben kann (An- und Abreisetag als ganze Tage gerechnet) und möglichst viele Sonnentage haben möchte?

(**A**) Mittwoch (**B**) Sonntag (**C**) Freitag
(**D**) Donnerstag (**E**) Dienstag

A-Ben (17), D/CH-5/6 (15) -04

**A 5.31** Eine Prinzessin, wunderschön und klug, will sich unter ihren vielen Freiern einen Mann aussuchen. Da ihr alle von Angesicht gefallen, stellt sie eine Aufgabe, um den Pfiffigsten zu finden. Sie hat ein Perlennetz (s. Bild), bei dem sich in jedem Knoten eine Perle befindet. Es sollen einige der Fäden durchschnitten werden, so dass eine *geschlossene* Kette aus allen 30 Perlen entsteht. Wie viele Fäden müssen durchtrennt werden?

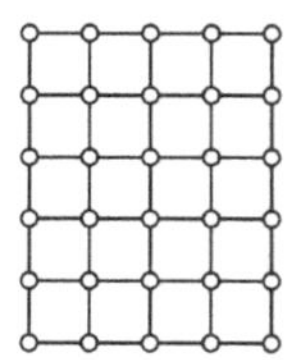

(**A**) 15 (**B**) 16 (**C**) 19 (**D**) 21 (**E**) es ist nicht möglich

A-Ben (21), D/CH-5/6 (29) -04

**A 5.32** Fünf Gentlemen – Schulz, Meier, Müller, Lehmann und Krause – begrüßen einander mit Handschlag. Schulz begrüßt genau einen der Gentleman mit Handschlag, und auch Meier tauscht nur mit einem einen Handschlag, während Müller, Lehmann und Krause je zwei mit Handschlag begrüßen. Es ist bekannt, dass sich Schulz und Krause die Hand gaben. Welche beiden von den unten angeführten haben sich *gewiss nicht* die Hände gereicht?

(**A**) Krause mit Lehmann
(**B**) Krause mit Müller
(**C**) Meier mit Müller
(**D**) Meier mit Krause
(**E**) Meier mit Lehmann

A-Kad (13), D-11/13 (6) u. 7/8 (14) –00

**A 5.33** Auf einer Waldlichtung leben Tausendfüßler, Spinnen und Käfer (also Tiere mit 40 bzw. 8 bzw. 6 Beinen). Die Ameisen versprechen, ihnen zum Waldfest 90 Schuhe zu schenken, wenn von den Bewohnern der Lichtung die Bedingung erfüllt wird, dass genau 5 von ihnen Schuhe für sämtliche Füße bekommen. Was ist richtig?

(**A**) Es gibt mehr als eine Möglichkeit, die Bedingung der Ameisen zu erfüllen.
(**B**) 2 Tausendfüßler sind unter den Beschenkten.
(**C**) Mindestens eine Spinne bekommt Schuhe.
(**D**) Mindestens ein Käfer bekommt Schuhe.
(**E**) Die Bedingung der Ameisen lässt sich nicht erfüllen.

D/CH-5/6 (20) –03

**A 5.34** Wenn von einem Dreieck zwei Seiten der Länge 5 cm und 13 cm vorgegeben sind, wie viele Möglichkeiten gibt es dann für die dritte Seite, wenn die Seitenlänge – wie bei den beiden anderen Seiten – eine ganze Zahl sein soll?

(**A**) 12 (**B**) 8 (**C**) 1 (**D**) 10 (**E**) 9

D/CH-5/6 (28) –03

**A 5.35** Ira, Max und Tim haben einen Würfel, bei dem jede Seite eine andere Farbe hat. Sie schauen nacheinander jeder auf eine andere Ecke des Würfels und nennen die Farben der 3 Seiten, die sie sehen; Ira: „blau, weiß, gelb“, Max: „schwarz, blau, rot“, Tim: „grün, schwarz, weiß“. Welche Farbe hat die Seite, die der weißen gegenüberliegt?

(**A**) gelb
(**B**) blau
(**C**) schwarz
(**D**) grün
(**E**) rot

A-Ben (22), D-5/6 (27) –02

**A 5.36** Die 5 gleich großen Karten A bis E

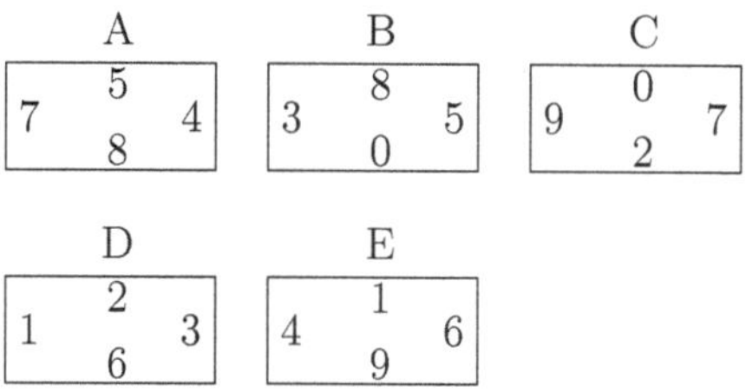


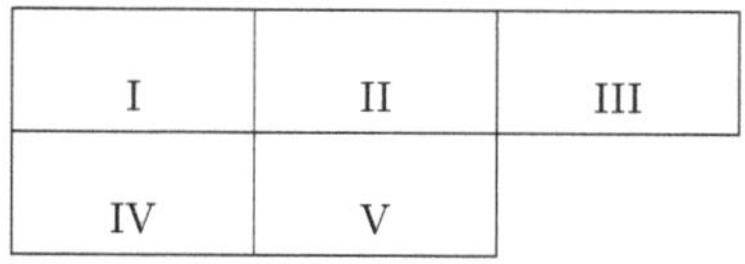


sind so zu legen, wie es die Zeichnung rechts zeigt. Dabei dürfen die Karten nicht gedreht werden, und es dürfen nur solche Karten direkt nebeneinander gelegt werden, bei denen die Zahlen, die auf den aneinander anstoßenden Seiten stehen, gleich sind. Welche Karte muss auf Position I gelegt werden?

(**A**) A (**B**) B (**C**) C (**D**) D (**E**) E

A-Ben (10), D/CH-5/6 (22) –05

**A 5.37** Unterm Eichenbaum schläft immer von 12 Uhr mittags bis Mitternacht die Grinsekatze, in der restlichen Zeit erzählt sie Geschichten. Eines Tages hängt ein Zettel an der Eiche, auf dem steht: „Vor zwei Stunden hat die Grinsekatze dasselbe getan, was sie in einer Stunde tun wird.“ An wie vielen Stunden eines Tages ist der Inhalt des Zettels wahr?

(**A**) 18 (**B**) 6 (**C**) 12 (**D**) 3 (**E**) 21

A-Ben (22), D/CH-5/6 (28) –05

**A 5.38** Luisa hat einen Würfel gebaut, dann auf jede seiner Seiten eine positive ganze Zahl geschrieben und schließlich an jede Ecke das Produkt der drei Zahlen, die auf den die Ecke bildenden Seitenflächen stehen. Die Summe der „Eckenzahlen“ ist 70. Dann ist die Summe der „Seitenzahlen“ gleich

(**A**) 12 (**B**) 35 (**C**) 14 (**D**) 10 (**E**) 22

D/CH-7/8 (30) –04

**A 5.39** Bei einer Waage kann nur der Teil der Anzeige von 1,5 kg bis 3 kg benutzt werden. Jemand schlägt vor, die 4 Pakete, deren Gesamtmasse ermittelt werden muss, in Paaren zu wiegen, wobei alle 6 dabei möglichen verschiedenen Paare ausgewogen werden müssen. Man erhält 1,7 kg, 1,8 kg, 2,1 kg, 2,3 kg, 2,6 kg und 2,7 kg. Die gesuchte Gesamtmasse ist dann

(**A**) 3,5 kg (**B**) 3,9 kg (**C**) 4,4 kg (**D**) 6,6 kg (**E**) 13,2 kg

A-Ben (18), D-5/6 (29) –02

**A 5.40** An einem Quiz beteiligen sich zehn Personen. Es werden sieben Fragen gestellt. Am Ende hat jede Person mindestens zwei Fragen richtig beantwortet, und es gab keine Frage, die von mehr als sechs Personen richtig beantwortet wurde. Welches ist die größtmögliche Anzahl von Fragen, auf die keiner eine richtige Antwort gab?

(A) 0 (B) 1 (C) 2 (D) 3 (E) 4

D-11/13 (12) -01

**A 5.41** Bei einem Sonntagsspaziergang trifft Familie Fröhlich (Mutter, Vater und beide Kinder) auf ein Flüsschen. Mit einem kleinen Kahn lässt das sich bezwingen, jedoch können immer nur entweder ein Elternteil oder beide Kinder oder ein Kind rudern. Welches ist die kleinste Anzahl von Flussüberquerungen, die nötig ist, damit schließlich die ganze Familie das gegenüberliegende Ufer erreicht?

(A) 3 (B) 5 (C) 9 (D) 11 (E) 13

A-Stu (26), D-11/13 (27) -01

**A 5.42** In der Mathematikarbeit haben Marie, Jan, Sören und Dörte 12 oder 13 Punkte.

Marie sagt: Jan, Sören und Dörte haben 12 Punkte.
Jan sagt: Marie, Dörte und Sören haben 13 Punkte.
Sören sagt: Marie und Jan haben beide nicht die Wahrheit gesagt.
Dörte sagt: Marie, Jan und Sören haben die Wahrheit gesagt.

Wie viele haben die Wahrheit gesagt?

(A) 0 (B) 1 (C) 2 (D) 3 (E) alle

A-Jun (23), D/CH-9/10 (24) -03

**A 5.43** Anne und Bert haben je drei Karten. Auf Annes Karten stehen die Zahlen 2, 4 und 6, auf Berts Karten stehen 1, 3 und 5. Sie legen ihre Karten abwechselnd in folgendes Schema: 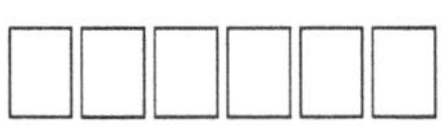

Anne legt als erste eine Karte. Sie verfolgt dabei das Ziel, dass die schließlich entstehende 6-stellige Zahl möglichst klein wird, Bert legt seine Karten so, dass die entstehende 6-stellige Zahl möglichst groß wird. Wie sieht das Ergebnis dann aus?

(A) 2 5 3 4 1 6 (B) 2 5 3 1 4 6 (C) 2 5 4 3 6 1
(D) 6 5 4 3 2 1 (E) 1 2 3 4 5 6

D-7/8 (24) -98

**A 5.44** Das Alphabet einer fremden Sprache besteht aus den 6 Buchstaben $\diamondsuit$, $\heartsuit$, $\spadesuit$, $\clubsuit$, $\triangle$ und $\bigtriangledown$ in dieser Reihenfolge. Alle Wörter dieser Sprache sind 6-buchstabig, sie entstehen durch Vertauschung der 6 Buchstaben (jeder kommt in jedem Wort genau einmal vor). Welches Wort steht auf Platz 537 im exakt nach dem Alphabet geordneten Wörterbuch?

(**A**) $\triangle\spadesuit\heartsuit\clubsuit\diamondsuit\bigtriangledown$ (**B**) $\bigtriangledown\heartsuit\spadesuit\triangle\clubsuit\diamondsuit$ (**C**) $\clubsuit\spadesuit\triangle\heartsuit\diamondsuit\bigtriangledown$
(**D**) $\triangle\diamondsuit\heartsuit\clubsuit\spadesuit\bigtriangledown$ (**E**) $\diamondsuit\triangle\heartsuit\spadesuit\clubsuit\bigtriangledown$

A-Stu (11), D-11/13 (13) -02

**A 5.45** John wartet 19 Minuten lang an der Bushaltestelle auf Helen. Der 100er Bus kommt alle 3 Minuten, der 200er alle 5 Minuten. John langweilt sich und zählt, wie viel öfter der 100er als der 200er gekommen ist. Je nachdem, wann er zur Haltestelle kam, kann er dabei verschiedene Ergebnisse erhalten. Wie viele der Ergebnisse „1× öfter, 2× öfter, 3× öfter, 4× öfter, 5× öfter“ sind möglich?

(**A**) keines (**B**) 1 (**C**) 2 (**D**) 3 (**E**) 4

A-Jun (12), D/CH-9/10 (15) -05

## Spiele-Beispiele

**A 5.46** Im Semifinale eines Basketballturniers spielt Mannschaft A gegen Mannschaft B und Mannschaft C gegen Mannschaft D. Die Gewinner des Semifinales spielen dann um den 1. und 2. Platz, die Verlierer um den 3. und 4. Platz. Wie viele Turnierendstände sind möglich?

(**A**) 4 (**B**) 8 (**C**) 12 (**D**) 16 (**E**) 20

D-5/6 (25) -98

**A 5.47** Antonio, Beatrix, Claire und Dieter tragen das Schachendspiel in ihrer Schule gegeneinander aus. Es spielt jeder gegen jeden; wer gewinnt, erhält 3 Punkte, bei Remis gibt es je 1 Punkt, wer verliert, geht leer aus. Am Ende des Turniers haben Antonio 7, Beatrix 4, Claire und Dieter je 3 Punkte. Welche Aussage ist gewiss richtig?

(**A**) Antonio hat gegen Dieter gewonnen.
(**B**) Beim Turnier hat es überhaupt kein Remis gegeben.
(**C**) Dieter hat gegen Antonio gewonnen.
(**D**) Die Partie zwischen Antonio und Dieter endete mit einem Remis.
(**E**) Die angegebene Punktverteilung ist nicht möglich.

A-Stu (16), D-11/13 (24) -01

**A 5.48** Beim Schulhandballturnier spielte jede Mannschaft genau einmal gegen jede andere. Für den Gewinn eines Spiels erhielt die Siegermannschaft 2 Punkte, bei Unentschieden erhielten beide Mannschaften je 1 Punkt und für ein verlorenes Spiel gab es 0 Punkte. Am Ende hatte die Siegermannschaft des Turniers 7 Punkte, die zweitbeste Mannschaft 5 und die drittbeste 3 Punkte. Wie viele Punkte bekam die letzte Mannschaft?

(**A**) 0 (**B**) 1 (**C**) 2
(**D**) 3 (**E**) das lässt sich nicht bestimmen

A-Stu (29), D-11/13 (21) -99

---

**A 5.49** Bei einem Handballturnier treten die fünf Mannschaften A, B, C, D und E genau einmal gegen jede andere an. Nach jedem Spiel werden 2 Punkte vergeben: Endet das Spiel unentschieden, erhalten beide Mannschaften je 1 Punkt, anderenfalls bekommt die Siegermannschaft beide Punkte und der Verlierer geht leer aus. Am Ende des Turniers haben alle Mannschaften ein unterschiedliches Punktergebnis; B, der Zweite in der Gesamtwertung, hat genausoviele Punkte wie die Mannschaften C, D und E zusammen. Welche Aussage über das Spiel B gegen C ist richtig?

(**A**) B hat gegen C gewonnen.
(**B**) C hat gegen B gewonnen.
(**C**) C hat gegen B nicht gewonnen.
(**D**) Der Sieg von C war möglich, aber weniger wahrscheinlich als der von B.
(**E**) Es lässt sich nichts über das Ergebnis sagen.

D-11/13 (19) -98

---

**A 5.50** Bei einem Tischtennisturnier spielen zehn Mannschaften, jede gegen jede genau einmal. Wie üblich gibt es für die Verlierermannschaft 0 Punkte, für den Gewinner 3 Punkte und bei Unentschieden für jeden der Kontrahenten 1 Punkt. Wenn insgesamt 130 Punkte vergeben wurden, wie viele Male wurde dann Unentschieden gespielt?

(**A**) einmal (**B**) zweimal (**C**) dreimal
(**D**) viermal (**E**) fünfmal

A-Stu (15), D-11/13 (12) -02

## Würfeleien

**A 5.51** Bei einem Spielwürfel ist die Summe der Punkte auf einander gegenüberliegenden Seitenflächen stets 7, d. h., der 6 liegt die 1 gegenüber, der 5 die 2 und der 4 die 3. Ich habe 6 Spielwürfel wie in der Abbildung zu einem Turm zusammengebaut, wobei ich die Würfel so zueinander gedreht habe, dass die Summe der Punkte, die man jetzt auf der Oberfläche insgesamt zählen kann, maximal ist. Wie viele Punkte sind das?

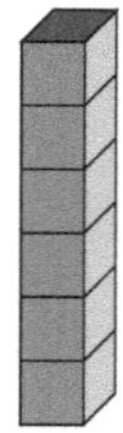

(**A**) 106 (**B**) 91 (**C**) 95 (**D**) 84 (**E**) 96

A-Ben (27), D-5/6 (22) –01

**A 5.52** Auf der Seitenfläche, auf der der abgebildete Würfel liegt, sind 6, auf der linken versteckten 4 und auf der hinteren 2 Punkte. Ich drehe den Würfel in meiner Hand, wobei ich stets höchstens 3 Seitenflächen sehen kann. Welches ist die größte Zahl von Punkten, die ich so sehen kann?

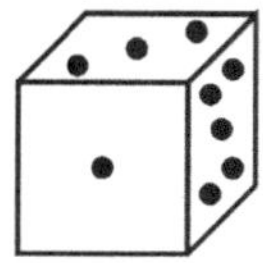

(**A**) 13 (**B**) 14 (**C**) 15 (**D**) 11 (**E**) 10

A-Kad (7), D-7/8 (7) –02

**A 5.53** Von den fünf Bildern zeigen genau vier Bilder denselben Spielwürfel in verschiedenen Ansichten. Welches der Bilder zeigt einen anderen Würfel?

(**A**) 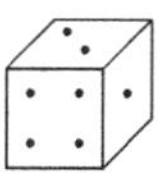 (**B**) 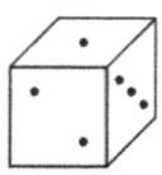 (**C**) 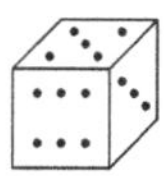 (**D**) 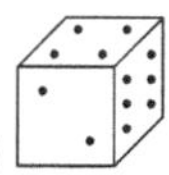 (**E**) 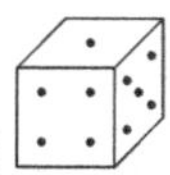

A-Stu (1), D-11/13 (2) –99

## Wägungen

**A 5.54** Auf der einen Seite einer Waage sind 6 Orangen, auf der anderen 2 Melonen. Legen wir zu den Orangen eine weitere Melone hinzu (alle drei Melonen haben dasselbe Gewicht), so befindet sich die Waage im Gleichgewicht. Dann ist klar: 1 Melone wiegt so viel wie

(**A**) 2 Orangen (**B**) 4 Orangen
(**C**) 5 Orangen (**D**) 6 Orangen
(**E**) 12 Orangen

A-Eco (4), D-3/4 (4) –02

**A 5.55** Wie viel wiegt die große Kugel?

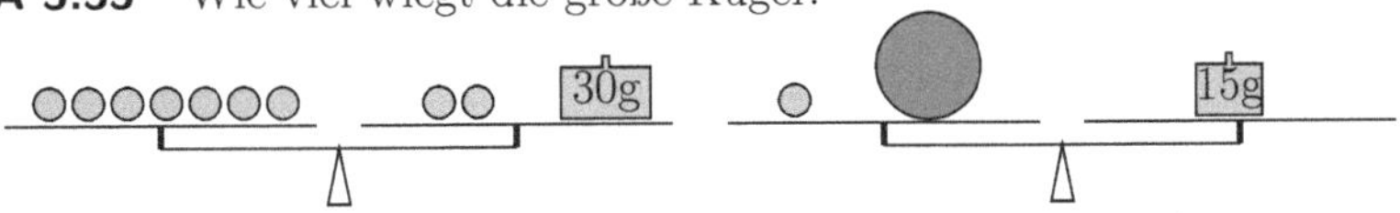


(**A**) 6 g (**B**) 8 g (**C**) 9 g
(**D**) 13 g (**E**) das lässt sich nicht errechnen

A-Eco (9), D/CH-3/4 (8) –04

**A 5.56** Wievielmal ist das Gewicht von $C$ im Gewicht von $B$ enthalten?

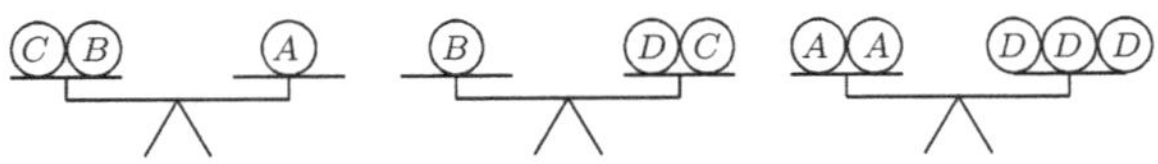


(**A**) 2-mal (**B**) 3-mal (**C**) 5-mal (**D**) 6,5-mal (**E**) 7-mal

A-Stu (18), D-11/13 (17) –02

## 5.3 Welche Regel liegt zugrunde?

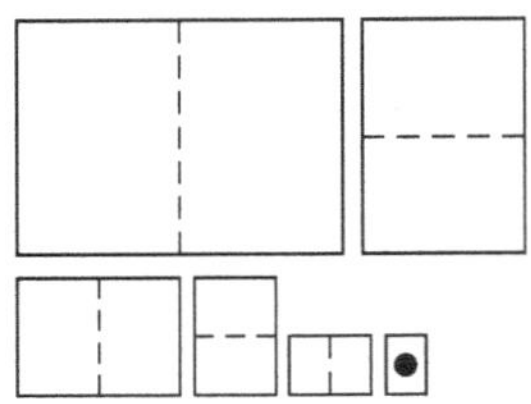

**A 5.57** Ich falte ein Stück Papier fünf Mal. Dann schneide ich in die Mitte ein Loch. Wie viele Löcher sehe ich nach dem Auseinanderfalten des Papiers?

(**A**) 6 (**B**) 24 (**C**) 32 (**D**) 48 (**E**) 64

A-Kad (14), D/CH-5/6 (8) –04

**A 5.58** Grit hat 3 Schälchen mit jeweils 11 Glasmurmeln. Aus den Schälchen nimmt sie Murmeln in folgender Reihenfolge heraus: 1 Murmel aus dem linken Schälchen, 1 aus dem mittleren, 1 aus dem rechten, 1 aus dem mittleren, 1 aus dem linken, 1 aus dem mittleren usw. Als sie aus dem mittleren Schälchen die letzte Murmel herausgenommen hat, zählt sie die im linken und rechten Schälchen verbliebenen. Wie viele sind das?

(**A**) 1 (**B**) 2 (**C**) 9 (**D**) 10 (**E**) 11

A-Kad (18), D-3/4 (15) –01

**A 5.59** Meine kleine Schwester Dorit schneidet ein Stück Papier in 6 Teile. Dann nimmt sie das größte Stück und zerschneidet es erneut in 6 Teile. Dies tut sie weitere zwei Male. Ich muss dann aufräumen. Wie viele Schnipsel aus Dorits Zerschneideaktion muss ich einsammeln?

(**A**) 21 (**B**) 22 (**C**) 23 (**D**) 24 (**E**) 25

A-Ben (7), D/CH-5/6 (8) –05

**A 5.60** Wie du in der Abbildung siehst, sind einige der kleinen Quadrate grau. Was ist die Differenz zwischen der Anzahl der grauen und der Anzahl der weißen Quadrate?

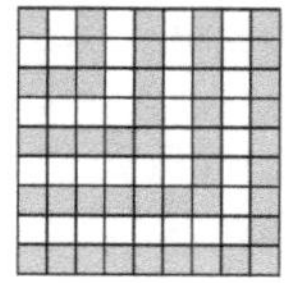

(**A**) 0 (**B**) 1 (**C**) 5 (**D**) 9 (**E**) 10

A-Ben (6), D-5/6 (7) –99

---

**A 5.61** In dem rechts abgebildeten Streifen sind 9 Felder, in die Zahlen geschrieben werden sollen. Im ersten Feld steht eine 5 und im achten eine 8. Welche Zahl muss man ins zweite Feld schreiben, wenn die Summe je dreier in aufeinanderfolgenden Feldern stehender Zahlen stets 19 sein soll?

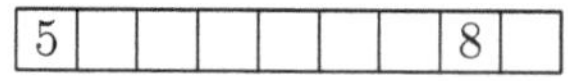


(**A**) 3 (**B**) 5 (**C**) 8 (**D**) 11 (**E**) 13

A-Ben (20), D/CH-5/6 (20) –04

---

**A 5.62** In einem Quadrat der Seitenlänge 2005 sind entlang den Diagonalen (wie in der Abbildung für ein Quadrat mit Seitenlänge 7 dargestellt) kleine $1 \times 1$-Quadrate gefärbt, die Restfläche ist weiß. Der Flächeninhalt der weißen Fläche beträgt

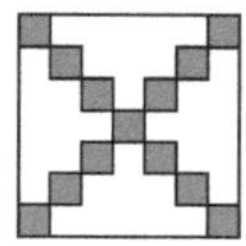

(**A**) $2001 \cdot 2002$ (**B**) $2002 \cdot 2002$ (**C**) $2003 \cdot 2003$
(**D**) $2003 \cdot 2004$ (**E**) $2004 \cdot 2004$

A-Jun (8), D/CH-9/10 (8) –04

---

**A 5.63** Wir stellen uns vor, dass wir einen langen Papierstreifen haben, auf den die Zahlen 0, 1, 2, ..., 1000 aufgeschrieben sind, indem nach der Regel verfahren wurde, die sich aus der Abbildung rechts erkennen lässt. Welches der abgebildeten Teile stammt aus dem Papierstreifen?

| 0 | 2 | 4 | 6 | 8 |
|---|---|---|---|---|
| 1 | 3 | 5 | 7 | 9 |
| 10 | 12 | 14 | 16 | 18 |
| 11 | 13 | 15 | 17 | 19 |
| 20 | 22 | 24 | 26 | 28 |
| ⋮ | ⋮ | ⋮ | ⋮ | ⋮ |

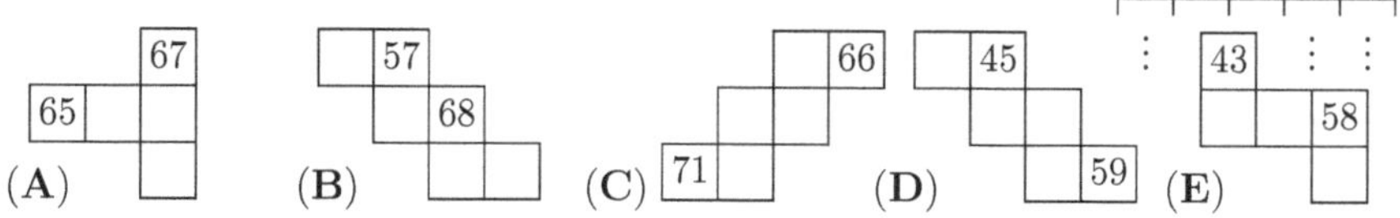


A-Ben (20), D/CH-5/6 (26) –03

---

**A 5.64** Die ganzen Zahlen von 0 bis 2000 sind in der in der Figur aufgezeichneten Weise miteinander verbunden. Welche der folgenden Pfeilfolgen stimmt mit der überein, die von der Zahl 1997 zur Zahl 2000 führt?

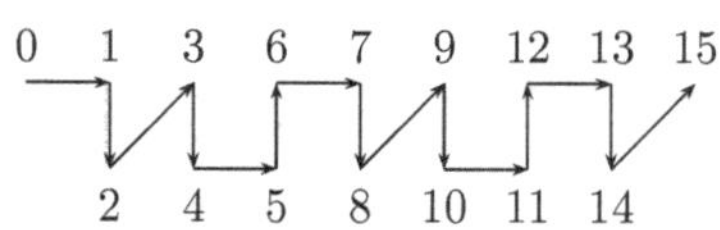


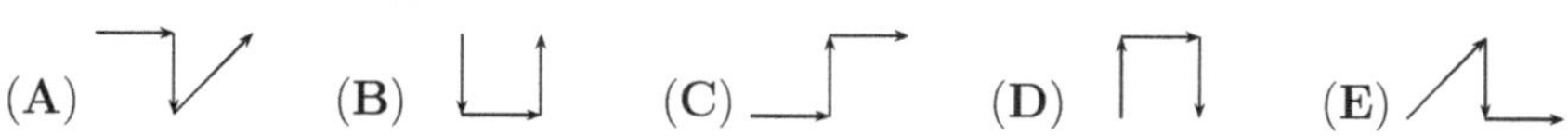


D-7/8 (28) –97

**A 5.65** Beim Veteranenautorennen starten die Autos $A$, $B$, $C$, $D$ und $E$ gleichzeitig. Alle sind nicht mehr so ganz in Form: $A$ fährt 1 min, dann steht es 1 min, dann fährt es wieder 1 min, steht 1 min usw. Bei den anderen sieht es nicht besser aus. $B$ fährt 2 min, dann steht es 2 min, fährt 2 min, steht 2 min usw., $C$ fährt 3 min, dann steht es 3 min usw., und bei $D$ und $E$ ist es dasselbe, jedoch mit 4 min bzw. 5 min. Jedes Auto braucht exakt 10 min reine Fahrzeit bis zur Ziellinie. Welches erreicht gleichzeitig mit $A$ die Ziellinie?

(**A**) keines (**B**) $B$ (**C**) $C$ (**D**) $D$ (**E**) $E$

D/CH-5/6 (24) –04

**A 5.66** In der oberen Zeile der Abbildung ist eine Rechenregel angegeben, nach der Werte an den Eckpunkten eines Dreiecks einzutragen sind. Beginnend mit der Eckenbelegung $(1;3;5)$ sollen 999 solche Schritte ausgeführt werden. Welchen Wert hat dann $x - y$?

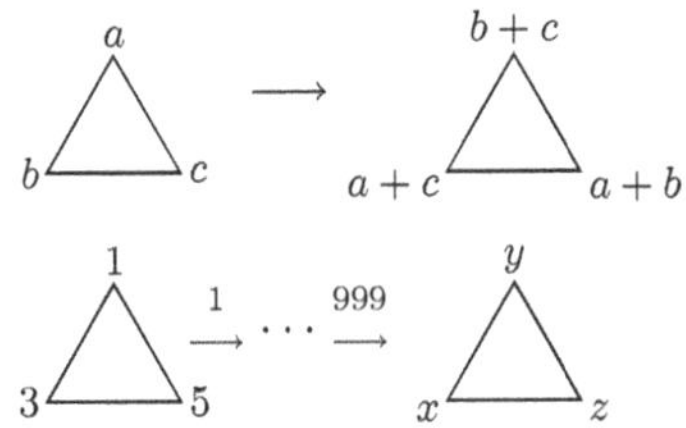


(**A**) $(-2)^{999}$ (**B**) 2004 (**C**) 1002 (**D**) $-2$ (**E**) 2

D/CH-7/8 (25) –04

**A 5.67** Karl übt mit seiner Schwester Anna Rechnen. Er gibt als erste Zahl 1, als zweite Zahl 2 vor. Anna soll die erste durch die zweite Zahl teilen, das Ergebnis, $\frac{1}{2}$, ist die dritte Zahl. Dann ist Karl wieder dran und muss die zweite durch die dritte Zahl teilen, $2 : \frac{1}{2} = 4$, und Anna als vierte Zahl mitteilen, die dann für die fünfte Zahl die dritte durch die vierte zu teilen hat usw. Karl ist mit der zehnten Zahl dran. Welche ist es?

(**A**) $2^{-10}$ (**B**) 256 (**C**) $2^{-13}$ (**D**) 1024 (**E**) $2^{34}$

D/CH-9/10 (26) –03

**A 5.68** Ein Teilchen bewegt sich im 1. Quadranten des Koordinatensystems (s. Zeichnung) wie folgt: Es startet im Punkt $(0;0)$ und bewegt sich in Pfeilrichtung vorwärts. Um dabei von einem Gitterpunkt zum nächstfolgenden zu gelangen, braucht es genau 1 Sekunde (den Punkt $(0;2)$ erreicht es z. B. nach 4 Sekunden). Welche Koordinaten hat der Punkt, den das Teilchen nach genau 2 Minuten erreicht?

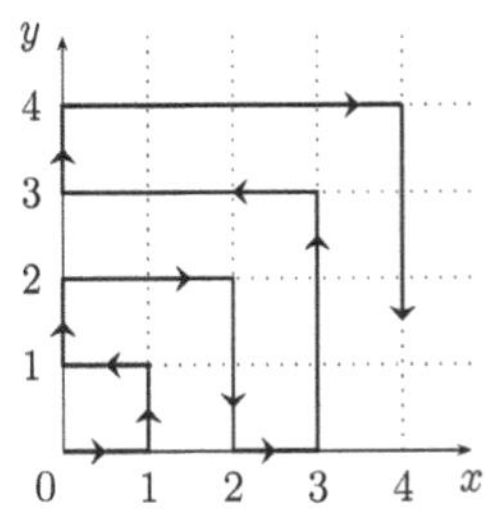


(**A**) (10; 0) (**B**) (1; 11) (**C**) (10; 11) (**D**) (2; 10) (**E**) (11; 11)

A-Kad (28), D/CH-7/8 (29) –05

## 5.4 Kryptogramme

**A 5.69** Was ist die Summe der fehlenden Ziffern in der Multiplikation?

$$\begin{array}{cccccc} 6 & * & 3 & \cdot & 5 \\ \hline & 3 & 4 & 6 & \star \end{array}$$

(**A**) 6 (**B**) 8 (**C**) 10 (**D**) 12 (**E**) 14

A-Ben (14), D-5/6 (17) –99

---

**A 5.70** In der Multiplikationsaufgabe $17 \cdot 12* = 2*08$ fehlen zwei Ziffern: Welche Ziffern fehlen?

(**A**) 4 und 1 (**B**) 0 und 1 (**C**) 1 und 3 (**D**) 4 und 0 (**E**) 8 und 1

D-7/8 (4) –98

---

**A 5.71** In der abgebildeten Rechenaufgabe sollen verschiedene Figuren unterschiedliche Ziffern bedeuten, keine darf 0 sein. Welche Ziffer muss für das kleine Quadrat gesetzt werden?

$$\begin{array}{cccc} & & & \square \\ + & & & \square \\ + & & \circledcirc & \circledcirc \\ \hline & \triangle & \triangle & \triangle \end{array}$$

(**A**) 6 (**B**) 5 (**C**) 9 (**D**) 2 (**E**) 7

A-Ben (16), D/CH-5/6 (14) –04

---

**A 5.72** In der nebenstehenden Aufgabe bedeuten gleiche Zeichen gleiche Ziffern und verschiedene Zeichen verschiedene Ziffern. Dann gilt $\blacksquare + \blacklozenge =$

$$\begin{array}{ccccc} & & \blacksquare & \blacksquare & \blacksquare \\ + & & \blacksquare & \blacksquare & \blacklozenge \\ + & & \blacksquare & \blacktriangle & \blacktriangle \\ \hline & 2 & 0 & 0 & 3 \end{array}$$

(**A**) 6 (**B**) 7 (**C**) 8 (**D**) 9 (**E**) 13

A-Ben (24), D/CH-5/6 (30) –03

---

**A 5.73** Bei der vierstelligen Zahl $17{*}{*}$ sind die beiden letzten Ziffern verwischt; es ist aber bekannt, dass die Zahl durch 2, 3, 4, 8 und 9 teilbar ist. Die beiden fehlenden Ziffern sind

(**A**) 6 und 4 (**B**) 1 und 0 (**C**) 0 und 0 (**D**) 2 und 8 (**E**) 4 und 8

D-11/13 (6) –98

---

**A 5.74** An den Stellen, an denen ein Sternchen steht, sind Ziffern so einzutragen, dass eine richtige Rechenaufgabe entsteht.

$$45 \cdot \star 3 = 3 \star\star\star$$

Dann ist die Summe der vier Zahlen, die an der Stelle der Sternchen stehen

(**A**) gleich 20 (**B**) gleich 21 (**C**) größer als 21
(**D**) gleich 17 (**E**) kleiner als 17

D-5/6 (26) –01

---

**A 5.75** Die Zeichen $\boxtimes$ und $\otimes$ stehen für voneinander verschiedene Ziffern. Es ist bekannt, dass die Summe der nebenstehenden Additionsaufgabe eine 3-stellige Zahl ist. Dann ist der größtmögliche Wert dieser Summe

$$\begin{array}{r} \boxtimes\boxtimes\boxtimes \\ +\ \ \otimes\boxtimes \\ +\ \ \ \ \boxtimes \\ \hline \end{array}$$

(**A**) 991 (**B**) 897 (**C**) 889 (**D**) 994 (**E**) 997

D/CH-7/8 (22) –03

**A 5.76** In der abgebildeten Additionsaufgabe bedeutet jeder Buchstabe eine Ziffer; gleiche Buchstaben bedeuten gleiche Ziffern, verschiedene Buchstaben verschiedene Ziffern. Welches ist der größtmögliche Wert von „DREI“?

$$\begin{array}{r} \mathrm{O\ N\ E} \\ +\ \mathrm{D\ E\ U\ X} \\ \hline \mathrm{D\ R\ E\ I} \end{array}$$

(**A**) 9863 (**B**) 9873 (**C**) 9874
(**D**) 9875 (**E**) 9876

A-Kad (27) u. Jun (10), D-7/8 (28) –99

**A 5.77** In der Additionsaufgabe stehen die Buchstaben X, Y und Z für drei voneinander verschiedene Ziffern, die ungleich 0 sind. Dann ist X gleich

$$\begin{array}{r} \mathrm{XX} \\ +\ \mathrm{YY} \\ +\ \mathrm{ZZ} \\ \hline \mathrm{ZYX} \end{array}$$

(**A**) 1 (**B**) 2 (**C**) 7 (**D**) 8 (**E**) 9

A-Jun (25), D/CH-9/10 (10) –03

## 5.5 Magische Quadrate und andere Zahlenrätsel

**A 5.78** Die Summe der Zahlen auf jedem der beiden Ringe ist 55. Für welche Zahl steht $A$?

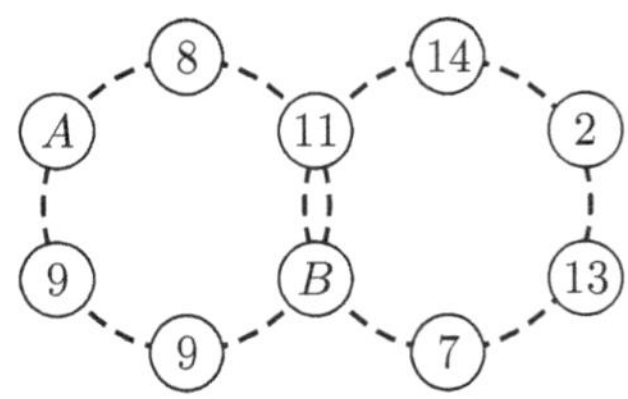


(**A**) 9 (**B**) 10 (**C**) 13
(**D**) 16 (**E**) 17

A-Ben (9) u. Kad/Jun (4), D/CH-5/6 (5) u. 7/8 (7) –03

**A 5.79** Im magischen Quadrat ist die Summe in jeder Zeile, jeder Spalte und jeder der beiden Diagonalen gleich. Wie groß muss dann die Summe der Zahlen sein, die unter $A$, $B$ und $C$ versteckt sind?

| | | |
|---|---|---|
| 16 | 3 | $A$ |
| $C$ | 10 | |
| $B$ | | 4 |

(**A**) 14 (**B**) 25 (**C**) 30
(**D**) 41 (**E**) Die Summe kann man nicht bestimmen.

A-Ben (19) u. Kad (15), D-5/6 (24) –99

**A 5.80** Die natürlichen Zahlen von 1 bis 12 sind in die Sternfigur so eingetragen, dass die Summe von je vier Zahlen, die auf derselben Linie stehen, gleich ist. Fünf dieser Zahlen haben wir durch die Buchstaben A, B, C, D bzw. E ersetzt. Welcher Buchstabe wurde an die Stelle der Zahl 7 gesetzt?

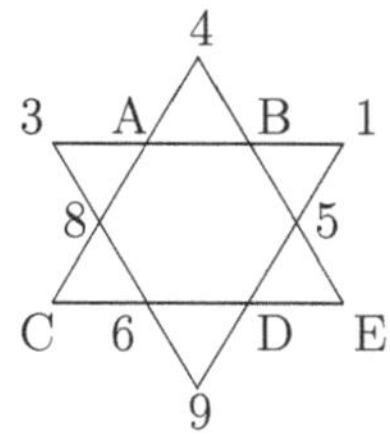


(**A**) A (**B**) B (**C**) C (**D**) D (**E**) E

D-3/4 (15) u. 5/6 (26) –98

**A 5.81** In die 7 Kreise sind die Zahlen 1, 2, ..., 7 so einzutragen, dass die Summen aus den 3 Zahlen auf einer Linie gleich sind. Welche der Aussagen ist richtig?

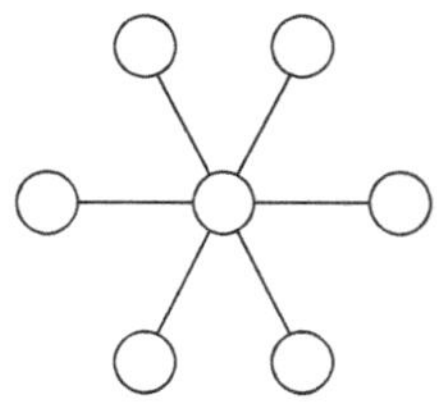

(**A**) Das ist nicht möglich.
(**B**) Dafür gibt es genau eine Möglichkeit.
(**C**) Im mittleren Kreis sind genau 2 verschiedene Zahlen möglich.
(**D**) Im mittleren Kreis sind genau 3 verschiedene Zahlen möglich.
(**E**) Jede der 7 Zahlen kann im mittleren Kreis stehen.

A-Ben (21), D-5/6 (26) –02

**A 5.82** Karten, auf die die Ziffern von 1 bis 9 geschrieben sind, wurden mit der beschriebenen Seite nach unten hingelegt und mit Pfeilen so verbunden, dass die Pfeile stets von der kleineren Zahl zur größeren zeigen. Als zwei der Karten umgedreht werden, sind darauf – wie in der Zeichnung links zu sehen – die Zahlen 6 und 7. Welches ist die Summe der Zahlen, die auf den Karten $A$ und $B$ in der Zeichnung rechts zu sehen ist?

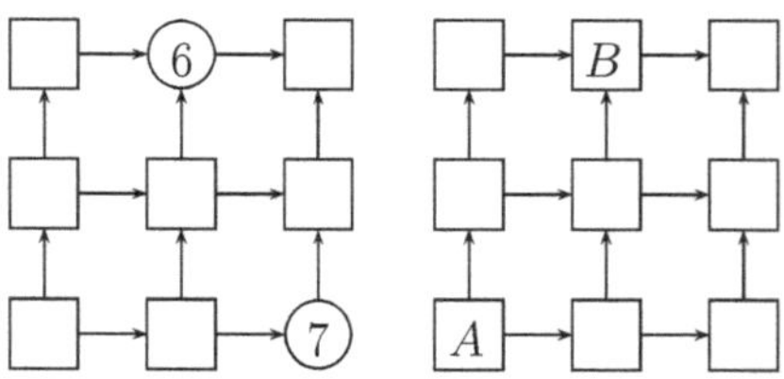


(**A**) 6 (**B**) 7 (**C**) 8
(**D**) 10 (**E**) Es ist nicht möglich, dies zu bestimmen.

D-5/6 (28) –97

**A 5.83** Das abgebildete Quadrat lässt sich mit Zahlen 1, 2, 3, 4 und 5 so ausfüllen, dass jede der fünf Zahlen 1, 2, 3, 4, 5 in jeder Zeile, jeder Spalte und in den beiden Diagonalen genau einmal auftritt. Welche Zahl befindet sich im Zentrum des Quadrates?

| 3 | 4 | | | 5 |
|---|---|---|---|---|
| 2 | | | | |
| | | | | |
| | | | | |
| | | | | 4 |

(**A**) 1 (**B**) 2 (**C**) 3 (**D**) 4 (**E**) 5

D-5/6 (30) –98

**A 5.84** Im magischen Quadrat ist die Summe der Zahlen in jeder Zeile, jeder Spalte und jeder Diagonale gleich. In das rechts abgebildete Quadrat sollen die Zahlen von 13 bis 21 so eingetragen werden, dass dabei ein magisches Quadrat entsteht. Welche Zahl muss an die Stelle des Fragezeichens gesetzt werden?

| | | |
|---|---|---|
| 20 | 13 | |
| | 17 | |
| ? | | 14 |

(**A**) 16 (**B**) 21 (**C**) 15 (**D**) 18 (**E**) 19

D/CH-7/8 (10) –05

**A 5.85** In diesem magischen Quadrat ergibt die Summe der drei Ziffern in allen Zeilen, Spalten und Diagonalen immer den gleichen Wert. Wie groß ist $x$?

| | | |
|---|---|---|
| | | $x$ |
| 1 | 14 | |
| | | 13 |

(**A**) 2 (**B**) 5 (**C**) 7
(**D**) 8 (**E**) eine andere Antwort

D-13 (7) u. 9/10 (21) –96

**A 5.86** Die natürlichen Zahlen von 1 bis 7 befinden sich unter den mit Buchstaben beschrifteten Feldern und zwar so, dass die Summe in jedem der drei Vierecke gleich 15 ist. Welche Zahl befindet sich in Feld $A$?

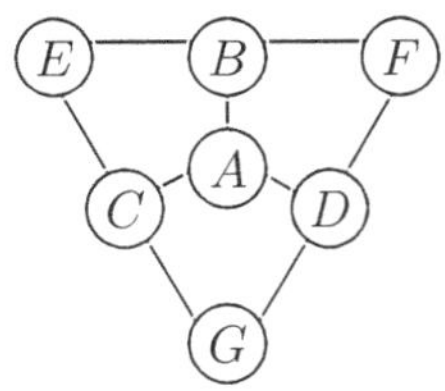


(**A**) 2 (**B**) 7 (**C**) 4
(**D**) 6 (**E**) Es gibt mehr als eine Möglichkeit.

A-Jun (26), D-11/13 (25) –00

**A 5.87** In dem 3 × 3-Gitter entsprechen die Symbole natürlichen Zahlen, gleiche Symbole gleichen und verschiedene verschiedenen Zahlen. Die Summe in der letzten Spalte und in der letzten Zeile ist bekannt. Dann ist die Summe in der ersten Spalte gleich

| | | | |
|---|---|---|---|
| ♡ | ♣ | ♠ | |
| ♡ | ♣ | ♣ | |
| ♣ | ♡ | ♠ | 14 |
| ? | | 11 | |

(**A**) 12 (**B**) 15 (**C**) 17 (**D**) 19 (**E**) 21

D-9/10 (22) –02

# Lösungen

# 1 Zahlen und Rechnen

## 1.1 Rechnereien zum Aufwärmen

**L 1.1** (**C**) Es ist $2005 - 205 = 1800$. Wegen $1800 - 1300 = 500$ sitzt der Schmetterling auf 500.

**L 1.2** (**C**) Wenn Felix bemerkt, dass die Differenz auf 2 endet, kann er seinen Fehler schnell finden, denn schon bei flüchtigem Hingucken fällt uns auf, dass $669 - 391$ auf 8 endet, dies muss also die fehlerhafte Differenz sein. Für die restlichen Differenzen, die Felix aufgeschrieben hat, gilt
$671 - 389 = 2004 - 1722 = 771 - 489 = 681 - 399 = 483 - 201 = 600 - 318 = 282.$

**L 1.3** (**B**) Die richtige Antwort ist 0. Multipliziere ich irgendeine Zahl mit 0, erhalte ich als Ergebnis immer 0. Entsprechend der Regel, dass Punktrechnung vor Strichrechnung geht, gilt also $2 \cdot 0 + 0 \cdot 1 = 0 + 0 = 0$.

**L 1.4** (**D**) Die Nase ist $\underbrace{2 \cdot 2 \cdot 2 \cdot 2 \cdot 2 \cdot 2 \cdot 2}_{7-\text{mal}} \cdot 3\text{ cm} = 384\text{ cm}$ lang.

**L 1.5** (**E**) Wenn eine der acht zu 1997 summierten Zahlen 997 ist, so ist die Summe der restlichen sieben 1000. Addieren wir anstelle von 997 nun 799, so erhalten wir 1799.

**L 1.6** (**A**) Die kleinste natürliche Zahl, die größer als 2,09 ist, ist 3, und die größte natürliche Zahl, die kleiner als 15,3 ist, ist 15. Also sind es die Zahlen $3, 4, \ldots, 15$; das sind 13.

**L 1.7** (**D**) Es ist $9 \cdot 111 = 999$ und $9\,000 \cdot 111 = 999\,000$, also ist der gesuchte Quotient 9 009.

**L 1.8** (**E**) Wir rechnen Schritt für Schritt: zuerst $3 \cdot 2 = 6$, dann $6 \cdot 2 = 12$, dann $12 + 2 = 14$, dann $14 \cdot 2 = 28$. Kurz schreibt man dafür auch $(3 \cdot 2 \cdot 2 + 2) \cdot 2 = 28$.

**L 1.9** (**E**) Die größte dreistellige Zahl mit voneinander verschiedenen Ziffern ist 987, die kleinste 102, die Differenz folglich 885.

**L 1.10** (**C**) Da er 27 statt zu addieren subtrahiert hat, ist das erhaltene Ergebnis um $2 \cdot 27 = 54$ kleiner als das richtige Resultat.

**L 1.11** (**B**) Da die Summe der verbleibenden 3 Zahlen gleich der Summe aller 7 Zahlen minus der Summe der 4 durchgestrichenen ist, bilden wir zuerst die Summe der 7 Zahlen. Das ist 54. Dann müsste die Summe der vier durchzustreichenden Zahlen also $54 - 23 = 31$ sein. Man summiert die in den Antwortmöglichkeiten gegebenen 4 Zahlen und schaut, ob dabei 31 als Summe erscheint: Wir erhalten bei (**A**): 32, bei (**B**): 31, womit wir fertig sind, weil ja stets genau eine der Antwortmöglichkeiten richtig ist, und wir mit (**B**) eine richtige gefunden haben.
Wir wollen uns aber überzeugen, dass die anderen tatsächlich nicht zutreffen: (**C**): 35, (**D**): 35 und (**E**): 29.

**L 1.12** (**D**) Wir rechnen die Differenzen in den Klammern aus:
$(1-2)-(3-4)-\ldots-(99-100) = (-1)-\underbrace{(-1)-\ldots-(-1)}_{49-\text{mal}} = -1-49\cdot(-1) = 48.$

**L 1.13** (**B**) Es ist $2005 : 0{,}05 = 2005 : \frac{5}{100} = \frac{2005\cdot 100}{5} = 40\,100$.

**L 1.14** (**A**) Es ist $1 : 0,16 = 100 : 16 = 6,25$ und $1 : 0,125 = 1000 : 125 = 8$, also ist der Wert des Terms gleich $14,25 \cdot 50 - 2,5 = 710$. Stellen wir das auf den Kopf, finden wir, dass (**A**) zutrifft.

**L 1.15** (**A**) Eine Zahl $z$, die in dem grauen Feld steht, muss Produkt von vier Faktoren ungleich 1 sein, wovon mindestens einer doppelt auftritt; also etwa $z = a \cdot b \cdot b \cdot c$. Nimmt man nun eine Primzahlzerlegung der unter (**A**) bis (**E**) stehenden Zahlen vor, findet man, dass 154 wegen $154 = 2 \cdot 7 \cdot 11$ keine solche Zerlegung hat, folglich ist (**A**) die Lösung. (Die anderen Zahlen besitzen solch eine Zerlegung: $60 = 2 \cdot 2 \cdot 3 \cdot 5$, $88 = 2 \cdot 2 \cdot 2 \cdot 11$, $90 = 2 \cdot 3 \cdot 3 \cdot 10$, $100 = 2 \cdot 2 \cdot 5 \cdot 5$.)

**L 1.16** (**D**) Das Raumschiff fliegt ohne Kontakt gemäß Aufgabentext (in km):
$2^{20} - \left(\frac{1}{4} \cdot 2^{20} + (2^{20} - 2^{19})\right) = 2^{20} - 2^{18} - (2 \cdot 2^{19} - 2^{19}) = 4 \cdot 2^{18} - 2^{18} - 2 \cdot 2^{18} = 2^{18}.$

## Bruchrechnung

**L 1.17** (**D**) Da der Zähler von $\frac{27273}{72728}$ ungerade ist, kommen (**A**) und (**B**) als Lösung nicht in Frage, außerdem entfällt (**E**), da $\frac{1}{9}$ deutlich zu klein ist. Wir können nun versuchen, den Nenner durch 7 und durch 8 zu teilen, wobei wir schnell feststellen, dass 72728 nicht durch 7 teilbar ist. Schließlich finden wir, dass $\frac{27273}{72728} = \frac{3\cdot 9091}{8\cdot 9091} = \frac{3}{8}$ ist.

**L 1.18** (**B**) Das ist $\frac{1}{4} \cdot \frac{1}{2} \cdot 2 \cdot 32 = 8$.

**L 1.19** (**D**) Wir erkennen schnell, dass sich die Zahl 2003 im Zähler 5-mal und im Nenner 2-mal wiederholt. Es gilt $\frac{2003+2003+2003+2003+2003}{2003+2003} = \frac{5\cdot 2003}{2\cdot 2003}$, und wir erhalten nach Kürzen das Ergebnis $\frac{5}{2}$.

**L 1.20** (**C**) Für Mathe braucht er ein Drittel von 60 Minuten, also 20 Minuten. Von den verbliebenen 40 Minuten braucht er zwei Fünftel für Englisch, das sind $40 : 5 \cdot 2 = 16$ Minuten. Für die anderen Fächer sind dann noch 24 Minuten Zeit.

**L 1.21** (**C**) Wir bestimmen den Hauptnenner der drei Summanden; das ist 1000. Jetzt rechnen wir $\frac{1}{10} + \frac{1}{100} + \frac{1}{1000} = \frac{100+10+1}{1000} = \frac{111}{1000}$

**L 1.22** (**E**) Die Brüche (**B**) bis (**E**) lassen sich kürzen, und zwar sind die gekürzten Brüche der Reihe nach $\frac{6}{7}$, $\frac{5}{6}$, $\frac{4}{5}$, $\frac{3}{4}$, und es gilt $\frac{7}{8} > \frac{6}{7} > \frac{5}{6} > \frac{4}{5} > \frac{3}{4}$.
Es ist stets $\frac{n}{n+1} > \frac{n-1}{n}$, denn $\frac{n}{n+1} - \frac{n-1}{n} = \frac{n\cdot n}{(n+1)\cdot n} - \frac{(n-1)\cdot(n+1)}{n\cdot(n+1)} = \frac{1}{n\cdot(n+1)} > 0$.

**L 1.23** (**B**) Es ist $\frac{1}{3} + \frac{1}{7} = \frac{7+3}{3\cdot 7} = \frac{10}{21}$ und $\frac{10}{21} : \frac{1}{5} = \frac{10\cdot 5}{21\cdot 1} = \frac{50}{21}$.

**L 1.24** (**A**) $\frac{1}{3} - \frac{1}{4} \cdot \frac{1}{5} + \frac{1}{6} = \frac{1}{3} - \frac{1}{20} + \frac{1}{6} = \frac{20-3+10}{60} = \frac{27}{60} = \frac{9}{20}$

**L 1.25** (**B**) Wir rechnen: $15 \cdot \frac{1}{25} = \frac{15}{25} = \frac{3}{5} = 0,6$.

**L 1.26** (**E**) Nach Abschneiden von $\frac{1}{6}$ des Papiers bleiben $\frac{5}{6}$ übrig. Nach Abschneiden von $\frac{1}{5}$ vom Rest des Papiers bleibt von diesem Rest $\frac{4}{5}$ übrig, das sind $\frac{4}{5} \cdot \frac{5}{6}$ bezogen auf das ganze Stück Papier. Nach Abschneiden von $\frac{1}{4}$ des Restes bleibt von diesem Rest $\frac{3}{4}$ übrig, das sind $\frac{3}{4} \cdot \frac{4}{5} \cdot \frac{5}{6}$ des ursprünglichen Papierquadrates. Man sieht die Gesetzmäßigkeit der Bildung und kann nun gleich das Ergebnis aufschreiben: Die Fläche des grauen Teils ist $1 \cdot \frac{5}{6} \cdot \frac{4}{5} \cdot \frac{3}{4} \cdot \frac{2}{3} \cdot \frac{1}{2} = \frac{1}{6}$.

**L 1.27** (**D**) Wir rechnen schnell:
$\frac{1}{2} + \frac{1}{3} = \frac{3+2}{6} = \frac{5}{6}$; $\frac{1}{2} - \frac{1}{3} = \frac{3-2}{6} = \frac{1}{6}$; $\frac{1}{2} \cdot \frac{1}{3} = \frac{1}{6}$; $\frac{1}{2} : \frac{1}{3} = \frac{1 \cdot 3}{2 \cdot 1} = \frac{3}{2}$ und $\frac{1}{3} : \frac{1}{2} = \frac{2}{3}$, also ist (**D**) die Lösung. Mit ein paar Vorüberlegungen, beispielsweise, dass die Summe zweier positiver Zahlen stets größer als die Differenz ist, kann man natürlich auf einen Teil der Rechnungen verzichten.

**L 1.28** (**A**) Es ist
$\left(1 + \frac{1}{2}\right)\left(1 + \frac{1}{3}\right)\left(1 + \frac{1}{4}\right) \cdots \left(1 + \frac{1}{2003}\right) = \frac{3}{2} \cdot \frac{4}{3} \cdot \frac{5}{4} \cdots \frac{2004}{2003} = \frac{2004}{2} = 1002.$

**L 1.29** (**B**) Ein Umsetzen der Klammern bringt schnell die Lösung:
$\left(\frac{1}{2} + \frac{1}{2}\right) + \left(\frac{1}{3} + \frac{2}{3}\right) + \left(\frac{1}{4} + \frac{3}{4}\right) + \left(\frac{1}{5} + \frac{4}{5}\right) + \left(\frac{1}{6} + \frac{5}{6}\right) + \left(\frac{1}{7} + \frac{6}{7}\right) + \left(\frac{1}{8} + \frac{7}{8}\right) + \frac{1}{9}$
$= 7 \cdot 1 + \frac{1}{9} = 7\frac{1}{9}$

## Maximales und Minimales

**L 1.30** (**C**) Zuerst erkennen wir, dass (**B**), (**D**) und (**E**) gleich 0 sind, denn 0 tritt jeweils als Faktor auf. Als Lösung kommen sie damit nicht in Frage. Die anderen beiden Zahlen rechnen wir aus: $2+0+0+3=5$ und $(2+0) \cdot (0+3) = 6$, also ist (**C**) am größten.

**L 1.31** (**D**) Es ist $20 \cdot 4 = 80$ kleiner als $200 - 4 = 196$ kleiner als $200 + 4 = 204$ kleiner als $2000 : 4 = 500$ und dies schließlich kleiner als $200 \cdot 4 = 800$.

**L 1.32** (**E**) Es ist $1 \cdot 9 \cdot 9 \cdot 6 = 9 \cdot 9 \cdot 6 < 19 \cdot 9 \cdot 6 = 19 \cdot 54 < 19 \cdot 96$, womit sowohl (**A**) als auch (**B**) als Lösungen ausscheiden. Weiter ist auch $1 \cdot 9 \cdot 96 = 9 \cdot 96 < 19 \cdot 96$. Damit scheidet (**D**) als Lösung aus.
Letztlich ist $1 \cdot 99 \cdot 6 = 6 \cdot 96 + 6 \cdot 3 < 6 \cdot 96 + 13 \cdot 96 = 19 \cdot 96$, womit klar ist, dass (**E**) die Lösung ist.

**L 1.33** (**A**) Da es sich bei den 4 Ziffern, die Betty addieren will, um Zahlen handelt, die mit der Uhrzeit zu tun haben, gibt es unter ihnen solche, die nicht alle Werte von 0 bis 9 annehmen können. Die erste Ziffer kann höchstens gleich 2 sein, die dritte kann höchstens 5 sein, die zweite und die vierte können alle Werte von 0 bis 9 annehmen. Da, wenn die erste gleich 2 ist, die zweite höchstens 3 sein kann, wäre hier die Summe der ersten beiden Ziffern höchstens gleich 5, wählt man dagegen für die erste Ziffer die 1, so kann die zweite 9 sein, und die Summe ist dann 10. Die dritte und vierte Ziffer werden jeweils größtmöglich gewählt, also 5 bzw. 9. Die gesuchte Summe ist $1 + 9 + 5 + 9 = 24$.

**L 1.34** (D) Nachdem das erste Kaninchen eine, das zweite zwei und das dritte drei Möhren gefressen haben, sind noch $20 - 6 = 14$ Möhren übrig. Da das vierte mehr als jedes der anderen gefressen hat, muss es – wegen $14 : 3 = 4$ Rest 2 – mindestens $4 + 1 = 5$ Möhren gefressen haben. Angenommen, es hätte dies getan, dann wären noch $14 - 5 = 9$ Möhren für die restlichen beiden Kaninchen da, wovon eines mindestens 5 fressen müsste, im Widerspruch dazu, dass das vierte Kaninchen *mehr* als alle anderen gefressen hat. Also war die Annahme falsch. Das vierte Kaninchen hat mindestens 6 Möhren gefressen, und dies ist auch wirklich möglich, denn die restlichen $14 - 6 = 8$ Möhren ließen sich z. B. in zweimal 4 aufteilen.

**L 1.35** (B) Die größte vierstellige Zahl, deren 4 Ziffern voneinander verschieden sind, ist 9876, die kleinste derartige 1023; die Differenz folglich $9876 - 1023 = 8853$.

## Schätzen

**L 1.36** (E) Im Verlaufe des Schneidens entstehen aus dem großen Papierstück $2 \cdot 2 \cdot 2 \cdot 2 \cdot 2 \cdot 2 \cdot 2 = 2^7 = 128$ Zettelchen. Also muss $0{,}03 \cdot 128 = 3{,}84$ gerechnet werden. Der Stapel ist knapp 4 cm hoch.

**L 1.37** (C) Wir wandeln um: 44 Monate, das sind 3 Jahre (= 36 Monate) und 8 Monate; 44 Wochen sind mehr als 9, aber weniger als 11 Monate; 44 Tage + 44 Stunden sind mehr als 1 Monat, aber weniger als 2 Monate. Insgesamt kommen zu den 3 Jahren also mehr als 18 und weniger als 21 Monate hinzu, also für die Altersangabe noch 1 Jahr. Der Mann ist $44 + 3 + 1$ Jahr alt.

**L 1.38** (D) Verlangt ist eine relativ grobe Schätzung. Für den Zähler ist über die Nähe zu 10, $10^2$, $10^3$, $10^4$ oder $10^5$ zu entscheiden. Da $21 \cdot 0{,}4 = 8{,}4$ ist und 1997 nahe 2000, ist das Produkt $\approx 16000$, also klar näher zu $10^4$ als zu $10^5$. Also ist unter den angegebenen Zahlen 1 die beste Näherung.

**L 1.39** (C) Die Oma wiegt nach der Kur mindestens $60 - 4 = 56$ kg und höchstens $65 - 3 = 62$ kg, der Opa mindestens $63 - 5 = 58$ kg und höchstens $67 - 4 = 63$ kg. Also wiegen beide zusammen mindestens $56 + 58 = 114$ kg und höchstens $62 + 63 = 125$ kg.

**L 1.40** (B) Wir rechnen sukzessive in Minuten, Stunden, Tage usw. um:

$$\begin{aligned} 1000000 \text{ s} &= \tfrac{1000000}{60} \text{ min} = \tfrac{1000000}{60 \cdot 60} \text{ h} = \tfrac{10000}{36 \cdot 24} \text{ Tage} \\ &\approx \tfrac{10000}{9 \cdot 4 \cdot 25} \text{ Tage} = \tfrac{10000}{9 \cdot 100} \text{ Tage} = \tfrac{100}{9} \text{ Tage} \approx 11 \text{ Tage} \end{aligned}$$

Da wir an beiden Stellen, an denen wir approximiert haben, den Wert etwas verkleinert haben, ist 12 Tage die gesuchte Schätzung.

**L 1.41** (C) Wir wandeln alle Zahlen in Potenzen zur Basis 2 um:

Es ist $4^{15} = (2^2)^{15} = 2^{2 \cdot 15} = 2^{30}$ $\quad 8^{11} = (2^3)^{11} = 23 \cdot 11 = 2^{33}$

$16^8 = (2^4)^8 = 2^{4 \cdot 8} = 2^{32}$ $\quad 32^6 = (2^5)^6 = 2^{5 \cdot 6} = 2^{30}$

**L 1.42** (C) Wir machen, da es um die Dicke der Rolle geht, einen Schnitt, senkrecht zur Zylinderachse und beschäftigen uns nun mit dem ebenen Problem. Ist die Dämmfolie auseinandergerollt, so ist die Schnittfläche ein Rechteck der unbekannten Länge $x$ und der Höhe 1 cm. Nach dem Aufrollen ist die Fläche sehr gut zu schätzen mit dem Flächeninhalt des Kreises, der der Querschnitt der aufgerollten Rolle ist, und dessen Durchmesser 1 m = 100 cm ist, der Radius ist also 50 cm. Wir setzen die beiden Flächeninhalte gleich: $x \cdot 1 = \pi \cdot 50^2$. Hieraus errechnen wir $x \approx 3,1 \cdot 2500 = 7750$ cm bzw. etwas mehr als 77 m. Damit ergibt sich 80 m als beste Schätzung.

## Mittelwert und Durchschnitt

**L 1.43** (A) Durch den Verkauf aller 5 Papageien würden die Einnahmen des Händlers $5 \cdot 60 = 300$ € betragen. Nach dem Abflug eines Papageis würde er nur noch $4 \cdot 50 = 200$ € einnehmen können. Es fehlen $300 - 200 = 100$ €, die der Verkauf des entwischten Papageis gebracht hätte.
Wir haben in der Lösung einfach für alle Papageien den Durchschnittspreis angesetzt. Dass das so in Ordnung ist, belegt der etwas umständlichere Weg, den wir anführen, weil er auch bei schwierigeren Aufgaben desselben Typs gewählt werden kann. Dazu stellen wir uns die Papageien von 1 bis 5 durchnummeriert vor, der prächtigste sei Papagei 5. Die zugehörigen Preise sind $p_1$ bis $p_5$. Nun gilt, dass $\frac{p_1+\cdots+p_5}{5} = 60$ € und $\frac{p_1+\cdots+p_4}{4} = 50$ €. Daraus folgt $p_1+\cdots+p_4 = 60 \cdot 5 - p_5 = 50 \cdot 4$ € bzw. $p_5 = 300 - 200 = 100$ €.

**L 1.44** (E) Wir haben insgesamt $5 \cdot 8 = 40$ €; ziehe ich meine 10 € ab, bleiben für meine Geschwister 30 €, also im Durchschnitt 7,50 €.

**L 1.45** (B) Wir stellen uns vor, dass die mittlere der fünf Zahlen $m$ ist. Dann sind die anderen $m-2$, $m-1$, $m+1$ und $m+2$, und für die Summe erhalten wir $(m-2)+(m-1)+m+(m+1)+(m+2) = 5m$, also ist $m = 2005 : 5 = 401$ und damit ist die größte der fünf Zahlen $m + 2 = 401 + 2 = 403$.
Vermutlich werden die meisten einfach 2005 durch 5 teilen, dem Ergebnis 401 in Gedanken die beiden nächstkleineren bzw. -größeren natürlichen Zahlen hinzufügen und wissen, dass die größte, 403, die gesuchte ist.

**L 1.46** (D) Da die Zahlen positiv, ganz und sämtlich voneinander verschieden sein sollen, erhält man offenbar dann für die größte dieser Zahlen den Maximalwert, wenn man die anderen so klein wie möglich wählt, also $1, 2, \ldots, 9$. Dann gilt für die zehnte (größte) Zahl $z$ die Gleichung $\frac{1+2+\cdots+9+z}{10} = 10$ bzw. $z = 100 - 45 = 55$.

**L 1.47** (E) Die Durchschnittspunktzahl aus den Punktzahlen $P1$, $P2$, $P3$, $P4$, $P5$ und $P6$ berechnet man als $(P1 + P2 + P3 + P4 + P5 + P6) : 6$. Bei dem vorliegenden Irrtum war eine der Punktzahlen um $86 - 68 = 18$ zu groß. Also ist die richtige Durchschnittspunktzahl $(P1 + P2 + P3 + P4 + P5 + P6 - 18) : 6$ $= (P1 + P2 + P3 + P4 + P5 + P6) : 6 - 18 : 6 = 84 - 3 = 81$.

**L 1.48** (E) Das Durchschnittsalter berechnet man, indem man die Altersangaben aller Enkel und der Großeltern addiert und diese Summe durch 9 teilt, $(e_1 + e_2 + e_3 + e_4 + e_5 + e_6 + e_7 + g_v + g_m) : 9 = 28$. Für die Altersangaben der Enkel können wir, da wir ihr Durchschnittsalter wissen, auch siebenmal dieses Durchschnittsalter einsetzen, und für das Alter des Großvaters das der Großmutter minus 3. Das ergibt:
$28 = (7 \cdot 15 + (g_m - 3) + g_m) : 9$, bzw. $2 \cdot g_m = (28 \cdot 9 - 105 + 3)$ bzw. $g_m = 150 : 2 = 75$.

**L 1.49** (A) Wir rechnen aus, wie lange die Fahrt bei den zwei verschiedenen Durchschnittsgeschwindigkeiten gedauert hätte. Es sei $z_1$ die Fahrtzeit mit Pause, $z_2$ die ohne. $z_1 - z_2$ ist dann die Länge der Pause. Die Geschwindigkeit ist gleich dem Quotienten aus der Weglänge und der Fahrtzeit, also: $84\,\frac{\text{km}}{\text{h}} = \frac{294\text{ km}}{z_1}$ und $98\,\frac{\text{km}}{\text{h}} = \frac{294\text{ km}}{z_2}$. Wir stellen die Formeln nach den Fahrtzeiten um:

$$\begin{aligned} z_1 &= \frac{294\text{ km}}{84\text{ km}} \cdot \text{h} = \frac{294}{84}\text{ h} = 3,5\text{ h} \\ z_2 &= \frac{294\text{ km}}{98\text{ km}} \cdot \text{h} = \frac{294}{98}\text{ h} = 3\text{ h} \end{aligned}$$

Die Länge der Pause beträgt $z_1 - z_2 = 0,5\text{ h} = 30\text{ min}$.

**L 1.50** (B) Die Durchschnittspunktzahl der ersten 6 Prüfungen ergibt sich als Quotient aus der Summe $S$ der in diesen 6 Arbeiten erreichten Punkte und der Anzahl. Wir wissen, dass $\frac{S}{6} = 3,5$ ist, also gilt $S = 3,5 \cdot 6 = 21$. Angenommen, Anne würde die beiden noch ausstehenden Arbeiten jeweils mit der Höchstpunktzahl 5 bewertet bekommen. Als Gesamtdurchschnittswert würde sich in diesem Fall $\frac{S+10}{8} = \frac{21+10}{8} = \frac{31}{8}$ ergeben, und das ist kleiner als $\frac{32}{8} = 4$.

**L 1.51** (E) Es kostet ein Kängurukaugummi $\frac{p}{k}$ € und eine Pandapraline $\frac{k}{p}$ €. Also ist der Durchschnittspreis für eine solche Süßigkeit $\frac{1}{2}\left(\frac{k}{p} + \frac{p}{k}\right) = \frac{k^2+p^2}{2kp}$ €.

**L 1.52** (D) Es ist $5,625 = 5\frac{625}{1000} = 5\frac{5}{8} = \frac{45}{8}$. Die Durchschnittswertung ergibt sich, wenn man die Noten der einzelnen Preisrichter addiert und die Summe durch die Anzahl der Preisrichter teilt. Da die Summe immer ganzzahlig ist, muss man mindestens durch 8 teilen, um zu dem Ergebnis $5\frac{5}{8}$ zu gelangen.

**L 1.53** (D) Bezeichnen wir die Länge einer Runde beim „4-Runden-Rennen" mit $s$, so ist die Zeit $t_1$, die Ina für die erste Runde braucht, $t_1 = \frac{s}{12}$, die Zeit $t_2 = t_3$, die sie für die 2. bzw. die 3. Runde braucht, ist $t_2 = t_3 = \frac{s}{10}$. Für die 4., die Endspurt-Runde, braucht Ina $t_4 = \frac{s}{20}$. Die Durchschnittsgeschwindigkeit für das gesamte Rennen beträgt nun $v = \frac{4s}{t_1+t_2+t_3+t_4} = \frac{4s}{\frac{s}{12} + \frac{2s}{10} + \frac{s}{20}} = \frac{4}{\frac{5+12+3}{60}} = 12\text{ km/h}$.

## Rechnen mit und Umrechnen zwischen Maßeinheiten

**L 1.54** (C) Wenn Annie um 21.30 Uhr eingeschlafen ist, hat sie bis Mitternacht 2 h und 30 min und dann am nächsten Tag noch 6 h und 45 min geschlafen. Das sind insgesamt also 9 h und 15 min. Addieren wir 1 h und 50 min hinzu, so ist klar, dass der kleine Bruder 11 h und 5 min geschlafen hat.

**L 1.55** (A) Zu den 5 m, 32 cm und 5 mm aus dem Training kommen 123 cm und 5 mm hinzu. In Millimeter ergibt das $5000 + 320 + 5 + 1230 + 5 = 6560$ mm, und das sind 6 m und 56 cm. Selbstverständlich ist die Umwandlung zur einheitlichen Maßeinheit nicht erforderlich. Man kann z. B. auch folgendermaßen vorgehen: Ich addiere zuerst die Millimeter, das sind $5+5 = 10$, also 1 cm. Dann addiere ich die Zentimeter, das sind $32 + 123 + 1 = 156$, also 1 m und 56 cm. Schließlich addiere ich die Meter, $5 + 1 = 6$. Der Goldmedaillensprung misst 6,56 m.

**L 1.56** (D) 2 Stunden nach 11:11 Uhr ist es 13:11 Uhr. Und nach weiteren 2 Minuten zeigt die Uhr 13:13. Also liegen 2 h 2 min zwischen 11:11 und 13:13.

**L 1.57** (E) Eine Minute besteht aus 60 Sekunden und eine Stunde aus 60 Minuten oder $60 \cdot 60 = 3600$ Sekunden. Folglich sind 36 000 Sekunden dasselbe wie 10 Stunden.

**L 1.58** (C) Es sind $3456$ dm $= 345,6$ m und $12340$ mm $= 12,340$ m. Also fehlten $10000 - 9641 - 345,6 - 12,34$ m. Das sind 1,06 m bzw. 106 cm.

**L 1.59** (B) Die Uhr lief nach der Wiederinbetriebnahme 3 h 30 min (gemäß Anzeige von 2 Uhr bis 5.30 Uhr). Genau diese 3 h 30 min muss man von 7.00 Uhr zurückrechnen, d. h., ich bin um 3.30 Uhr wach geworden.

**L 1.60** (A) Wegen $98 : 24 = 4$ Rest 2 sind 98 Stunden genau 4 Tage und 2 Stunden. Alfonso hat also den Kopf 4 Tage, 2 Stunden und 56 Minuten vor dem Montagmorgen um 8:15 Uhr in den Sand gesteckt. Das war am Donnerstag. Da Alfonso außer den 4 Tagen auch noch 2 Stunden und 56 Minuten im Untergrund war, muss er seinen Rekordversuch entsprechend früher als 8:15 Uhr gestartet haben, also um 5:19 Uhr. – Geschickter ist es, statt 2 Stunden und 56 Minuten abzuziehen, 3 Stunden abzuziehen und 4 Minuten zu addieren.

**L 1.61** (D) Da die höchstmögliche Ziffernfolge einer Uhr 24:00 ist, kann es eine Übereinstimmung von Kilometerzähler und Uhr nur innerhalb der nächsten $240{,}0 - 116{,}0 = 124{,}0$ zu fahrenden Kilometer geben. Bei einer Geschwindigkeit von 90 km/h fährt das Auto pro Minute genau 1,5 km, d. h., eine Übereinstimmung kann, wenn es sie gibt, nur innerhalb der nächsten $\frac{124}{1,5}$ Minuten eintreten.
Wir unterscheiden nun die beiden Fälle: Eintreten der Übereinstimmung in der 1. Stunde und Eintreten der Übereinstimmung in der 2. Stunde.
Für Übereinstimmung *in der 1. Stunde* ist eine solche ganze Zahl $x < 60$ von Minuten zu bestimmen, für die $1160 + x \cdot 15 = 2100 + x$ gilt. Daraus erhalten wir: $14x = 2100 - 1160 = 940$. Da 940 nicht durch 7 teilbar ist, gibt es keine ganzzahlige Lösung und folglich keine Übereinstimmung in der 1. Stunde.
Für Übereinstimmung *in der 2. Stunde* ist für ganzzahliges $x$ mit $60 \leq x \leq 120$ die Gleichung $1160 + 900 + (x - 60) \cdot 15 = 2200 + (x - 60)$ zu lösen. Wir erhalten $14x = 2200 - 60 - 1160 = 980$, also $x = 70$ Minuten.
Tatsächlich tritt nach 70 Minuten Übereinstimmung ein. Das Auto fährt in dieser Zeit $70 \cdot 1,5 = 105$ km. Der Kilometerzähler zeigt mit $116,0 + 105,0 = 221,0$ km dieselbe Ziffernfolge wie die Uhr: 70 Minuten nach 21:00 Uhr ist es 22:10 Uhr.

## 1.2 Natürliche Zahlen – Primzahlen, Teilbarkeit und mehr

**L 1.62** (A) Mindestens eine der Ziffern muss 0 sein, denn: Wären alle 10 Ziffern größer als 0, so wäre ihre Summe mindestens gleich 10. Wenn aber ein Faktor 0 ist, so auch das Produkt.

**L 1.63** (E) Der Dompteur hat es mit einem wahrlich großen Affentrupp zu tun, 6 Reihen zu je 4 Affen. Da tanzen ihm insgesamt $6 \cdot 4 = 24$ Affen mitunter auf der Nase herum. Aber nach dem zweiten Trillern stellen sie sich doch brav in $24 : 8 = 3$ Reihen auf.

**L 1.64** (A) 105, 204, 444 und 987 sind durch 3 teilbar und damit Vielfache von 3. 103 ist nicht durch 3 teilbar.

**L 1.65** (D) Wir zerlegen 2000 in Primfaktoren: $2000 = \underbrace{2 \cdot 2 \cdot 2 \cdot 2}_{4} \cdot \underbrace{5 \cdot 5 \cdot 5}_{3}$.

**L 1.66** (D) Wir bilden die aus allen Teilern der Zahl 96 bestehende Teilermenge: $T_{96} = \{1, 2, 4, 6, 8, 12, 16, 24, 48, 96\}$. Da die Gruppen aus mindestens 5 und höchstens 20 Kindern bestehen sollen, kommen als Gruppengrößen nur 6, 8, 12 und 16 in Frage.

**L 1.67** (A) Wie jede natürliche Zahl lässt sich auch die von uns gesuchte Zahl $z$ auf nur eine Weise als Produkt von Primzahlen darstellen. Wir wissen bereits, dass unter diesen Primzahlen eine 2, eine 3 und eine 5 sind. Da $2 \cdot 3 \cdot 5 = 30$ ist und $30 < 100$ ist, kann $2 \cdot 3 \cdot 5$ noch nicht $z$ sein. Es muss mindestens eine weitere Primzahl als Faktor hinzukommen. Das darf nach der Aufgabenstellung weder eine 2 noch eine 3 sein, weil sonst $z$ durch 4 bzw. durch 9 teilbar wäre. Mit der nächstfolgenden Primzahl 5 ist dann schon eine mögliche Zahl gefunden, $z = 2 \cdot 3 \cdot 5 \cdot 5 = 150$. Jede andere Primzahl ist größer oder gleich 7. Das Produkt $2 \cdot 3 \cdot 5 \cdot 7 = 30 \cdot 7 = 210$ ist jedoch bereits größer als 200.

**L 1.68** (A) Die wohl einfachste Möglichkeit, die Aufgabe zu lösen, besteht darin, die Zahlen von 1 bis 25 aufzuschreiben und dann jene abzustreichen, auf denen ein Sprung landet. ~~1~~ 2 ~~3~~ ~~4~~ ~~5~~ 6 ~~7~~ 8 ~~9~~ ~~10~~ ~~11~~ 12 ~~13~~ 14 ~~15~~ ~~16~~ ~~17~~ 18 ~~19~~ 20 ~~21~~ ~~22~~ ~~23~~ 24 ~~25~~

Es bleiben die 8 Platten mit den Nummern 2, 6, 8, 12, 14, 18, 20, 24 unbetreten.

Man kann es sich aber auch wie folgt überlegen: Ich stelle mir die Gehwegplatten nummeriert vor, wobei ich die Zählung von der Haustür beginne. Dann bleiben also beim Hinweg die 12 geradzahligen Platten (Nr. 2 bis 24) frei. Auf dem Rückweg ist die 1. Platte (Nr. 25) ungeradzahlig, die 2. (Nr. 22) geradzahlig usw., immer abwechselnd. Es werden also auf dem Rückweg 4 geradzahlige (Nr. 22, 16, 10, 4) betreten, so dass genau $12 - 4 = 8$ Platten unbetreten bleiben.

**L 1.69** (B) Die Anzahl der von Olli gefundenen Schwammerl muss durch 9 teilbar sein, die Anzahl der von Ulli gefundenen durch 17 (wenn man davon ausgeht, dass jeder nur ganze Schwammerl gefunden hat). Die möglichen Anzahlen sind für Ulli 17, 34, 51 und 68. Die entsprechenden Anzahlen für Olli sind demnach 53 ($70 - 17 = 53$), 36, 19 oder 2. Nur „36“ erfüllt die Anforderung, durch 9 teilbar zu sein. Ulli hat also 34 und Olli 36 Schwammerl gefunden.

**L 1.70** (A) Wir müssen den größten gemeinsamen Teiler suchen, also die größte Zahl, die in den beiden Zahlen 108 und 180 enthalten ist. Am einfachsten ist es, von den gegebenen Zahlen eine Primfaktorzerlegung zu machen: $108 = 2 \cdot 2 \cdot 3 \cdot 3 \cdot 3$; $180 = 2 \cdot 2 \cdot 3 \cdot 3 \cdot 5$. Also ist $\mathrm{ggT}(108, 180) = 2 \cdot 2 \cdot 3 \cdot 3 = 36$.

**L 1.71** (D) Eine beliebige 5-stellige Zahl können wir schreiben als (Darstellung im Positionssystem mit der Basis 10): $10\,000 \cdot a + 1\,000 \cdot b + 100 \cdot c + 10 \cdot d + e$. Dann ist die Differenz mit der „umgedrehten“, also „von hinten gelesenen“, gleich $10\,000 \cdot a + 1\,000 \cdot b + 100 \cdot c + 10 \cdot d + e - 10\,000 \cdot e - 1\,000 \cdot d - 100 \cdot c - 10 \cdot b - a$. Fassen wir zusammen, so erhalten wir $9\,999 \cdot a + 999 \cdot b - 9\,999 \cdot e - 999 \cdot d$. Diese Zahl ist sicher durch 9 teilbar, während sie z. B. für $a = 1$ und $b = c = d = e = 0$ weder durch 7, 2, 13, noch durch 5 teilbar ist.

Will man diese Aufgabe durch Ausschließen der falschen Vorschläge lösen, wählt man die einfachste Beispielzahl, 10000, die Differenz ist dann 9999, und diese ist weder durch 7, 2, 13 noch 5 teilbar (wie zur vollständigen Begründung der Lösung bereits angeführt wurde).

**L 1.72** (D) Die kleinste Zahl, die durch 21 *und* durch 9 teilbar ist, ist 63. Wir bilden die Teilermenge von 63 : $T_{63} = \{1,\ 3,\ 7,\ 9,\ 21,\ 63\}$, und diese Menge enthält sechs Elemente.

**L 1.73** (B) Da die Quersumme, d. h. die Summe der Ziffern von $a$, gleich 12 ist, kann $a$ keine einstellige Zahl sein. Zweistellige gerade Zahlen mit der Quersumme 12 gibt es genau drei: 48, 66 und 84. Von diesen ist 48 die kleinste Zahl. Zahlen mit mehr als zwei Stellen und der Quersumme 12 sind natürlich größer als 48. Also ist 48 die gesuchte kleinste gerade natürliche Zahl mit der Quersumme 12, und das gesuchte Produkt der Ziffern ist $4 \cdot 8 = 32$.

**L 1.74** (E) Mit $a$ bzw. $b$ wollen wir die beiden Ziffern der zweistelligen Zahl bezeichnen ($a \neq 0$). Dann hat die 4-stellige die Gestalt $\overline{abab}$. Diese Zahl dividieren wir schriftlich durch $\overline{ab}$ und erhalten 101.

**L 1.75** (A) Da $a \cdot b$ gleich $10\,000 = 2^4 \cdot 5^4$ ist und weder $a$ noch $b$ durch 10 teilbar ist, muss $a = 2^4$ und $b = 5^4$ – oder umgekehrt – sein. In jedem Fall ist $a + b = 2^4 + 5^4 = 16 + 625 = 641$.

**L 1.76** (C) Da die Zahlen ungerade sein sollen, kommen als Primfaktoren nur 3, 5, 7 und 11 in Frage. Mit diesen Primfaktoren kann man folgende Zahlen der Länge 3 bilden: 27 ($3 \cdot 3 \cdot 3$), 45 ($3 \cdot 3 \cdot 5$), 63 ($3 \cdot 3 \cdot 7$), 75 ($3 \cdot 5 \cdot 5$) und 99 ($3 \cdot 3 \cdot 11$).

**L 1.77** (C) Es ist $V_{\text{Quader}} = a \cdot b \cdot h = 42\ \text{cm}^3$, wobei $a$ und $b$ die Basiskanten sind, und es ist $42 = 1 \cdot 2 \cdot 3 \cdot 7$. Die Summe von $a$ und $b$ muss der halbe Umfang der Basis, also 9, sein. Daher müssen $a = 7$ cm, $b = 2$ cm und $h = 3$ cm sein.

**L 1.78** (**D**) Hier lässt sich auszählen, wann der freie Tag wieder ein Sonntag ist, indem man z. B. hintereinander die Wochentage aufschreibt und die freien Tage ankreuzt:

| | | | | | | |
|---|---|---|---|---|---|---|
| Mo | Di | Mi | Do | ~~Fr~~ | Sa | So |
| Mo | Di | ~~Mi~~ | Do | Fr | Sa | So |
| ~~Mo~~ | Di | Mi | Do | Fr | ~~Sa~~ | So |
| Mo | Di | Mi | ~~Do~~ | Fr | Sa | So |
| Mo | ~~Di~~ | Mi | Do | Fr | Sa | ~~So~~ |

Also vergehen – den Tag, an dem zu zählen begonnen wird, eingeschlossen – 34 Tage bis zum nächsten freien Sonntag.
Wenn wir etwas Mathematik hineinstecken, kommen wir auch auf folgende Weise zur Lösung: Jeder 5. Tag ist ein freier Tag, jeder 7. Tag ist (vom Montag an gerechnet) ein Sonntag. Also muss ein freier Sonntag sowohl ein 5. als auch ein 7. Tag sein. Die kleinste positive Zahl, die durch 5 und durch 7 teilbar ist, ist die 35, das kleinste gemeinsame Vielfache der beiden. Und bis dahin vergehen 34 Tage.

**L 1.79** (**B**) Da $35 = 5 \cdot 7$ und da vorausgesetzt ist, dass der größte gemeinsame Teiler (ggT) größer als 10 ist, muss dieser ggT 35 sein und $m$ Vielfaches von 35.

**L 1.80** (**E**) Es ist $2n^2 + 2003 = 2 \cdot (n^2 + 1001) + 1$. Der Vollständigkeit halber fügen wir hinzu, dass in den Fällen (**A**) bis (**D**) für $n$ die Werte 2, 1, 2 und 2 eingesetzt werden können, für die die entsprechenden Terme jeweils geradzahlige Werte annehmen.

**L 1.81** (**B**) Da jeder der Fünf sich eine Zahl denkt, die entweder die 1 ist, 2 oder $2 \cdot 2$, kann das Produkt nur eine Zahl sein, die keine von 2 verschiedenen Faktoren enthält. Darüber hinaus kann das Produkt höchstens gleich $4 \cdot 4 \cdot 4 \cdot 4 \cdot 4 = 1024$ sein. Damit bleibt allein 256 übrig, denn 768, 72 und 144 sind durch 3 teilbar und 2048 ist zu groß. 256 ist ein mögliches Produkt, denn es ist z. B. $256 = 2 \cdot 2 \cdot 4 \cdot 4 \cdot 4$.

**L 1.82** (**C**) Da die Quersumme der Zahl $m$ 30 ist, ist diese Zahl ebenso wie die Zahl $m+3$ durch 3 teilbar. Dann kann aber $m+3$ nicht die Quersumme 20 haben. Damit ist die Lösung gefunden.
Kommen wir noch zu den anderen vier Zahlen. Alle werden als Quersumme einer Zahl $m+3$ angenommen. Es ist am einfachsten, für diese Quersummen Beispiele zu finden. So ist z. B. die Quersumme 6 möglich für $m = 3999$, denn $3999+3 = 4002$. Die Quersumme 15 tritt z. B. bei $m = 39099$, 24 z. B. bei $m = 39909$ und 33 z. B. bei $m = 39990$ auf.

**L 1.83** (**D**) Das Volumen des gesuchten Würfels muss ganzzahlig sein (jedes Klötzchen hat ganzzahliges Volumen) und eine Zahl der Form $a^3$. Bei einer Zerlegung dieser Zahl in die Primfaktoren $p_i$ ist jeder Primfaktor in der Form $p_i^3$ in der Zahl enthalten. Das Volumen des Bauklotzes ist $6\ \text{cm}^3 = 2 \cdot 3\ \text{cm}^3$. Das kleinstmögliche Volumen muss daher die Form $2^3 \cdot 3^3 = 216\ \text{cm}^3$ haben. Wegen $216 : 6 = 36$ ist das Volumen des Bauklotzes in dieser Zahl 36-mal enthalten.

**L 1.84** (E) Eine Zahl ist durch 12 teilbar, wenn sie durch 3 und durch 4 teilbar ist, d. h. die Ziffernsumme der Zahl muss durch 3 teilbar sein und die letzten beiden Stellen der Zahl durch 4. Damit ergeben sich für die Ziffern der Zahl folgende Möglichkeiten:

| | |
|---|---|
| $(6,0,0,0) \Rightarrow 6000$ | $(5,1,0,0) \Rightarrow 5100, 1500$ |
| $(4,2,0,0) \Rightarrow 4200, 4020, 2400, 2040, 2004$ | $(4,1,1,0) \Rightarrow 1104, 1140$ |
| $(3,3,0,0) \Rightarrow 3300$ | $(3,2,1,0) \Rightarrow 3120, 3012, 1320, 1032$ |
| $(2,2,2,0) \Rightarrow 2220$ | $(2,1,2,1) \Rightarrow 2112, 1212$ |

$(3,1,1,1)$ ist nicht möglich. Es gibt also 18 solche Zahlen.

**L 1.85** (D) Alle Zahlen $n!$ für $n \geq 5$ enthalten die 5 mindestens je einmal als Faktor, lassen also bei Division durch 5 den Rest 0. Daher brauchen wir nur die Teilbarkeit der Summe $1! + 2! + 3! + 4! = 1 + 2 + 6 + 24 = 33$ zu untersuchen. Der gesuchte Rest ist 3.

**L 1.86** (E) Wenn $a \cdot b = 81$ ist, so gibt es für $a$ und $b$ wegen $81 = 3^4 = 3 \cdot 3 \cdot 3 \cdot 3$ und wegen $a, b \neq 1$ die folgenden Möglichkeiten: $a = 3$, $b = 27$; $a = 9$, $b = 9$; $a = 27$, $b = 3$. Zu diesen Möglichkeiten gehören: $(a+2) \cdot (b-2) = 5 \cdot 23 = 115$; $(a+2) \cdot (b-2) = 11 \cdot 7 = 77$ bzw. $(a+2) \cdot (b-2) = 29 \cdot 1 = 29$. Das Produkt ist also nicht eindeutig bestimmt.

**L 1.87** (B) Die Menge könnte eine gerade oder eine ungerade Anzahl von Elementen haben.
1. Fall: Die Anzahl der Elemente ist gerade, nehmen wir an $2n$. Wir bilden $n$ Paare, deren Summen gleich groß sein müssen. Die Paare bestehen dabei aus dem ersten und letzten bzw. zweiten und vorletzten bzw. dritten und vorvorletzten Element usw. Diese Summen müssen außerdem ungerade sein, da die „mittlere" Paarung aus benachbarten Zahlen bestehen muss. Die Teilsummen müssen außerdem Teiler von 100 sein. Damit kommt nur $25 = 100 : 4$ als solche Teilsumme in Frage, 5 ist zu klein, da die Elemente positiv sind. Es gibt 4 Paare. Die mittlere Paarung muss $(12|13)$ sein, dann kommt $(11|14)$ usw. Die Menge ist $A = \{9, 10, 11, 12, 13, 14, 15, 16\}$.
2. Fall: Die Anzahl der Elemente ist ungerade. Wir bilden erneut wie oben beschrieben Zahlenpaare, wobei „in der Mitte" ein Element übrig bleibt, das genau den halben Wert einer dieser Teilsummen haben muss, wie z. B.: mittlerer Wert $= 13(12|14), (11|15)$ usw. Dieser mittlere Wert ist das arithmetische Mittel aller Zahlen und muss daher ebenfalls ein Teiler von 100 sein. Dafür kommt aber nur $20 = 100 : 5$ in Frage. Die zweite Menge ist daher $B = \{18, 19, 20, 21, 22\}$.

**L 1.88** (B) Man kann die einzelnen Zahlen folgendermaßen darstellen: (**A**): $110010 \cdot Q + 1101 \cdot P$ (**B**): $101010 \cdot Q + 10101 \cdot P$ (**C**): $101100 \cdot Q + 10011 \cdot P$ (**D**): $100110 \cdot Q + 11001 \cdot P$ (**E**): $111000 \cdot Q + 111 \cdot P$ Da für beliebige Zahlen P und Q, $(Q \neq 0)$ die entsprechende Summe durch 7 teilbar sein muss, müssen die Faktoren bei P und bei Q beide durch 7 teilbar sein. Dies trifft nur für (**B**) zu; $101010 = 7 \cdot 14430$ und $10101 = 4 \cdot 1443$.

**L 1.89** (C) Für das Quadrieren schreiben wir $n$ in der Form $10^{1995} - 1$. Dann ist $n^2 = (10^{2\cdot 1995} - 2 \cdot 10^{1995} + 1)$. Wir erkennen sofort, dass die letzten 1995 Ziffern, mit Ausnahme der letzten Ziffer, Nullen sind, die letzte ist 1. Die ersten 1995 Stellen sind mit Ausnahme der 1995. Stelle, die 8 ist, Neunen, d. h., in $n^2$ tritt 1994 mal 9 auf.

**L 1.90** (D) Da $(2n+5)(n+2) = 2n^2 + 9n + 10$, gilt: $\frac{2n^2+9n+13}{n+2} = \frac{2n^2+9n+10+3}{n+2} = \frac{(2n+5)(n+2)+3}{n+2} = 2n+5+\frac{3}{n+2}$. Der letzte Bruch ist ganzzahlig für $n = 1$, $n = -1$, $n = -3$ und $n = -5$.

**L 1.91** (B) Die Quersumme 6 + 3p + 3q4 der Zahl 6pqpqpq ist nach den Vorgaben der Aufgabe durch 9 teilbar und q ist geradzahlig; die Quersumme 3p + 2q ist durch 3 teilbar – woraus q = 6 folgt –, jedoch nicht durch 9, und p ist geradzahlig – also p = 4 oder p = 8. Für p = 8 wäre die Zahl pqpqp durch 9 teilbar. Also ist p = 4 und die Zahlen 6464646 bzw. 46464 genügen auch den Bedingungen.

**L 1.92** (D) Wir finden eine Lösung, indem wir das Produkt der 20 Zahlen als $1 \cdot 2 \cdot 3 \cdot 4 \cdots 20$ aufschreiben, die geraden Faktoren so oft wie möglich durch 2 teilen und dabei mitzählen.
Dieses Verfahren kann durch folgende Überlegung verkürzt werden: Unter den Zahlen 1, …, 20 ist jede zweite eine gerade Zahl, also sind das 10, von diesen Zahlen ist jede zweite eine durch 4 teilbare Zahl, das sind noch einmal 5, hiervon ist jede zweite eine durch 8 teilbare Zahl, das sind 2, und schließlich ist davon jede zweite durch 16 teilbar, das ist noch eine. Zählen wir zusammen, erhalten wir, dass in der Zahl $20! = 1 \cdot 2 \cdots 20$ die 2 wegen $10 + 5 + 2 + 1 = 18$ genau 18-mal als Faktor enthalten ist.

**L 1.93** (B) Wir bilden die Summe der 6 Zahlen, die aus $a$, $b$ und $c$ den Regeln entsprechend gebildet werden können:

$$\begin{aligned}&(100a + 10b + c) + (100a + 10c + b) + (100b + 10a + c) + (100b + 10c + a)\\ &\quad + (100c + 10a + b) + (100c + 10b + a)\\ &\quad = 200(a + b + c) + 20(a + b + c) + 2(a + b + c) = 222(a + b + c) = 1554.\end{aligned}$$

Daraus folgt, dass $a + b + c = 1554 : 222 = 7$ ist. Und daraus wiederum wegen $0 < a < b < c$, dass $c = 4$ ist.

## 1.3 Zahlenspaß – im Text versteckt

**L 1.94** (D) Da Franziska immer die Hälfte des Wassers verschüttet, muss sie je zweimal laufen, um den Inhalt einer kleinen Tasse in die Trinkschale zu befördern. Da die Trinkschale Platz für das Wasser von 4 Tassen hat, ist die Schale erst nach $2 \cdot 4 = 8$ Läufen gefüllt.

**L 1.95** (E) Marie hat $132 - 87 = 45$ Murmeln mehr als Luise. Damit beide gleich viele Murmeln haben, müsste Marie die Hälfte der Murmeln, die sie mehr hat, abgeben. Die Zahl 45 ist eine ungerade Zahl; 45 Murmeln lassen sich daher nicht in zwei gleich große Murmelmengen teilen.

**L 1.96** (D) Zwischen den Ruheplätzen von Alice und Betty, 24 und 66, liegen auf dem Metermaß die Zahlen 25 bis 65. Das sind genau 41 Zahlen. Auf der mittleren dieser 41 Zahlen sitzt Cynthia. Sie marschiert, nachdem sich Alice auf Nummer 24 niedergesetzt hat, noch $(41 - 1) : 2 = 20$ Zahlen weiter und setzt sich auf die darauf folgende Nummer $24 + 20 + 1 = 45$ für ein Ruhepäuschen nieder.

**L 1.97** (A) Um 25 Perlen zusammen zu bekommen, muss Iwan mindestens 4 Kästchen öffnen. Da in jeder großen Kiste nur 3 Kästchen sind, muss Iwan mindestens 2 große Kisten öffnen. Und um an die großen Kisten zu gelangen, muss er die Schatztruhe aufschließen. Also sind $4+2+1 = 7$ Schlösser mindestens zu öffnen, um an 25 Perlen zu gelangen.

**L 1.98** (E) $19+12 = 31$ Kinder sind bereits da. Um 6 gleich große Mannschaften zu bilden, muss die Gesamtzahl der Kinder durch 6 teilbar sein. Die erste, auf 31 folgende, durch 6 teilbare Zahl ist 36. Also müssen 5 Kinder hinzukommen.

**L 1.99** (C) In zwei Stunden gibt es genau $120 : 3 = 40$ Intervalle von 3 Minuten Länge, in denen Joseph 8 Ballons aufbläst. Er schafft es also auf $40 \cdot 8 = 320$ Ballons, von denen dann ein Zehntel, also 32 Ballons, gleich wieder platzen. So kann er nach 2 Stunden aber immer noch auf 288 aufgeblasene Luftballons verweisen.

**L 1.100** (E) Zwischen dem Preis von 4 und von 3 Kugeln Eis gibt es einen Unterschied von $0,80$ DM$+0,30$ DM $= 1,10$ DM. Also kostet 1 Kugel Eis 1,10 DM.

**L 1.101** (A) Von den 120 Teilen haben Kim und Julia zusammen $120 - 39 = 81$ eingepasst. Da Kim 13 mehr geschafft hat als Julia, bleiben für sie die Hälfte von $81 - 13 = 68$, also 34 Teile. Für Kim sind es $34 + 13 = 47$.

**L 1.102** (D) Mowgli braucht für den Hin- und Rückweg auf dem Rücken des Elefanten $40 - 8 = 32$ Minuten, also $32 : 2 = 16$ Minuten für eine Strecke. Zu Fuß ist er 8 Minuten langsamer, braucht also für eine Strecke $16 + 8 = 24$ Minuten. Das macht für den gesamten Weg $2 \cdot 24 = 48$ Minuten.
Dasselbe Ergebnis lässt sich auch anders finden: Wir erfahren, dass Mowgli auf einer Tour, wenn er auf dem Elefanten reitet, 8 Minuten spart. Also braucht er, wenn er beim Rückweg auf den Elefanten verzichtet, statt der 40 Minuten 8 Minuten länger, insgesamt eben 48 Minuten.

**L 1.103** (B) Man kann die Tassen der Reihe nach als Kakaotassen annehmen und versuchen, dazu zwei passende Kaffeetassen zu finden. Das gelingt nur bei Tasse (B) als Kakaotasse. Dazu passen wegen $2 \cdot 750 = 1500 = 950 + 550$ Tasse (A) und Tasse (C) als Kaffeetassen.

**L 1.104** (E) David hat 4-mal so viele Tomaten wie Max geerntet, Karin folglich 2-mal so viele wie Max. Also haben sie alle drei zusammen $4 + 2 + 1 = 7$-mal so viele wie Max geerntet, d. h. Max hat $280 : 7 = 40$ geerntet und Karin $2 \cdot 40 = 80$.

**L 1.105** (B) Hätte der rote Drachen genau so viele Köpfe wie der grüne, so hätten sie zusammen $34 - 6 = 28$, also jeder 14 Köpfe. Dann ist die Anzahl der Köpfe des roten Drachens $14 - 6 = 8$.

**L 1.106** (B) Wir nehmen einmal an, dass keiner der Dalmatiner an beiden Ohren einen schwarzen Fleck hat. Dann hätten wir zusammen $58 + 15 + 29 = 102$ Dalmatiner, was nicht möglich ist. Also war unsere Annahme falsch. Wir haben einen der Dalamtiner doppelt gezählt, weil er sowohl hinter dem linken als auch hinter dem rechten Ohr einen schwarzen Fleck hat.

**L 1.107** (C) Hätte Pascal alle Aufgaben richtig gelöst, hätte er 150 Punkte erhalten. Da er 2 Aufgaben nicht und 3 falsch bearbeitet hat, fehlen ihm mindestens $5 \cdot 3 = 15$ Punkte (höchstens könnten ihm $5 \cdot 5 = 25$ Punkte fehlen), die ihm richtiges Lösen eingebracht hätten. Außerdem sind noch mindestens $3 \cdot 0,75 = 2,25$ Punkte abgezogen worden. Der maximale Punktstand ist 132,75.

**L 1.108** (A) Am 1. Tag hätte Christopher die Prinzessin erreicht, wenn sie nur 50 km entfernt gewesen wäre, am 2. Tag – nach dem Zurückpusten – wäre er weitere 10 km herangeskatet, am 3. Tag dann auf eine Entfernung von $40\text{ km} + 3 \cdot 10\text{ km}$ und allgemein am $x$-ten Tag auf eine Entfernung von $40\text{ km} + x \cdot 10\text{ km}$. Wegen $300\text{ km} = 40\text{ km} + 26 \cdot 10\text{ km}$, ist Christopher am 26. Tag angelangt.

**L 1.109** (E) Andrés Vater muss, um mit 0 Punkten zu enden, doppelt so viele Fragen richtig wie falsch beantwortet haben, also $\frac{2}{3}$ von 18 richtig haben, d. h. 12.

**L 1.110** (A) Lina kann die beiden Zahlen mit den Ziffern $a$ und $b$ als $10a+b$ und $10b + a$ schreiben. Wir nehmen an, dass $a$ größer ist als $b$. Dann ist die Differenz $(10a+b)-(10b+a) = 9(a-b) = a$ nur dann eine einstellige Zahl $a$, wenn $a-b = 1$ ist. In diesem Fall ist $a = 9$ und $b = a - 1 = 8$, ihre Summe ist 17.

**L 1.111** (D) $5 = 20 - 15$ Personen sprechen nicht französisch, $8 = 20 - 12$ nicht russisch, d. h. mindestens $(18 - 5) - 8 = 5$ Personen sprechen alle drei Sprachen.

**L 1.112** (C) Wenn 4 € fehlen, und im Falle, dass jede der Damen 1 € gibt, 1 € zuviel ist, ist klar, dass die Anzahl der Kulturbegeisterten 5 beträgt. Da diese je 14 € gezahlt haben, sind 70 € bereits in der Reisekasse, jedoch $70 + 4 = 74$ € sind erforderlich, d. h. pro Teilnehmer $74 : 5 = 14,80$ €.

**L 1.113** (E) Angenommen, $x$ Personen waren vor der Aufnahme der Schiffbrüchigen auf dem Schiff. Dann waren also insgesamt $60 \cdot x$ Tagesrationen vorhanden. Nach Aufnahme der Schiffbrüchigen reichen diese Rationen für 50 Tage; es gilt also $60 \cdot x = 50 \cdot (x + 30)$ bzw. $60x = 50x + 1500$, d. h. $10x = 1500$; $x = 150$.

**L 1.114** (E) Die größte Geldsumme, die sich auf die beschriebene Weise erreichen lässt, ist $1\,\$ + 2 \cdot 2\,\$ + 3 \cdot 5\,\$ + 4 \cdot 10\,\$ + 5 \cdot 20\,\$ + 6 \cdot 50\,\$ + 9 \cdot 100\,\$$

**L 1.115** (B) Aus den Angaben entnehmen wir, dass Pierre 1,5-mal so schnell wie Jean radelt, er hat seine 1. Runde hinter sich, während Jean erst $\frac{2}{3}$ geschafft hat. Nach der 2. Runde hat Jean wiederum $\frac{2}{3}$ geschafft, befindet sich also nun $2-2 \cdot \frac{2}{3} = \frac{2}{3}$ vom Ende seiner 2. Runde entfernt. Und genau am Ende der 3. Runde von Pierre hat Jean seine 2. Runde beendet, und ist zum ersten Mal überrundet. Bis dahin sind $3 \cdot 4 = 12$ Minuten vergangen.

**L 1.116** (A) Jumpy springt in der einen Minute, die er hüpft, $60 \cdot 2$ m = 120 m. Die Kängurumutter ist zu diesem Zeitpunkt bereits bei $60 \cdot 5$ m = 300 m, muss also insgesamt $330 + 120 - 300 = 150$ m springen, bis sie ihn erreicht. Das dauert, da sie je Sekunde 5 m springt, $150 : 5 = 30$ s. Sie ist also, nachdem Jumpy aufgegeben hat, noch 30 s unterwegs, bis sie ihn wieder erreicht.

**L 1.117** (A) 16 l sind ein Viertel von 64 l. Nach dem Trinken der ersten 16 l sind also noch $\frac{3}{4} \cdot 64 = 48$ l reinen Weins vorhanden. Nach dem Auffüllen und Mischen mit Wasser wird erneut ein Viertel getrunken, die Menge des reinen Weins verringert sich wieder um ein Viertel, nun von 48 l, also 12 l. Folglich enthält das Fass vor dem zweiten Auffüllen noch $\frac{3}{4} \cdot 48 = 36$ l reinen Weins. Schließlich verschwindet auch nach dem zweiten Auffüllen und Mischen mit Wasser ein Viertel, also 9 l, und nun sind es noch $\frac{3}{4} \cdot 36 = 27$ l reinen Weins.

**L 1.118** (C) Da Fritz und Wanda gleichzeitig durchs Ziel gehen, wobei Fritz 100 m zu laufen hat, muss 100 gleich dem Zweieinhalbfachen des Stückes sein, das Wanda vom Vorgabepunkt bis zum Ziel zu kriechen hat, also hat Wanda 100 m : 2,5 = 40 m zu kriechen, was eine großzügige Vorgabe von 60 m bedeutet.

**L 1.119** (B) Die volle Weinballonfüllung sei mit $w$ bezeichnet. Dann gilt lt. Aufgabe $\frac{70}{100}w - 30 = \frac{30}{100}w$ bzw. $\frac{40}{100}w = 30$ bzw. $w = 75$; der Ballon fasst 75 l.

**L 1.120** (C) Außer den 4 richtig gelösten Aufgaben, für die Jana 2 € erhalten hat, hat sie $\frac{2}{3}$ von den restlichen 36, also 24, richtig gelöst und $\frac{1}{3}$, was 12 entspricht, falsch oder nicht bearbeitet. $24 + 4$ waren richtig.

**L 1.121** (B) Bezeichnen wir die Anzahl der Aufgaben, für die der Geist nicht mehr reichte, und von denen mir nur 30 % richtig gelangen, mit $x$, so ist die Zahl der insgesamt richtig gelösten Aufgaben $9 + \frac{30}{100}x$, und dies ist gleich der Hälfte der insgesamt gestellten Aufgaben. Demzufolge gilt $\frac{10+x}{2} = 9 + \frac{30}{100}x$ bzw. $50 + 5x = 90 + 3x$, woraus $x = 20$ folgt. Die gesuchte Gesamtzahl ist 30.

**L 1.122** (A) Ausgangspunkt für die Lösung ist das Weg-Zeit-Gesetz, wonach Weg $s$, Zeit $t$ und Geschwindigkeit $v$ durch die Gleichung $v = \frac{s}{t}$ zusammenhängen. Die Gleichung gilt für die gleichmäßig gleichförmige Bewegung, mit der wir es hier auch zu tun haben. Es sei $t_{\mathrm{m}}$ die Zeit, die Frau Heim am Morgen braucht, $t_{\mathrm{a}}$ die Zeit für denselben Weg $w$ am Abend. Wir wandeln die Minutenangabe in eine Stundenangabe um: Die Zeitdifferenz zwischen Hinfahrts- und Rückfahrtszeit ist 16 min bzw. $\frac{16}{60} = \frac{4}{15}$ h. Nun gilt $w = 12\,t_{\mathrm{m}} = 20\,t_{\mathrm{a}}$, und $t_{\mathrm{m}} = t_{\mathrm{a}} + \frac{4}{15}$.
Aus $t_{\mathrm{m}} = \frac{20}{12}t_{\mathrm{a}} = t_{\mathrm{a}} + \frac{4}{15}$ folgt $t_{\mathrm{a}} = \frac{6}{15}$ und $t_{\mathrm{m}} = \frac{10}{15}$, woraus sich dann letztlich $w = 12\,t_{\mathrm{m}} = \frac{120}{15} = 8$ ergibt. Der Arbeitsweg von Frau Heim ist 8 km lang.

## Ganz familiär

**L 1.123** (A) Patricias Brüder sind sämtliche männlichen Kinder der Familie und Patricks Schwestern sämtliche weiblichen. Ihre Summe ist also gleich der Gesamtzahl der Kinder der Familie, es sind 4.

**L 1.124** (B) Als Erstes stellen wir fest, dass dem Opa 10 Süßigkeiten fehlen, wenn er jedem Enkel 10 Süßigkeiten geben will. Bei der neuen Verteilung erhält jedes Enkelkind zwei Süßigkeiten weniger als zuerst vorgesehen. Damit gleicht der Opa nicht nur das Fehlen der 10 Süßigkeiten aus, sondern es bleiben auch noch 6 übrig. Folglich hat er $16 : 2 = 8$ Enkel. – In einer Gleichung lässt sich das folgendermaßen ausdrücken: Wenn mit $e$ die Zahl der Enkel bezeichnet wird, muss gelten $10(e-1) = 8e + 6$ bzw. $2e = 16$, $e = 8$.

**L 1.125** (C) Unter den Fröhlich-Kindern gibt es sowohl Mädchen als auch Jungen. Jedes Mädchen hat mindestens eine Schwester, jeder Junge mindestens einen Bruder, also muss es mindestens 2 Mädchen und mindestens 2 Jungen geben, in der Familie sind also mindestens 4 Kinder. – 4 Kinder, und zwar 2 Mädchen und 2 Jungen, reichen für die geforderte Eigenschaft aber auch aus, denn jedes der 4 Kinder hat ja wirklich mindestens eine Schwester und mindestens einen Bruder. 4 ist also die kleinstmögliche Anzahl von Fröhlich-Kindern.

**L 1.126** (A) Bei der Geburt von Theo waren Onkel Tobias und Theos Mutter zusammen 85 Jahre alt. Sie werden, nun zusammen mit Theo, an jedem 17. März gemeinsam um $3 \cdot 1 = 3$ Jahre älter. Das gemeinsame Alter von 100 Jahren erreichen sie $(100 - 85) : 3 = 15 : 3 = 5$ Jahre nach Theos Geburt. Theo ist also am 17. März 2005 fünf Jahre alt geworden.

**L 1.127** (E) Hätte man vor 3 Jahren vom Alter von Heinz 4 Jahre abgezogen, wäre die Summe 20 gewesen, und der Beitrag eines jeden Kindes zu dieser Summe hätte $20 : 4 = 5$ betragen. Heinz war vor 3 Jahren also $5 + 4 = 9$ und ist heute demzufolge 12 Jahre alt.

## Proportionen

**L 1.128** (A) Für 7 Schaufeln Beton braucht man 4 Schaufeln Kies. Also braucht man für $350 = 50 \cdot 7$ Schaufeln Beton $50 \cdot 4 = 200$ Schaufeln Kies.

**L 1.129** (A) Hans steht, da er 1 von 8 Euro eingesetzt hat, ein Achtel zu, Heinz die dreifache Menge. Es ist $66 : 8 = 8{,}25$, Heinz hat entsprechend seinem Einsatz $8{,}25 \cdot 3 = 24{,}75$ € bekommen.

**L 1.130** (B) Bei 75 Minuten für 30 Fragen stehen pro Frage $75 : 30 = 2{,}5$ Minuten zur Verfügung. Dann wären bei $75 - 25 = 50$ Minuten nur noch $50 : 2{,}5 = 20$ Fragen möglich, wenn je Frage dieselbe Zeit wie bisher zur Verfügung stehen soll.

**L 1.131** (C) Wenn 3 x Leberkäs mit 2 x Kartoffelsalat 14,50 € und 1 x Leberkäs mit 2 x Kartoffelsalat 7,50 € kosten, dann kosten 2 x Leberkäs 14,50 € – 7,50 € = 7,00 €. Folglich kostet 1 x Leberkäs 3,50 €.

**L 1.132** (A) Der kleine Koalabär frisst $\frac{1}{10}$ des Baumes in einer Stunde leer. Die Koalabärenfamilie frisst demzufolge innerhalb einer Stunde $\frac{2}{10} + \frac{2}{10} + \frac{1}{10} = \frac{1}{2}$ eines Baumes leer und ist dann in 2 h mit dem ganzen Baum fertig.

**L 1.133** (**D**) Das Feld $B$ besteht aus 16, das Feld $C$ aus 8 kleinen Quadraten. Also gilt für die gesuchte Punktzahl wegen der Antiproportionalität die Verhältnisgleichung: $16 : 8 = x : 15$ bzw. $x = 30$.

**L 1.134** (**D**) Es ist $2 \cdot (60 + 40) = 200$ m der Umfang des Gebäudes. Dann muss für den Maßstab $1 : x$ gelten: $1 : x = 100 : 20\,000 = 1 : 200$.

**L 1.135** (**E**) Wir benutzen, dass 40 Minuten 2/3 einer Stunde sind. Der Vater schrubbt also 1 Elefanten in 2/3 h oder 1,5 Elefanten je Stunde, der Sohn 0,5 Elefanten je Stunde, d. h., sie schrubben zusammen $1,5 + 0,5 = 2$ Elefanten je Stunde, woraus folgt, dass sie für 3 Elefanten $1,5$ h $= 90$ min brauchen.

Wenn wir uns die Zeitangaben ansehen, stellen wir fest, dass der Vater mehr als doppelt so schnell beim Elefantenschrubben ist wie sein kleiner Sohn. Wenn sie sich also 3 Elefanten zusammen vornehmen, hat der Vater 2 bereits fertig, wenn der Kleine noch beim Schrubben des ersten Elefanten ist. Für 2 Elefanten braucht der Vater jedoch 80 min, also kann nur – der Regel des Känguru-Wettbewerbs folgend, dass genau eine Antwort richtig ist – 90 min die zutreffende Antwort sein.

**L 1.136** (**A**) Ein blauer Papagei frisst 1 kg in 3 Tagen, also je Tag $\frac{1}{3}$ kg Körner, ein grüner entsprechend je Tag $\frac{1}{5}$ kg und ein orangefarbener $\frac{1}{7}$ kg je Tag. Wegen $\frac{1}{3} > \frac{1}{5} > \frac{1}{7}$ trifft (**A**) zu.

**L 1.137** (**C**) Aus $50 = a\left(\sqrt[3]{3}\right)^2$ folgt $a = 2$, also gilt für die gesuchte Zeit $t = 2\left(\sqrt[3]{343}\right)^2 = 2 \cdot 49$; das bedeutet 1 h 38 min.

Wir schätzen ab: Die 343 g sind knapp das Dreifache der Masse der 50-Minuten-Pasta. Die Zeit für die 343-g-Pasta ist also knapp das $\left(\sqrt[3]{3}\right)^2$-fache bzw. $\sqrt[3]{9}$-fache, also (wenn 8 als Näherung für 9 gesetzt wird) etwa das Doppelte, also ist (**C**) anzukreuzen.

**L 1.138** (**D**) Wir rechnen die Temperatursteigung je Stunde aus: In 8 Stunden – von 4 Uhr bis 12 Uhr – ist die Temperatur von $-12$ auf $+44$ Grad, also um 56 Grad gestiegen, d. h. je Stunde um $56 : 8 = 7$ Grad. Da um 4 Uhr $-12$ Grad herrschten, beträgt die Temperatur um 6 Uhr $-12 + 2 \cdot 7 = 2$ Grad.

**L 1.139** (**C**) Während in der ersten Flasche $\frac{5}{6}$ des Volumens $V$ Wasser und $\frac{1}{6}$ $V$ Sirup sind, befinden sich in der zweiten Flasche $\frac{7}{8}$ $V$ Wasser und $\frac{1}{8}$ $V$ Sirup. Demzufolge haben wir nach dem Zusammenschütten insgesamt
$\frac{5}{6} + \frac{7}{8} = \frac{20+21}{24} = \frac{41}{24}$ $V$ Wasser und $\frac{1}{6} + \frac{1}{8} = \frac{4+3}{24} = \frac{7}{24}$ $V$ Sirup.
Das Verhältnis von Wasser zu Sirup ist demzufolge $\frac{41}{24} : \frac{7}{24} = \frac{41}{7}$.

Übrigens lassen sich bei dieser Aufgabe die falschen Lösungsvorschläge besonders einfach aufspüren. Die Zahl muss ja zwischen 5 und 7 liegen, und dass dies nur für $41 : 7$ zutrifft, rechnet man blitzschnell aus.

**L 1.140** (**A**) Jede der 4 kleinen Flaschen möge das Volumen $V$ haben. Dann sind in 3 Flaschen je $\frac{1}{21}V$ Essigsäure (ES), in der vierten ist $\frac{1}{5}V$ ES. In der großen

Flasche haben wir nachher $\frac{3}{21}V + \frac{1}{5}V = \frac{1}{7}V + \frac{1}{5}V = \frac{5+7}{35}V = \frac{12}{35}V$ ES. Nun zum Wasser: In den ersten 3 Fläschchen waren je $\frac{20}{21}V$ Wasser, im vierten $\frac{4}{5}V$. Das sind insgesamt $\frac{3\cdot 20}{21}V + \frac{4}{5}V = \frac{20\cdot 5+4\cdot 7}{35}V = \frac{128}{35}V$ Wasser. Damit ist das Verhältnis der Volumina von ES zu Wasser in der großen Flasche $\frac{12}{35} : \frac{128}{35} = \frac{3}{32}$.

## Spezielle Proportionen: Prozente

**L 1.141** (A) $F$ ist die Anzahl Fahrradfahrer. 30 % von $F$, das sind $\frac{30}{100} \cdot F = R$ besitzen Rollerblades. $S$ ist die Anzahl aller Schüler. 50 % davon sind Radfahrer, d. h. $F = \frac{50}{100} \cdot S$. Daraus folgt für die Schüler, die Fahrräder *und* Rollerblades besitzen: $R = \frac{50}{100} \cdot \frac{30}{100} \cdot S = \frac{15}{100} \cdot S$, d. h. 15 % aller Schüler besitzen beides.

Um derartige Prozentaufgaben lösen zu können, hilft es oft, davon auszugehen, dass man die Zahl der Schüler kennt. Nachdem die Aufgabe unabhängig von der Schülerzahl formuliert wurde, muss die Rechnung für jede Schülerzahl dieselbe prozentuelle Antwort haben.
Nun ist es besonders einfach die Antwort zu finden, wenn wir davon ausgehen, dass es 100 Schüler in der Gödelschule gibt. Dann gibt es 50 Schüler mit Fahrrädern (50 % von 100 ist 50 Hundertstel von Hundert, also 50). Die Anzahl der Schüler mit Fahrrädern und Rollerblades ergibt sich dann als 30 % von 50, also $\frac{30}{100} \cdot 50 = 15$, und diese 15 Schüler sind von den insgesamt 100 Schülern 15 %.

**L 1.142** (C) $a$ sei die ursprüngliche Länge und $b$ die ursprüngliche Breite des Gartens. Vergrößert der Nachbar die Länge $a$ des Gartens um 10 %, dann beträgt die neue Länge $a + \frac{10}{100}\, a = \frac{11}{10}\, a$. Analog ist die neue Breite $b + \frac{10}{100}\, b = \frac{11}{10}\, b$. Die ursprüngliche Fläche betrug $ab$. Wir berechnen nun die neue Fläche: $\frac{11}{10}\, a \cdot \frac{11}{10}\, b = \frac{121}{100}\, ab = ab + \frac{21}{100}\, ab$. Sie ist also um $\frac{21}{100}$, das sind 21 %, größer.

Wie in der vorhergehenden Aufgabe könnten wir auch hier von einfachen (beliebigen) Zahlen ausgehen. Wenn das Ausgangsrechteck ein Quadrat mit Länge und Breite je 10 ist, so ist die Ausgangsfläche 100. Vergrößert der Nachbar Länge und Breite um jeweils 10 %, so betragen sie je 11, und die neue Fläche ist 121. Dies ist um 21 mehr als die ursprüngliche Fläche von 100, die also um 21 % vergrößert wurde.

**L 1.143** (B) Diese Aufgabe fragt eigentlich nur nach dem Verständnis dafür, was Prozente eigentlich sind. Die weiße Fläche wächst nämlich bei der Vergrößerung natürlich im selben Maße wie die schwarze Fläche. Wenn der Anteil der weißen Fläche vor der Vergrößerung 20 % betrug, so trifft dies nach der Vergrößerung ebenso zu.

**L 1.144** (E) Wenn die LKW-Ladung 80 % des Gesamtgewichts ausmacht, dann sind die 2000 kg Eigengewicht 20 % des Gesamtgewichts. Die Ladung beträgt also 8000 kg. Es werden 25 % der 8000 kg, also $\frac{25}{100} \cdot 8000 = 2000$ kg entladen. Von der Ladung verbleiben noch $8000 - 2000 = 6000$ kg. Das neue Gesamtgewicht beträgt nun $2000 + 6000 = 8000$ kg und die neue Ladung 6000 kg. 6000 kg von 8000 kg sind aber $\frac{6000}{8000} = \frac{75}{100}$ bzw. 75 % des neuen Gesamtgewichts.

Da wir stets nur mit prozentualen Anteilen rechnen, hängt das Ergebnis nicht von den konkreten Zahlen ab. Sei $m$ die Gesamtmasse des beladenen LKW am Start. Dann beträgt die Masse der Waren $w$ zu diesem Zeitpunkt $w = \frac{80}{100}\ m = \frac{4}{5}\ m$. Beim Halt wird ein Viertel der Waren abgeladen, auf dem LKW verbleiben drei Viertel der Waren, also $\frac{3}{4}\ w = \frac{3}{4} \cdot \frac{4}{5}\ m = \frac{3}{5}\ m$. Die Gesamtmasse $m$ verringert sich dabei um die abgeladene Ware auf $m - \frac{1}{4}\ w = m - \frac{1}{4} \cdot \frac{4}{5}\ m = \frac{4}{5}\ m$. Die verbliebenen Waren haben nun einen Anteil an der neuen Gesamtmasse von $\frac{3/5\ m}{4/5\ m} = \frac{3}{4}$ oder, in Prozent ausgedrückt, 75 %.

**L 1.145** (B) Da es nur $100\ \% - 83\ \% = 17\ \%$ gibt, die nicht englisch sprechen, müssen von den französisch sprechenden Leuten mindestens $71\ \% - 17\ \% = 54\ \%$ englisch und französisch sprechen.

**L 1.146** (E) Die 10 % Zucker in den 2 Litern Saft sind $\frac{10}{100} \cdot 2 = 0,2$ l oder 200 ml. Ebenso sind die 15 % in den 3 Litern Saft $\frac{15}{100} \cdot 3 = 0,45$ l oder 450 ml. Zusammen enthalten also die 5 Liter Mixgetränk $200 + 450 = 650$ ml Zucker. Dies sind von den 5000 ml Mixgetränk $\frac{650}{5000} = \frac{13}{100}$, also 13 %.

**L 1.147** (E) Bei 800 kg besteht der Körper des Kamels zu 85 % aus Wasser, also zu $100\ \% - 85\ \% = 15\ \%$ aus „Feststoffen". Das sind $\frac{15}{100} \cdot 800 = 120$ kg. Wenn Otto Durst hat, sind diese selben 120 kg aber $100\ \% - 84\ \% = 16\ \%$ seiner Gesamtmasse. 100 % seiner Gesamtmasse erhalten wir also als $(120 : 16) \cdot 100 = \frac{15}{2} \cdot 100 = 750$ kg.

**L 1.148** (D) Zunächst bemerken wir, dass sowohl M als auch P als Prozenteanteile von N gegeben sind. Es ist sicher eine gute Idee, N zunächst als gegeben vorauszusetzen. Nachdem M 30 % von N und P 40 % von N sind, gilt $\mathrm{M} = \frac{30}{100} \cdot \mathrm{N} = \frac{3}{10} \cdot \mathrm{N}$ und $\mathrm{P} = \frac{40}{100} \cdot \mathrm{N} = \frac{2}{5} \cdot \mathrm{N}$. Nun gilt aber auch, dass K 10 % von L beträgt und L 20 % von M, und es gilt somit:
$\mathrm{K} = \frac{10}{100} \cdot \mathrm{L} = \frac{10}{100} \cdot \frac{20}{100} \cdot \mathrm{M} = \frac{10}{100} \cdot \frac{20}{100} \cdot \frac{3}{10} \cdot \mathrm{N} = \frac{3}{500} \cdot \mathrm{N}$.
Wir erhalten also für den gesuchten Quotienten $\frac{\mathrm{K}}{\mathrm{P}} = \frac{3/500 \cdot \mathrm{N}}{2/5 \cdot \mathrm{N}} = \frac{3}{500} \cdot \frac{5}{2} = \frac{3}{200}$

**L 1.149** (B) Wir setzen den Preis eines Sonderangebot-Brötchens gleich $b$. Dann kostet das Brötchen beim Stammbäcker wegen $1,2 = \frac{12}{10} = \frac{120}{100}$ also $\frac{120}{100} \cdot b$, d. h. 20 % mehr als das Sonderangebot.

**L 1.150** (C) Von den 10 € muss ich für die ursprünglich geplante Menge nur 0,80 € aufwenden. Für die verbliebenen 0,20 € bekomme ich ein Viertel der ursprünglich geplanten Menge (da 0,2 ein Viertel von 0,8 ist) dazu, d. h. 25 %.

**L 1.151** (B) Wir suchen die Zahl von Jahren, die vergeht, bevor der Wert der Maschine erstmalig geringer als ein Drittel des Kaufpreises $P$ ist. Der Wert der Maschine beträgt nach dem 1. Jahr noch 75 % bzw. $\frac{3}{4}$ des Kaufpreises $P$, nach dem 2. Jahr $\frac{3}{4} \cdot \frac{3}{4}P = \frac{9}{16}P \left(= \frac{3^2}{4^2}P\right)$, nach dem dritten Jahr $\frac{3}{4} \cdot \frac{9}{16}P = \frac{27}{64}P \left(= \frac{3^3}{4^3}P\right)$ usw. Da $\frac{27}{64} > \frac{27}{81} = \frac{27}{3 \cdot 27} = \frac{1}{3}$, muss man also noch weiterrechnen: Nach dem vierten Jahr beträgt der Kaufpreis $\frac{3}{4} \cdot \frac{27}{64} = \frac{81}{256}$, und diese Zahl ist offenbar kleiner als $\frac{81}{3 \cdot 81} = \frac{81}{243} = \frac{1}{3}$. Also sinkt der Wert im 4. Jahr unter ein Drittel des Einkaufspreises.

**L 1.152** (C) In den vier Jahren von 1999 bis 2002 sind insgesamt $4 \cdot 325 = 1300$ Schüler aufgenommen worden. Für die Anzahl $x$ der 2003 aufzunehmenden Schüler soll gelten, dass die durchschnittliche Aufnahmezahl über den Zeitraum von dann 5 Jahren, $\frac{1300+x}{5}$, um 8 % größer ist als 325. Für $x$ erhalte ich also die Gleichung $\frac{1300+x}{5} = 325 \cdot \frac{108}{100}$, woraus sich $x = 455$ ergibt.

**L 1.153** (D) Es seien $a$ und $b$ die Katheten eines rechtwinkligen Dreiecks. Für den Flächeninhalt $A$ des veränderten Dreiecks gilt $A = \frac{1}{2} \cdot \frac{80}{100}\, a \cdot \frac{120}{100}\, b = \frac{1}{2}\, ab \cdot \frac{96}{100}$. $A$ ist also um 4 % kleiner als der Flächeninhalt des ursprünglichen Dreiecks.

**L 1.154** (D) Der Abstand zwischen zwei aufeinander folgenden Zügen beträgt zuerst $\frac{1}{24}$ des vollen Ringes. Ein Verkürzen des Abstandes um 20 % heißt Verkürzung um $\frac{20}{100} = \frac{1}{5}$, also auf $\frac{4}{5}$, folglich ist $\frac{1}{24} \cdot \frac{4}{5} = \frac{1}{30}$ der verkürzte Abstand, der zwischen den nun 30 Zügen besteht.

**L 1.155** (B) Die vier Sommermonate machen $\frac{4}{12} = \frac{1}{3}$ des Jahres aus. In diesem Drittel sind $\frac{78}{100}$ der Betten belegt. In den restlichen Monaten, die $\frac{2}{3}$ des Jahres ausmachen, sind demzufolge $\frac{57}{100}$ der Betten belegt. Dann beträgt die Auslastung, auf das Jahr bezogen, $\frac{1}{3} \cdot \frac{78}{100} + \frac{2}{3} \cdot \frac{57}{100} = \frac{78+114}{3 \cdot 100} = \frac{64}{100}$, mit anderen Worten 64 %.

**L 1.156** (A) Mit $k$ sei die Prozentzahl der Wähler bezeichnet, die die Broccoli-Partei wählten, also $\frac{k}{100}$ der Wähler wählten die Broccoli-Partei, damit $\frac{100-k}{100}$ eine andere. Von den Letzteren hatten $\frac{1}{10}$ Broccoli schon einmal gegessen. Also haben $\frac{k}{100} + \frac{100-k}{1000} = \frac{9k+100}{1000} = \frac{460}{1000}$ Broccoli gegessen, woraus für $k$ folgt: $k = \frac{360}{9} = 40$.

**L 1.157** (B) Die Ausgangskosten mögen $k_\mathrm{a}$ betragen. Da die Neuerungen zu voneinander unabhängigen Kosteneinsparungen führen, gilt für die Kosten $k_\mathrm{e}$ nach deren Einführung: $k_\mathrm{e} = k_\mathrm{a} \cdot \frac{100-50}{100} \cdot \frac{100-40}{100} \cdot \frac{100-10}{100} = k_\mathrm{a} \cdot \frac{1}{2} \cdot \frac{3}{5} \cdot \frac{9}{10} = \frac{27}{100}$. Die Kosten würden also auf 27 % bzw. um 73 % gesenkt werden.

**L 1.158** (B) Wenn die Anzahl der Käufer bei dem Ausgangspreis 75 € gleich $k$ gesetzt wird, so ist die Anzahl der Käufer, die die Ware für 80 € kaufen würden, $k_e = 0{,}8 \cdot k$, und die Anzahl der Käufer bei auf 70 € gesenktem Preis beträgt $k_s = 1{,}2 \cdot k$. Der Gewinn beim Verkauf für 75 € beträgt je verkauftes Stück $75 - 50 = 25$ €, entsprechend in den anderen Fällen 30 € bzw. 20 €. Dann errechnen sich die Gewinne $g, g_e, g_s$ zu $g = 25 \cdot k$, $g_e = 30 \cdot k_e = 30 \cdot 0{,}8 \cdot k = 24 \cdot k$ und $g_s = 20 \cdot k_s = 20 \cdot 1{,}2 \cdot k = 24 \cdot k$. Der größte Gewinn wird also hier erzielt, wenn der Preis der Ware beibehalten wird.

# 2 Gleichungen, Ungleichungen und Funktionen

## 2.1 Tüftelei mit Termen

**L 2.1** (**C**) Wir setzen fortlaufend ein: Wenn $a - b = b$, so $a = 2b$, damit ist $c \cdot b = 2b$ bzw. wegen $b \neq 0$ ist $c = 2$. Dann ist aber wegen $c + c = a - c$, was ja gleichbedeutend mit $3c = a$ ist, $a = 3 \cdot 2 = 6$.

**L 2.2** (**A**) Da $a$ und $b$ negativ sind, können $3a$ und $5b$ nicht am größten sein, da sie negativ sind und sich mit $-5a$ und $-3b$ auch positive Zahlen unter den nach ihrer Größe zu vergleichenden befinden. Außerdem gilt mit $a < b$ stets $-a > -b$. Dann ist aber erst recht $-5a > -5b > -3b$.

**L 2.3** (**A**) Damit der Term $\frac{x-3y}{y}$ existiert, muss $y \neq 0$ gelten. Umformen führt zu: $\frac{x-3y}{y} = \frac{x}{y} - \frac{3y}{y} = \frac{x}{y} - 3$. Aus $\frac{x}{y} - 3 = 12$ folgt unmittelbar, dass $\frac{x}{y} = 15$ gilt.

Für das richtige Kreuzchen genügt es, für $x$ oder $y$ irgendeine Zahl einzusetzen ($y \neq 0$), die andere auszurechnen und den Quotienten zu bilden. Für $y = 1$ findet man z. B. aus $x - 3 \cdot 1 = 12$ sofort $x = 15$, und das ist auch der Quotient.

**L 2.4** (**C**) Wir multiplizieren schriftlich und ersetzen anschließend immer gleich die entsprechenden Ziffern:

| $\overline{KLMNP\,4 \cdot 4}$ | $\overline{KLMN\,6\,4 \cdot 4}$ | $\overline{KLM\,5\,6\,4 \cdot 4}$ |
|---:|---:|---:|
| $\ldots 6$ | $\ldots 56$ | $\ldots 256$ |
| also $P = 6$ | also $N = 5$ | also $M = 2$ |

**L 2.5** (**E**) Wegen $a + b + c = 12$ ist $a + b = 12 - c$, also $12 - c = c \cdot d$ oder $d = \frac{12}{c} - 1$. Dabei muss $\frac{12}{c}$ eine ganze Zahl sein, die größer als 1 sein muss. Dies ist genau für $c = 6$, $c = 4$, $c = 3$, $c = 2$ und $c = 1$ der Fall.

**L 2.6** (**B**) Wir drücken $a$ und $c$ durch $b$ aus: Wegen $a : b = 9 : 4$ ist $a = \frac{9}{4}b$ und wegen $b : c = 5 : 3$ ist $c = \frac{3}{5}b$. Setzen wir das ein, so erhalten wir:

$$(a - b) : (b - c) = \left(\tfrac{9}{4}b - b\right) : \left(b - \tfrac{3}{5}b\right) = \tfrac{5}{4}b : \tfrac{2}{5}b = \tfrac{5 \cdot 5 \cdot b}{4 \cdot 2 \cdot b} = \tfrac{25}{8}.$$

**L 2.7** (**A**) Da $3 \cdot c = b$, ist $3 \cdot c^2 = b \cdot c = 12$ bzw. $c^2 = 4$. Es ist wegen $a \cdot b = c$ aber auch $a \cdot b \cdot c = c^2$, also $a \cdot b \cdot c = 4$.

**L 2.8** (**C**) Sei $x_1 = 3x$. Dann ist $3x_1^3 = 3 \cdot 3^3x^3 = 3^3 \cdot 3x^3 = 3^3 \cdot 2z^2 = 2 \cdot 3^3z^2 = 2(\sqrt{3^3}z)^2$. Also wächst $z$ auf das $\sqrt{3^3}$-fache.

**L 2.9** (**B**) Es ist $A_t = (a - t)(a + t) = a^2 - t^2$, woraus wegen $t^2 \geq 0$ folgt, dass für alle Werte von $t$ die Ungleichung $A_t \leq a^2$ gilt. $A_t$ kann also nicht beliebig groß werden, (**A**) und (**D**) können dementsprechend nicht zutreffen. Da $t^2 < a^2$ sein kann, denn $a \neq 0$, kann auch (**C**) nicht zutreffen. Es gilt (**B**) und nicht (**E**), denn für wachsende Werte von $t$ kann jeder Wert, der kleiner als $a^2$ ist, erreicht werden.

**L 2.10** (**A**) Da $x$ und $y$ positiv sind, sind alle 5 Werte größer als 0. Wegen $x > 1$ ist $x > y$ und außer $y$ auch $\frac{1}{x} < 1$ und folglich $xy > xy \cdot \left(\frac{1}{x}\right)^2 = \frac{y}{x} > \left(\frac{y}{x}\right)^2 = \frac{y^2}{x^2}$. Wegen $y < 1$ ist neben $x$ auch $\frac{1}{y} > 1$, also $xy < xy \cdot \left(\frac{1}{y}\right)^2 = \frac{x}{y} < \left(\frac{x}{y}\right)^2 = \frac{x^2}{y^2}$. Mit $\frac{x^2}{y^2}$ haben wir die größte der 5 Zahlen gefunden.

**L 2.11** (**C**) Subtrahieren wir $2xy$ auf beiden Seiten der Gleichung, so erhalten wir $x^2 - 2xy + y^2 = 0$. Nun ist $x^2 - 2xy + y^2 = (x - y)^2$ (binomische Formeln). Da das Quadrat einer reellen Zahl genau dann 0 ist, wenn diese Zahl selbst 0 ist, folgt $x - y = 0$ bzw. $x = y$. Wegen $y \neq 0$ ist dann $\frac{x}{y} = 1$.

**L 2.12** (**E**) Es gilt $(x-y)^2 \geq 0$ bzw. $x^2-2xy+y^2 \geq 0$, also gilt wegen $x^2+y^2 = 1$, dass $1 \geq 2xy$ oder $xy \leq \frac{1}{2}$ ist.

**L 2.13** (**B**) Wegen $\left(a + \frac{1}{a}\right)^2 = 6$, ist $a+\frac{1}{a} = \sqrt{6}$ (da $a > 0$, kann $a+\frac{1}{a}$ nicht gleich $-\sqrt{6}$ sein). Folglich $\left(a + \frac{1}{a}\right)^3 = \left(\sqrt{6}\right)^3 = a^3+3a+3\frac{1}{a}+\frac{1}{a^3} = a^3+\frac{1}{a^3}+3\cdot\left(a+\frac{1}{a}\right) = a^3 + \frac{1}{a^3} + 3 \cdot \sqrt{6}$, woraus folgt: $a^3 + \frac{1}{a^3} = \left(\sqrt{6}\right)^3 - 3\sqrt{6} = 6 \cdot \sqrt{6} - 3 \cdot \sqrt{6} = 3 \cdot \sqrt{6}$.

**L 2.14** (**A**) Es ist $(x + y + z)^2 = x^2 + y^2 + z^2 + 2xy + 2yz + 2zx$ bzw. $1 = 5 + 2(xy + yz + zx)$, also $xy + yz + zx = -2$.

## Rechnen mit Beträgen

**L 2.15** (**E**) Wir unterscheiden zwei Fälle:
1. Fall: Für $a - 2 \geq 0$, d. h. $a \geq 2$, ist die Bedingung $|a - 2| < 1$ gleichbedeutend mit $a - 2 < 1$, d. h. $a < 3$. Also $a \in [2, 3)$.

2. Fall: Für $a - 2 < 0$, d. h. $a < 2$, ist die Bedingung $|a - 2| < 1$ gleichbedeutend mit $-a + 2 < 1$, d. h. $a > 1$. Folglich $a \in (1, 2)$.

Wir fassen zusammen: Wenn $a$ die Bedingung $|a-2| < 1$ erfüllt, gilt $a \in (1, 3)$. Die Bedingung $a < 1$ ist demzufolge stets falsch. Die anderen Bedingungen können bei geeigneter Wahl von $a$ erfüllt sein. So sind z. B. die erste und zweite Bedingung richtig für $a = 1{,}5$. Die dritte und die fünfte Bedingung sind z. B. für $a = 2$ erfüllt.

**L 2.16** (**C**) Es sei o. B. d. A. $x \geq y$. Dann ist $\max(x, y) = x$. Da $x \geq y$, ist $|x - y| = x - y$ und folglich $\frac{1}{2}(|x - y| + x + y) = \frac{1}{2}(x - y + x + y) = x$. Wer mag, kann sich anhand von geeignet gewählten Zahlenbeispielen überlegen, dass die Formeln (**A**), (**B**), (**D**) und (**E**) nicht richtig sind.

**L 2.17** (**B**) Es gibt folgende mögliche Fälle: 1. Es sind alle Zahlen positiv. Dann ist der Wert der Summe 4. 2. Genau eine der Zahlen ist negativ, dann sind genau zwei der Summanden $+1$, die anderen beiden $-1$, die Summe also 0. Im 3. Fall, dass genau zwei der Zahlen negativ sind, ist das Ergebnis dasselbe, und wenn schließlich 4. alle drei Zahlen negativ sind, dann ist der Wert der Summe $-4$.

**L 2.18** (**D**) Von den vier Zahlen $(|a|-|b|)^2 = a^2 - 2|a||b| + b^2$, $(a+b)^2 = a^2 + 2ab + b^2$, $(a-b)^2 = a^2 - 2ab + b^2$ und $a^2 + b^2$ ist, da $a$ und $b$ unterschiedliche Vorzeichen haben, und folglich $-2ab > 0$ ist, $(a-b)^2$ am größten. Und für $|a^2 - b^2|$ gilt, falls $|a| > |b|$ ist, $|a^2 - b^2| = a^2 - b^2$. Dies ist $< a^2 + b^2$. Im umgekehrten Fall, wenn $|a| < |b|$ ist, gilt $|a^2 - b^2| = b^2 - a^2$. Dies ist ebenfalls $< a^2 + b^2$. Also ist $(a-b)^2$ am größten.

Da die Maximalität für alle Paare $(a, b)$ mit unterschiedlichem Vorzeichen gelten soll, genügt es, mit einem geeigneten Zahlenpaar zu probieren. Wählen wir $a = 1$ und $b = -1$, so finden wir für (**A**), (**B**) und (**C**) jeweils 0, (**E**) nimmt den Wert 2 an, (**D**) ist 4. Also gehört das Kreuz an die Stelle von (**D**).

**L 2.19** (**C**) Wir bezeichnen den Wert des Terms mit $w$. Falls $a, b > 0$, so ist $w = 3$, falls $a, b < 0$, so ist $w = -3$ (also kommen (**A**) und (**D**) als Lösungen nicht in Frage). Falls $a > 0$, $b < 0$, $a + b > 0$, so folgt $w = 1 + (-1) + 1 = 1$. Und falls $a > 0$, $b < 0$, $a + b < 0$, so folgt $w = 1 + (-1) - 1 = -1$. Ein Vertauschen von $a$ und $b$ bringt keine neuen Werte für $w$.

## 2.2 Lineare Gleichungen

**L 2.20** (**B**) Wenn doppelt so viele Äpfel genau so viele sind, wie die Igelin auf dem Rücken hat plus 4, dann machen diese 4 Äpfel gerade die Verdopplung aus, und die Igelin hat die gleiche Anzahl, also 4 Äpfel, aufgespießt.

Nun gehen wir den Weg über eine Gleichung: Die Äpfelzahl sei $x$, dann muss gelten $2x = x + 4$, woraus wir $x = 4$ schließen.

**L 2.21** (**D**) Um für sieben Kinder Eis zu kaufen, braucht Kati das Geld, das für fünf Eis nötig war, sowie den 1 €, der übrig blieb, plus 2,20 € dazu. Also muss sie für die zwei Eis, die sie mehr kaufen möchte, $1 + 2,20 = 3,20$ € bezahlen, für ein Eis folglich die Hälfte, 1,60 €.

**L 2.22** (**C**) Außer Luise sind 30 Läufer am Start. Eine Anzahl davon war schneller als Luise, die vierfache Anzahl jedoch langsamer, also führt es uns zur Lösung, wenn wir die Gruppe der 30 Läufer in fünf gleich große Teile von je 6 Läufern teilen. Luise belegte hinter den ersten 6 Läufern den 7. Platz.

**L 2.23** (**B**) Für die insgesamt 30 Lösungen wurden $34 + 10 + 2 = 46$ Punkte vergeben. Wenn $x$ Antworten richtig waren, so waren $30 - x$ Antworten falsch. Es muss also $5 \cdot x - 3 \cdot (30 - x) = 46$ gelten, bzw. $8 \cdot x = 46 + 90 = 136$ bzw. $x = 17$.

Für das richtige Kreuzchen bietet sich Probieren an: Man findet sofort, dass die Annahme, 18 Antworten seien richtig, zu einer Gesamtpunktzahl von 54 $(18 \cdot 5 - (30 - 18) \cdot 3 = 54)$ führt. Folglich muss die gesuchte Zahl kleiner als 18 sein. Bei 17 findet man $17 \cdot 5 - 13 \cdot 3 = 85 - 39 = 46$ und ist fertig.

**L 2.24** (**E**) Die gesuchte Zahl sei $x$. Es gilt: $x : \frac{4}{7} - \frac{x}{2} = x \cdot \frac{7}{4} - \frac{2 \cdot x}{4} = \frac{7 \cdot x - 2 \cdot x}{4} = 25$ bzw. $5x = 100$, woraus $x = 20$ folgt.

**L 2.25** (**C**) Die beiden Mädchen mögen je $m$, die Jungen je $j$ Kugeln Eis essen. Dann gilt $2m + 3j = 16$. Da $j = 2m$ ist, folgt $2m + 3 \cdot 2m = 16$, woraus $m = 2$ folgt. Für 3 Mädchen und 2 Jungen würde sich $3 \cdot 2 + 2 \cdot 4 = 14$ ergeben.

**L 2.26** (**C**) Da in der Gleichung $2 \cdot 3 + 0 \cdot (1 + \square) = 6$ die ins kleine Quadrat zu schreibende Zahl mit 0 multipliziert wird, ist es egal, *was* dorthin geschrieben wird. Nicht so in den anderen Fällen: (**A**), (**D**) und (**E**) lassen sich nach $\square$ auflösen, und man erhält 1, 3 bzw. 4. Gleichung (**B**) hat überhaupt keine Lösung.

**L 2.27** (**C**) Caroline teilt die $75 - 5 = 70$ Minuten im Verhältnis $2 : 1 : 0,5$ ein. Mit anderen Worten, für die schweren Aufgaben wendet sie $4t_l$ Minuten auf, wobei $t_l$ die gesuchte Anzahl der Minuten, die sie für die leichten Aufgaben einplant, ist. Für die mittelschweren plant sie demzufolge $2t_l$ Minuten ein. Insgesamt sind das $4t_l + 2t_l + t_l = 70$ Minuten, woraus folgt, dass $t_l = 10$ ist.

**L 2.28** (**E**) Wir setzen die Geschwindigkeit, mit der Frau Flink joggt, $v$. Da das Band für die Strecke, die Frau Flink in 60 s bewältigt, 90 s braucht, ist die Geschwindigkeit des Laufbandes $\frac{2}{3}v$. Ihr Sohn nutzt die Addition der Geschwindigkeiten; seine Geschwindigkeit mit Band und Jogging beträgt $v + \frac{2}{3}v = \frac{5}{3}v$. Dann ist die Zeit, die die Mutter braucht, $t = \frac{s}{v}$, während ihr Sohn statt 60 s nur $t_s = \frac{3}{5}\frac{s}{v} = \frac{3 \cdot 60}{5} = 36$ s braucht. Er ist also 24 s eher da.

**L 2.29** (**A**) Mit $t$ sei die – in Sekunden gemessene – Zeit bezeichnet, die bis zum Einholen vergeht. Dann ist der vom Känguru bis dahin zurückgelegte Weg $s_K = t \cdot 10$ und der von der Maus bis dahin zurückgelegte einschließlich der Vorgabe $s_M = t \cdot 0,1 + 990$. Da nun gelten soll, dass $s_K = s_M$, rechnen wir $t \cdot 10 = t \cdot 0,1 + 990$ bzw. $9,9t = 990$ oder $t = 100$, und das ist 1 min 40 s.

## Spezielle lineare Gleichungen: Diophantische Gleichungen

**L 2.30** (**A**) Zu jeder Ente gesellen wir ein Schwein und ein Huhn. Da es gleich viele Schweine, Enten und Hühner gibt, geht diese Gruppenbildung zu je drei Tieren gerade auf. In jeder Gruppe gibt es $2+4+2 = 8$ Beine. Auf dem Bauernhof gibt es also $144 : 8 = 18$ solche Tiergruppen und damit 18 Enten.

**L 2.31** (**C**) Es sei $x$ die Anzahl der Schäfer. Die Anzahl der Beine ist zu Beginn $15 \cdot 4 + x \cdot 2$ und nach dem Fortgang eines Teils der Schafe und Schäfer bleiben $\frac{2}{3} \cdot 15 \cdot 4 + x = 40 + x = 50$, also $x = 10$. Auf dieser schäferreichen Wiese standen zu Beginn 10 Schäfer und 15 Schafe mit insgesamt $20 + 60 = 80$ Beinen.

**L 2.32** (**B**) Da wir fünf Kinder beim Erdbeerenkosten waren und die Nachbarin drei Erdbeeren gegessen hat, ist die Gesamtzahl $5e + 3$ und dabei wegen der Teilbarkeit durch 6 von der Form $6z$. Für $z$ muss $11 \leq z \leq 16$ gelten, damit die Gesamtzahl zwischen 66 und 100 liegt. Da $5e+3$ als Einerziffer nur 3 oder 8 haben kann, muss diese Einerziffer 8 sein (sonst ist die Zahl nicht durch 6 teilbar). Damit kommt nur 78 in Frage. Jeder haben wir $75 : 5 = 15$ Erdbeeren naschen dürfen.

**L 2.33** (**D**) Wir haben die Zahl 17 aus Vielfachen der 3 und der 4 zu kombinieren. Da 17 eine ungerade Zahl ist, muss die Anzahl der Dreiecke an der Tafel auch ungerade sein ((**A**), (**C**) und (**E**) entfallen also). Nun lohnt es sich zu probieren: Falls 1 Dreieck an der Tafel ist, bleiben $17 - 3 = 14$ Eckpunkte übrig, aber 14 ist nicht durch 4 teilbar, d. h., dieser Fall scheidet aus. Sind 3 Dreiecke an der Tafel, haben diese $3 \cdot 3 = 9$ Ecken, und für die Rechtecke bleiben $17 - 9 = 8$ Ecken. 8 ist durch 4 teilbar: es sind 3 Dreiecke und 2 Rechtecke an der Tafel.

**L 2.34** (**C**) Da Jenny 6 Bonbons mehr hat als Patrick, hat Mara $3 + 6 = 9$ Bonbons mehr als das Doppelte von Patricks Anzahl. Dann ist $27 - 6 - 9 = 12$ die vierfache Anzahl von Patricks Bonbons. Patrick hat $12 : 4 = 3$ Bonbons.

Und nun eine Lösung mit Gleichungen: Die Anzahl von Patricks Bonbons sei $x$. Dann hat Jenny $x + 6$ und Mara $x + (x + 6) + 3$ Bonbons. Außerdem ist $27 = x + (x + 6) + [x + (x + 6) + 3]$, woraus folgt, dass $27 = 4x + 15$ ist, also $x = 3$.

**L 2.35** (**E**) Wir probieren – es gibt ja nur 6 verschiedene Möglichkeiten – und finden (Achtung! Punktrechnung geht vor Strichrechnung!), dass $5 + 4 \cdot 6 - 3 = 26$, $5 \cdot 4 + 6 - 3 = 23$, $5 \cdot 4 - 6 + 3 = 17$, $5 - 4 + 6 \cdot 3 = 19$ ist, $5 + 4 - 6 \cdot 3$ und $5 - 4 \cdot 6 + 3$ können wir in der 3. und 4. Klasse noch nicht berechnen, gewiss ist es aber nicht gleich 21. Also ist 21 nicht möglich.

**L 2.36** (**B**) Als das Kaufhaus eröffnet wird, sind insgesamt $10 \cdot 12 = 120$ Paar Schuhe da. Die ersten 5 Tausendfüßler kaufen: $3 \cdot 30 + 2 \cdot 5 = 90 + 10 = 100$ Paar Schuhe. Dann sind noch $120 - 100 = 20$ Paar Schuhe übrig.

**L 2.37** (**C**) Wir nehmen an, dass die Anzahl der Ostereier $O$ ist. Für $O$ gilt gemäß den Angaben aus der Aufgabe:

$$\begin{aligned} O &= \tfrac{1}{2}O + \left(\tfrac{1}{2} \cdot \tfrac{1}{2}O + 1\right) + \left(\tfrac{1}{2}\left(\tfrac{1}{2} \cdot \tfrac{1}{2}O - 1\right) + 3\right) + 1 \\ O &= \left(\tfrac{1}{2} + \tfrac{1}{4} + \tfrac{1}{8}\right) \cdot O + \left(1 - \tfrac{1}{2} + 3 + 1\right) = \tfrac{7}{8}O + \tfrac{9}{2} = 8 \cdot \tfrac{9}{2} = 36 \end{aligned}$$

Die beiden ungeraden Lösungsvorschläge 65 und 31 fallen sofort heraus, und dass es nicht 44 sein kann, errechnet man schnell – es blieben 2 Eier für den Kaffeewärmer übrig. Mit 36 hätte man dann bereits die richtige Lösung.

**L 2.38** (**B**) Es sei $k$ die Anzahl der Kinder, $e$ die der Erwachsenen. Dann gilt $0{,}5 \cdot k + 1 \cdot e = 35$, wobei $k + e = 50$ ist. Aus der 2. Gleichung erhalten wir $k = 50 - e$, was wir in die 1. Gleichung einsetzen. Dann gilt also $0{,}5 \cdot (50 - e) + e = 35$ bzw. $25 + 0{,}5 \cdot e = 35$, woraus $e = (35 - 25) \cdot 2 = 20$ folgt.

**L 2.39** (**B**) Wir setzen die Zahl der 4- bzw. 9-Cent-Briefmarken $x$ bzw. $y$. Gesucht ist dann eine ganzzahlige Lösung der Gleichung $4x + 9y = 35$. Wir sehen, dass die Zahl $35 - 4x$ durch 9 teilbar sein muss. Folglich kann $35 - 4x$ nur 27, 18 oder 9 sein. Mit $35 - 4x = 27$ folgt $x = 2$ und $y = 3$. $35 - 4x = 18$ hat keine ganzzahlige Lösung, weil $35 - 4x$ stets ungeradzahlig ist; schließlich führt $35 - 4x = 9$ zu $4x = 26$; hier gibt es keine Lösung, da 26 nicht durch 4 teilbar ist.

**L 2.40** (D) Angenommen, es waren $x$ Packungen zu 48 M12er-Schrauben und $y$ Packungen zu 32. Die letzte Ziffer von $48x+32y+3$ ist eine 9, also endet $48x+32y$ auf 6. Eine 6 als letzte Ziffer würde entstehen, wenn Adrian 2 Packungen zu 48 Schrauben vorgefunden hätte. $2 \cdot 48 + 3 = 99$ ist jedoch zu klein. Ebenso käme in Frage, dass er 3 oder 8 Packungen zu 32 Schrauben zu erfassen gehabt hätte. Aber $3 \cdot 32 + 3 = 99$ ist zu klein und $8 \cdot 32 + 3 > 8 \cdot 30 = 240$ ist zu groß. Folglich muss aus beiden Abpackungsgrößen kombiniert werden. Dafür kommt, da mindestens einmal eine 48er-Packung dabei sein muss, nur $4 \cdot 32 + 48 + 3 = 179$ in Frage.

## 2.3 Gleichungssysteme

**L 2.41** (C) Es sei $k$ die Anzahl der Krähen, $z$ die der Zaunpfähle. Dann gilt nach Aussage 1: $k = z + 1$ und nach Aussage 2: $\frac{k}{2} + 1 = z$. Einsetzen der 1. in die 2. Gleichung ergibt $\frac{z+1}{2} + 1 = z$ bzw. $z + 1 + 2 = 2z$. Also ist $z = 3$, woraus dann $k = 4$ folgt.

**L 2.42** (B) Wir bezeichnen das Volumen der Flasche mit $f$, das des Glases mit $g$, das des Krugs mit $k$ und das des Bechers mit $b$ und stellen aus den Aussagen des Textes Gleichungen auf: $k = f + g$, $f = g + b$ und $2k = 3b$.
Wir müssen nun so umformen, dass wir eine Gleichung erhalten, in der nur $b$ und $g$ als Variable auftreten: Aus den ersten beiden Gleichungen erhalten wir $k = (g + b) + g = b + 2g$. Daraus folgt nach Einsetzen in die dritte Gleichung $2(b+2g) = 3b$ (hier sind jetzt nur noch $b$ und $g$ als Variable). Daraus erhalten wir $4g = 3b - 2b$ bzw. $4g = b$.

**L 2.43** (A) Wir bezeichnen die Anzahl der weißen Mäuse mit $w$, die der schwarzen mit $s$, die Gesamtzahl mit $g$. Dann ist $w+s = g$, wobei $w = \frac{1}{4}g$ und $s = \frac{3}{4}g$ ist. Steffi hat die blauäugigen Mäuse gezählt. Ihre Anzahl setzt sich folgendermaßen zusammen: $\frac{1}{2}w + \frac{1}{5}s = 99$ bzw. $\frac{1}{2} \cdot \frac{1}{4}g + \frac{1}{5} \cdot \frac{3}{4}g = \left(\frac{1}{8} + \frac{3}{20}\right)g = \frac{5+6}{40}g = \frac{11}{40}g = 99$ bzw. $g = 40 \cdot 9 = 360$.

**L 2.44** (D) Mit $x$ bezeichnen wir die Menge Bonbons, die Paul am ersten Tag, mit $y$ die, die er am zweiten Tag gegessen hat. Dann muss folgende Gleichung gelten: $x + \frac{3}{4} \cdot x + y + \frac{2}{3}y = 31$, bzw. $\frac{7}{4}x + \frac{5}{3}y = 31$ wobei außer $x$ und $y$ auch $\frac{3}{4}x$ und $\frac{2}{3}y$ natürliche Zahlen sein müssen. Die natürliche Zahl $\frac{7}{4}x$ kann die Werte 7, 14, 21 usw. annehmen, die natürliche Zahl $\frac{5}{3}y$ die Werte 5, 10, 15 usw. Man sieht sofort eine Lösung, nämlich $x = 12$, $y = 6$, in diesem Fall isst Krista insgesamt $9 + 4 = 13$ Bonbons.

**L 2.45** (D) Am ersten Tag braucht Sisyphus $x$ Stunden aufwärts und $y$ Stunden abwärts, am zweiten Tag 2 Stunden aufwärts und $\frac{y}{2}$ Stunden abwärts.
Das Gleichungssystem

$$\begin{aligned} x + y &= 7 \\ 2x + \frac{y}{2} &= 8 \end{aligned}$$

ergibt $y = 4$ und $x = 3$ als Lösung. Dann ist die gefragte Größe $4x + \frac{y}{4} = 13$.

**L 2.46** (B) Sei die Anzahl der Punkte von Timmy mit $x$, die Anzahl der Punkte von Tommy mit $y$ bezeichnet. Dann gilt $x + 5 = 2y$ und $x - 7 = y : 2$. Setzen wir aus der 2. Gleichung $y = 2(x - 7)$ in die 1. Gleichung ein, erhalten wir $x + 5 = 2 \cdot 2(x - 7) = 4x - 28$ bzw. $3x = 33$ oder $x = 11$. Für Tommy ergibt sich hieraus $y = 8$. Man prüft leicht nach, dass mit diesen Zahlen die Bedingungen der Aufgabe erfüllt sind.

Es kann 7 nicht Lösung sein, denn dann hätte Tommy keinen Punkt. Auch die beiden geraden Zahlen 12 und 22 kommen nicht als Lösung in Frage, da sich nach Addition von 5 eine ungerade Zahl ergibt, die nicht das Doppelte der Punktzahl von Tommy sein kann. Nun kann man durch Ausprobieren schnell entscheiden, dass nur 11 die genannten Bedingungen erfüllt.

**L 2.47** (A) Wir nehmen an, dass die Drachenbezwinger $g$ grüne und $r$ rote Drachen getötet haben. Die Anzahl der grünen Beine dieser Drachen betrug dann $6g$, und für diese Zahl gilt $6g + 6 = 6r$, da die roten Drachen 6 Köpfe haben. Also ist $g + 1 = r$. Die 44 gefundenen Flügel setzen sich aus $4g$ grünen und $2r$ roten Flügeln zusammen. Folglich gilt $44 = 4g + 2r = 4g + 2(g + 1) = 6g + 2$. Aus $44 = 6g + 2$ folgt $g = 7$, damit $r = 7 + 1 = 8$ und schließlich $g + r = 15$.

Wissen wir erst einmal, dass die Recken genau einen roten Drachen mehr getötet haben, als sie grüne Drachen getötet haben, können wir schließen, dass die Summe $r + g$, also die Anzahl aller getöteten Drachen eine ungerade Zahl ist. Unter den 5 Lösungsmöglichkeiten kommt jedoch nur eine ungerade Zahl vor, folglich muss die Anzahl 15 sein.

**L 2.48** (C) Ein Analysieren der Treffer zeigt, dass Kate und Klaus beide in den äußeren Ring getroffen haben, Klaus zweimal in den mittleren, Kate statt dessen zweimal in den inneren. Addiert man ihre Ergebnisse, erhält man demnach genau das Doppelte dessen, was Katrin getroffen hat, nämlich in jeden Ring genau einmal. Damit hat Katrin die Hälfte von $29 + 43 = 72$, also 36 Punkte erreicht. Das Ergebnis von Konrad haben wir für diese Lösung nicht gebraucht.

In einem 2. Lösungsweg errechnen wir, wie viel die Treffer in den 3 Bereichen wert sind. Es sei $z$ die Punktzahl, wenn ins Zentrum, $m$ die, wenn in den mittleren und $a$ die, wenn in den äußeren Ring getroffen wird. Dann gilt $2m + a = 29$ (Klaus), also $a = 29-2m$; $2z+m = 47$ (Konrad), also $2z = 47-m$. Einsetzen in $2z+a = 43$ (Kate) ergibt: $43 = 47 - m + 29 - 2m = 76 - 3m$, also $3m = 33$ bzw. $m = 11$. Dann folgt aus $2z = 47 - m$, dass $z = 36 : 2 = 18$ und aus $a = 29 - 2m$, dass $a = 29 - 22 = 7$ ist. Katrin hat $z + m + a = 18 + 11 + 7 = 36$ Punkte erzielt. Für diesen Lösungsweg braucht man auch das Ergebnis von Konrad.

**L 2.49** (E) Wenn der Zeiger ein Stückchen gebogen ist, so differiert jedes Wiegeergebnis um eine feste Zahl $a$ zum tatsächlichen Gewicht. Es sei $x$ das Gewicht von Ben, $y$ das von Lucy, so ist $x + a = 47, y + a = 39$ und $x + y + a = 91$. Ziehen wir die zweite von der dritten Gleichung ab, erhalten wir $x = 91 - 39 = 52$.

**L 2.50** (**E**) Es sei die Anzahl der roten Steine $r$, die der blauen $b$ und die der grünen $g$ gesetzt. Für diese Zahlen gilt

$$r + b + g = 60$$
$$r + b = 2g$$
$$g + b = 3r$$

Daraus errechnen wir $b = 2g - r = 3r - g$ und setzen ein: $r + 2g - r + g = 3g = 60$, also $g = 20$, und $r + 3r - g + g = 60$, also $4r = 60$, und damit $r = 15$, woraus $b = 25$ folgt.

**L 2.51** (**B**) Es sei $x$ die Anzahl der richtigen Antworten, $y$ die Anzahl der Fragen, die nicht oder falsch beantwortet wurden. Dann ist lt. Aufgabenstellung $x + y = 30$ und gleichzeitig $7x - 12y = 77$. Aus der 1. Gleichung wissen wir, dass $x = 30 - y$ ist. Dies setzen wir in die 2. Gleichung ein und erhalten $7 \cdot (30 - y) - 12y = 77$ bzw. $210 - 7y - 12y = 77$, und wenn wir geeignet zusammenfassen: $210 - 77 = 133 = 19y$, also $y = 133 : 19 = 7$.

**L 2.52** (**B**) Wir suchen $U = 2a + 2b + 2c + 2d + 2e + 2f$. Benutzen wir die Bezeichnungen wie in der Abbildung, so gilt $2a + 2e = 12$, $2c + 2e = 6$, $2d + 2b = 6$, $2f + 2b = 8$. Summieren wir die 4 Gleichungen und sortieren um, so erhalten wir

$$2a + 2e + 2c + 2e + 2d + 2b + 2f + 2b = 12 + 6 + 6 + 8 = 32$$
$$2(a + b + c + d + e + f) + (2b + 2e) = U + 4 = 32,$$

woraus $U = 32 - 4 = 28$ folgt.

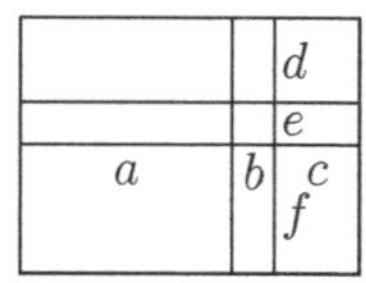


**L 2.53** (**A**) Wenn $a$ das Alter der Mutter, $b$ das des Vaters und $c$ das Alter von Marie ist, gilt $\frac{1}{2}(a + b) = 39$ und $a = b + 4$, also $\frac{1}{2}(b + 4 + b) = b + 2 = 39$, $b = 37$ und $a = 41$. Weiter ist $\frac{1}{2}(a + c) = 23$ bzw. nach Einsetzen des Wertes von $a$: $\frac{1}{2}(41 + c) = 23$ oder $c = 46 - 41 = 5$.

**L 2.54** (**D**) Wir bezeichnen die Anzahl der Tuben Mücken-Ex, die zu Beginn im Regal waren, mit $x$, die entsprechende Anzahl von Anti-Mück mit $y$. Dann stellt sich die Situation nach der ersten Verkaufsaktion von Azubi Klaus folgendermaßen dar: $2(x - 15) = y$. Und nach der Aktion der Chefin gilt: $5(y - 45) = x - 15$. Daraus können wir schlussfolgern, dass $2 \cdot 5(y - 45) = y$ gilt, bzw. $10y - 450 = y$ oder $9y = 450$, d. h. $y = 50$, woraus sich sofort $2x - 30 = 50$, also $x = 40$ ergibt.

**L 2.55** (**A**) Offenbar sind $x$, $y$ und $z$ von 0 verschieden. Wenn $yz = -6$ gilt und $xy = -3$, so folgt durch Auflösen der beiden Gleichungen nach $y$, nach Gleichsetzen und Multiplizieren mit $xz$ die Gleichung $-6x = -3z$ bzw. $z = 2x$. Setzen wir dies in die 2. Gleichung ein, erhalten wir $2x^2 = 2$ bzw. $|x| = 1$. Für $x = 1$ finden wir dann $z = 2$ und $y = -3$, woraus $x + y + z = 0$ folgt. Für $x = -1$ folgt $z = -2$ und $y = 3$, so dass wir als Summe wiederum 0 erhalten.

**L 2.56** (**B**) Die Geschwindigkeit, mit der Henry zu fahren plant, sei $v$, die Weglänge $s$. Aus den Bedingungen der Aufgabe ergibt sich dann: Wenn $t$ die Zeit ist, die Henry bei seiner geplanten Geschwindigkeit von Bremen nach Rostock brauchen würde, würde $v = \frac{s}{t}$, $t - 5 = \frac{s}{v+5}$ sowie $t - 8 = \frac{s}{v+10}$ gelten. Daraus erhalten wir, indem wir $s = tv$ einsetzen: $(v + 5)(t - 5) = vt + 5t - 5v - 25 = tv$

oder $t = 5 + v$. Dies setzen wir ein und bekommen aus $(t-8)(v+10) = tv$ die Gleichung

$$\begin{aligned} (v-3)(v+10) &= (5+v)v \\ v^2 - 3v + 10v - 30 &= 5v + v^2 \\ v &= 15 \end{aligned}$$

Also ist Henrys geplante Geschwindigkeit 15 km/h, und damit wird er ein Weilchen brauchen, bis er – wohl auf seinem Fahrrad – die Strecke von Bremen nach Rostock bewältigt hat.

**L 2.57** (**D**) Es mögen $k$ $(1 \leq k < 11)$ große Schachteln je 8 mittlere enthalten. Es gibt also $8 \cdot k$ mittlere Schachteln. $11 - k$ große Schachteln sind leer. Von den $8 \cdot k$ Schachteln enthalten $l$ je 8 kleine Schachteln, und diese sind leer, wobei $1 < k < 8 \cdot l$ ist.

Nun soll gelten

$$\begin{aligned} 8l + (8k - l) + 11 - k &= 102 \\ 7l + 7k &= 91 \\ l + k &= 13 \end{aligned}$$

Damit können wir jetzt die Gesamtzahl ausrechnen:
$11 + 8k + 8l = 11 + 8 \cdot (k + l) = 11 + 8 \cdot 13 = 11 + 104 = 115.$

## 2.4 Einige nichtlineare Gleichungen

**L 2.58** (**D**) Die Gleichung schreiben wir in der Form $a^2 b = 2000$ und zerlegen nun die Zahl 2000 in ihre Primfaktoren: $2000 = 2 \cdot 2 \cdot 2 \cdot 2 \cdot 5 \cdot 5 \cdot 5$. Dann gibt es die folgenden 6 Möglichkeiten:

$$\begin{array}{rcl@{\qquad}rcl} a = 1 & \longrightarrow & b = 2000 & a = 2 & \longrightarrow & b = 500 \\ a = 4 & \longrightarrow & b = 125 & a = 5 & \longrightarrow & b = 80 \\ a = 10 & \longrightarrow & b = 20 & a = 20 & \longrightarrow & b = 5 \end{array}$$

**L 2.59** (**E**) Angenommen, es gibt einen Parameter $p$, bei dem die Lösungen übereinstimmen. Dann ist gewiss $p \neq 1$, und wir erhalten, indem wir die 1. Gleichung nach $x$ auflösen $x = \frac{1}{p-1}$. Aus der 2. Gleichung finden wir $x = \frac{1}{p}$. Da die Gleichung $\frac{1}{p-1} = \frac{1}{p}$ für kein $p$ gilt, ist (**E**) richtig.

**L 2.60** (**A**) Es sind zwei Fälle zu unterscheiden, 1. Fall: $1 - |x| \geq 0$ und 2. Fall: $1 - |x| < 0$. Im 1. Fall lautet die Ungleichung aus der Aufgabe $1 - |x| \leq 3$ und dies ergibt – gemeinsam mit der Nichtnegativitätsbedingung und der Ganzzahligkeitsforderung –, dass für $x$ die Werte $0, 1, -1$ Lösungen sind. Im 2. Fall lautet die Ungleichung aus der Aufgabe $-1 + |x| \leq 3$ bzw. $|x| \leq 4$. Dies ergibt dann als weitere ganzzahlige Lösungen $2, 3, 4, -2, -3, -4$, insgesamt also 9 Lösungen.

**L 2.61** (**D**) Es kommen nur die Zahlen 1, 2, 3, 4 und 5 in Frage, denn für negative ganze Zahlen ist die rechte Seite der Gleichung negativ, die linke jedoch positiv, für 0 bzw. 6 ist nur eine der beiden Seiten der Gleichung 0, und für ganze Zahlen, die größer als 6 sind, ist die linke Seite der Gleichung negativ, die rechte positiv. Nach dieser Einschränkung auf 5 Möglichkeiten ist Probieren eine effektive Lösungsmethode; man findet, dass genau 2, 3 und 4 Lösungen sind.

## 2.5 Ungleichungen

**L 2.62** (E) Mit 6-maligem Fahren kann der Koch gewiss alles nach oben befördern, da kein Korb mehr als 150 kg wiegt. Stellt er die Fahrten geschickt zusammen, kommt er sogar mit weniger aus. Da wegen $60 + 65 + 75 = 200$ kg $> 150$ kg schon die 3 leichtesten Körbe nicht gleichzeitig zugelassen sind, dürfen höchstens 2 Körbe zugleich fahren. Der 60 kg und der 65 kg schwere Korb passen mit jedem der anderen Körbe in den Aufzug. Von den 4 schwereren Körben lassen sich keine zwei zugleich befördern, denn schon die beiden leichtesten wiegen mit $75+80 = 155$ kg mehr als zugelassen ist. Der Aufzug muss mindestens 4-mal fahren.

**L 2.63** (A) Angenommen, es gibt solch eine Zahl, dann wollen wir mit $a$ und $b$ deren Ziffern bezeichnen. Die Zahl ist dann $10a + b$.
Nach Voraussetzung gilt $10b + a > 3 \cdot (10a + b)$, wobei $a$ und $b$ von 0 verschieden sind. Wir stellen die Ungleichung um und erhalten $7b - 29a > 0$ bzw. $b > \frac{29}{7}a$. Nun ist klar, dass $a$ nur die Werte 1 oder 2 annehmen kann, denn schon $3 \cdot \frac{29}{7} > 12 > 10$; für $a = 1$ kommen dann für $b$ die Werte 5, 6, 7, 8 und 9, und für $a = 2$ kommt $b = 9$ in Frage. Die Zahlen sind also 15 ($45 < 51$), 16 ($48 < 61$), 17 ($51 < 71$), 18 ($54 < 81$) und 19 ($57 < 91$) sowie 29 ($84 < 92$).

**L 2.64** (E) Es ist $x^2 - 2004 = \left(x - \sqrt{2004}\right)\left(x + \sqrt{2004}\right)$. Offenbar ist für jede reelle Zahl der zweite Faktor größer als der erste. Damit $x^2 - 2004 \leq 0$ ist, muss folglich $x - \sqrt{2004} \leq 0$ und gleichzeitig $x + \sqrt{2004} \geq 0$ gelten. Das trifft für alle $x$ zu, für die $-\sqrt{2004} \leq x \leq \sqrt{2004}$ gilt. Von diesen ist $x = -\sqrt{2004}$ am kleinsten.

**L 2.65** (E) Wegen $y < 12$ kann der Wert $4 \cdot 12 = 48$ nicht erreicht werden.
Der Vollständigkeit halber fügen wir hinzu, dass für die Paare $(1; -2)$, $(0; -2)$, $(1; 6)$ bzw. $(4; 6)$ das jeweilige Produkt die Werte $-2$, 0, 6 bzw. 24 annimmt, d. h. alle anderen Werte wirklich erreicht werden können.

**L 2.66** (B) Wir bezeichnen die Anzahlen der von Willy gejagten Mäuse mit $w$, der von Line mit $l$ usw. Es gilt $3 + t = w + m$; $m < w$ und $w + t < 3 + m$. Wir lösen die Gleichung nach $m$ auf und setzen in die letzte Ungleichung ein: $w + t < 3 + 3 + t - w$, woraus $w < 3$ folgt. Da $m < w$, folgt $m < 2$. Damit kann nur $m = 0$ oder $m = 1$ gelten. $m = 0$ hätte zur Folge, dass $3 + t = w < 3$ gilt, was nicht möglich ist. Für $m = 1$ ist mit $w = 2$, $t = 0$ eine Möglichkeit vorhanden.

**L 2.67** (B) Wenn man die Anzahl der Verwandten der Braut mit $w$ und die des Bräutigams mit $m$ bezeichnet, gelten für die positiven ganzen Zahlen $w$ und $m$ die Ungleichungen $w + m > 27$, $w > 2(m - 12)$ bzw. $m > 9(w - 10)$. Aus der zweiten und dritten Ungleichung folgt $w > 2m - 24 > 18w - 180 - 24$ bzw. $204 > 17w$. Damit muss $w < 12$ gelten. Als ganze Zahl kann $w$ höchstens gleich 11 sein. Damit die erste Ungleichung gilt, muss folglich $m > 16$ sein. Aus der zweiten Ungleichung folgt $12 > w > 2m - 24$ und $36 > 2m$ und damit $m < 18$. Da $m$ eine ganze Zahl ist, muss wegen $16 < m < 18$ folglich $m = 17$ gelten. Dann muss wegen der ersten Ungleichung $w = 11$ sein.

Um – ohne die Aufgabe unmittelbar zu lösen – entscheiden zu können, wohin das Kreuzchen gesetzt werden muss, hier ein anderer Weg: Man überprüft, welche der vorgegebenen Antworten die drei Ungleichungen erfüllen. Die erste Ungleichung wird von allen Antworten erfüllt. Die Antworten (**C**) und (**E**) erfüllen nicht die zweite und die Antworten (**A**) und (**D**) nicht die dritte Ungleichung.

**L 2.68** (**A**) Um die Ungleichung zu lösen, müssen wir die Beträge auflösen. Dazu führen wir – wie es bei solchen Aufgaben in der Regel getan wird – eine Fallunterscheidung durch.

1. Fall: $x \geq 1$ — Dann sind die beiden Terme $x-1$ und $x+2$ je nichtnegativ, und die Ungleichung lautet $x-1+x+2<5$ bzw. $2x<4$ oder $x<2$.

2. Fall: $-2 \leq x < 1$ — Nun ist $x-1<0$, die Ungleichung lautet also $-x+1+x+2<5$ bzw. $3<5$. Dies ist stets erfüllt. Es bleibt der

3. Fall: $x<-2$ — Nun lautet die Ungleichung $-x+1-x-2<5$ bzw. $-2x<6$ oder $x>-3$. Damit ist unser Ergebnis, dass die Ungleichung für $-3<x<2$ gilt.

**L 2.69** (**E**) Wir bestimmen für die einzelnen Terme den bei Einhaltung der beiden Ungleichungen größten Wert.
Es ist $2a-3b$ am größten für $a=6$ und $b=1$; der Wert ist $12-3=9$.
Es ist $a+2b$ am größten für $a=6$ und $b=2$; der Wert ist $6+4>9$.
Es ist $13b-4a$ am größten für $b=2$ und $a=4$; der Wert ist $26-16>9$.
Es ist $3a-8b$ am größten für $a=6$ und $b=1$; der Wert ist $18-8>9$.
Es ist $8b-2a$ am größten für $b=2$ und $a=4$; der Wert ist $16-8<9$, fertig!

## 2.6 Funktionen

**L 2.70** (**B**) Wegen $f(x+1)=2\cdot f(x)-2002$ für alle ganzzahligen $x$ gilt also $f(2005)=2008=2\cdot f(2004)-2002$. Damit ist $f(2004)=\frac{4010}{2}=2005$.

**L 2.71** (**E**) $f\left(\frac{1}{2}+\frac{1}{2}\right)=f\left(\frac{1}{2}\right)f\left(\frac{1}{2}\right)=f(1)=2$. Daraus folgt $f\left(\frac{1}{2}\right)=\sqrt{2}$.

**L 2.72** (**B**) Am schnellsten können wir bei dieser Aufgabe Lösungsvariante (**C**) ausschließen, da $f(x)=\frac{1-3x}{x}$ für $x=0$ nicht definiert ist.

Die Lösung kann jedoch auch nicht (**D**) sein, denn für $x=\frac{1}{2}$ ist $f(x)=x^2-x-2=\frac{1}{4}-\frac{1}{2}-2<-2$.

Schließlich kann die Lösung auch nicht (**A**) und nicht (**E**) sein, denn $f(x)=|x-2|\geq 0$ für alle $x$ und $f(x)=|x+2|-2\geq 0$ für alle $x\geq 0$.

Eine andere Lösungsmöglichkeit, die jedoch etwas Erfahrung beim Lösen solcher Aufgaben voraussetzt: Mit Hilfe der binomischen Formeln stellen wir die Funktion (**B**) als $f(x)=(x-2)^2-2$ dar, und in dieser Darstellung ist die Gültigkeit der Bedingungen (1) bis (3) sofort offenbar.

## Graphen von Funktionen

**L 2.73** (**E**) Am Beginn des Vorgangs ist die Glühlampe in derselben Höhe wie die Spitze des Bleistifts. Lampe und Spitze befinden sich auf einer zur Tischplatte parallelen Geraden. Das Bild der Spitze ist demzufolge unendlich weit entfernt. Aus diesem Grunde kommt nur der Lösungsvorschlag (**E**) in Frage. Auch die anschließende Bewegung der Glühlampe, die zwar zu einer schnellen Verkürzung der Länge des Schattens führt, jedoch zu keinem Zeitpunkt einen Schatten der Länge 0 ermöglicht, wird von (**E**), aber in keinem anderen der vorgegebenen Graphen, widergespiegelt.

**L 2.74** (**D**) Es ist $f(f(f(x))) = 0$, wenn $f(f(x)) = 0$ oder $f(f(x)) = -4$ ist. Wir bestimmen nun die Werte $x$, für die $f(f(x)) = 0$ oder $f(f(x)) = -4$ ist. Wir erkennen sofort, dass für $f(x) = 0$ und für $f(x) = -4$ gilt, dass $f(f(x)) = 0$ ist. Zu bestimmen sind noch die Werte von $x$, für die $f(f(x)) = -4$ ist. Im Intervall $(-\infty, -2]$ kann die Funktionsgleichung der linearen Funktion leicht angegeben werden; es ist dort $f(x) = x + 4$. Und es ist $x + 4 = -4$ genau für $x = -8$. Also ist genau für $x = -8$ $f(f(x)) = -4$. Als Letztes haben wir all jene $x$ zu bestimmen, für die $f(x) = 0$ oder $f(x) = -4$ oder $f(x) = -8$ gilt. Mit denselben Überlegungen wie zuvor finden wir, dass $f(x) = 0$ für $x = 0$ und für $x = -4$ gilt; dass $f(x) = -4$ für $x = -8$ gilt und aus der Gleichung $x + 4 = -8$ finden wir schließlich, dass $f(x) = -8$ genau für $x = -12$ gilt. Es ist also $f(f(f(x))) = 0$ genau für die Werte $\{-12; -8; -4; 0\}$.

**L 2.75** (**D**)

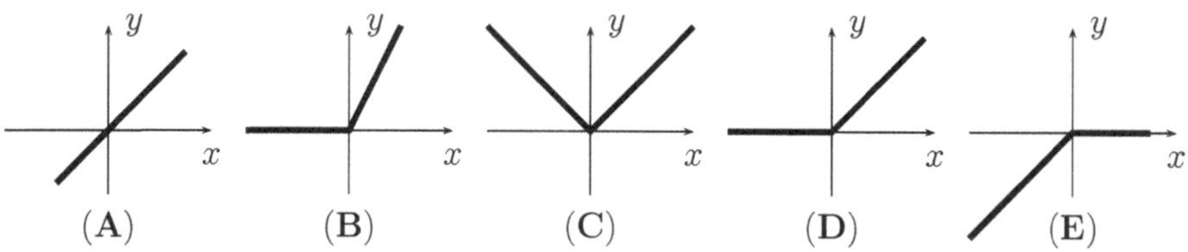


**L 2.76** (**B**) Bevor der Wanderer die volle Höhe erreicht hat, steigt er abwärts. Das ist ein sicheres Zeichen, dass er umkehren musste. Nachdem die volle Höhe von 4 Höheneinheiten erreicht ist, geht der Weg abwärts bis zu einer Höhe von 2 Höheneinheiten. Der Wanderer steigt jedoch anschließend auf *mehr als* 3 Höheneinheiten hoch, also musste er auch hier umkehren. Und als er schließlich auf dem langen Abstieg ist, muss er erneut etwas vergessen haben und noch einmal umkehren, denn es ist ein Aufstieg eingezeichnet, bevor er sich eine längere Ruhepause gönnt und dann schnell abwärts zum See geht. Er ist an drei Stellen umgekehrt.

**L 2.77** (**C**) Es ist offenbar $f(x) = |x + 1|$ und $g(x) = -|x - 1|$, und es ist $f(x) = |x + 1| = -(-|x + 1|) = -(-|(x + 2) - 1|) = -g(x + 2)$.

Es genügt, mit geeigneten Werten für $x$ zu probieren. Wählt man z. B. $x = 0$, fallen (**A**), (**B**) und (**D**) weg, und für $x = 1$ entfällt (**E**).

# 3 Kombinatorik – mit Zahlen und Figuren

## 3.1 Aufgaben zum Kombinieren

**L 3.1** (E) Zu *jedem* Paar Socken gibt es 3 Möglichkeiten für die T-Shirt-Auswahl. Also gibt es insgesamt für $4 \cdot 3 = 12$ Tage unterschiedliche Zusammenstellungen.

**L 3.2** (A) Wir stellen die Möglichkeiten systematisch dar:
Je nachdem, wer von den Dreien vorn sitzt, gibt es für die beiden anderen genau 2 Möglichkeiten, zusammen sind das $3 \cdot 2 = 6$: MTV MVT VMT MTM TMV TVM; dabei haben wir Mutter mit M, Vater mit V und Tochter mit T bezeichnet.

**L 3.3** (D) Zwischen dem ersten A und OO befinden sich 3 Konsonanten, zwischen dem zweiten A und OO ist es einer. Folglich kann es keine Vertauschungsfolge mit weniger als 4 Schritten geben. Mit 4 Schritten klappt es, z. B. so:

KANGAROO⇒KNAGAROO⇒KNGAAROO⇒KNGARAOO⇒KNGRAAOO.

**L 3.4** (D) Wer aus einer Einbahnstraße auf den Känguruplatz fährt, für den gibt es vier Varianten, den Platz zu verlassen, während ein Autofahrer, der auf einer Straße zum Platz fährt, die für beide Richtungen zugelassen ist, nur auf den restlichen drei Straßen den Platz verlassen kann. Insgesamt sind das dann $2 \cdot 4 + 4 \cdot 3 = 20$ Möglichkeiten.

**L 3.5** (A) Eine kleine Skizze hilft hier, schnell die richtige Antwort zu finden:

| | | | | | | |
|---|---|---|---|---|---|---|
| Felix | —— | —— | —— | —— | | |
| Franziska | | —— | —— | —— | —— | |
| Florian | | | —— | —— | —— | —— |

Von den insgesamt sechs Wochen gibt es zwei, in denen die drei Geschwister gleichzeitig bei den Großeltern sind, also in einem Drittel der Zeit.

**L 3.6** (B) Da in *jeder* beliebig herausgegriffenen Menge von 7 Mäusen mindestens vier weiße sein müssen, dürfen nur maximal drei graue Mäuse dabei sein.

**L 3.7** (C) Es sind genau die folgenden Skatrunden (EF für Ehefrau und EM für Ehemann):
(EF1, EF2, EF3), (EF1, EF2, EM3), (EF1, EM2, EF3), (EF1, EM2, EM3), (EM1, EF2, EF3), (EM1, EF2, EM3), (EM1, EM2, EF3), (EM1, EM2, EM3).

**L 3.8** (E) Wahrscheinlich findet man die Lösung am schnellsten, wenn man systematisch die verschiedenen Möglichkeiten zusammenstellt: Es ist
$2 \cdot 20 + 10 = 20 + 2 \cdot 15 = 20 + 3 \cdot 10 = 2 \cdot 15 + 2 \cdot 10 = 5 \cdot 10 = 50$.

**L 3.9** (C) Die kleinste mögliche Summe ist 3, die größte 18, und jede zwischen 3 und 18 liegende natürliche Zahl ist möglich. Also sind es 16 Möglichkeiten.

**L 3.10** (C) Wir bezeichnen die Pflanzen folgendermaßen: mit $r$ die roten, mit $w$ die weiße und mit $s$ die rosa. Dann findet man die gesuchte Anzahl schnell, indem man systematisch alle Möglichkeiten zusammenstellt. Das sind: $rrws$, $rrsw$, $rwrs$, $rwsr$, $rsrw$, $rswr$, $wrrs$, $wrsr$, $srrw$, $srwr$, $wsrr$, $swrr$.
Auch ohne die einzelnen Möglichkeiten aufzulisten, lässt sich die Anzahl ermitteln; man begründet folgendermaßen: Für die Platzierung von $s$ gibt es 4 Möglichkeiten, und für jede dieser Möglichkeiten habe ich genau 3 Möglichkeiten der Platzierung von $w$, also insgesamt $3 \cdot 4 = 12$.

**L 3.11** (D) Nehmen wir 20 Bälle, könnten zufällig in jeder Kiste genau 5 liegen, bei 21 gibt es jedoch irgendeine Kiste, in der mehr als 5 Bälle liegen müssen.

**L 3.12** (C) Wir denken uns eine Ecke festgehalten. Es gibt für sie genau 5 mögliche Farben. Für eine weitere hinzukommende Ecke stehen 4 Farben zur Auswahl, für das Färben dieser beiden Ecken gibt es also $5 \cdot 4$ Möglichkeiten. Für die 3. Ecke stehen jeweils noch 3 Farben zur Verfügung, so dass wir insgesamt $5 \cdot 4 \cdot 3$ Möglichkeiten erhalten, wovon jene abgezogen werden müssen, die sich durch Drehung des Chips um 120° ergeben. Die Gesamtzahl voneinander verschiedener Chips ist $5 \cdot 4 \cdot 3 : 3 = 20$.

**L 3.13** (D) Stellen wir uns die Briefcouverts in irgendeiner Reihenfolge hingelegt vor. Die Briefe an die Jugendfreunde können beliebig miteinander vertauscht sein. Für das Vertauschen von fünf voneinander verschiedenen Dingen gibt es genau $5! = 1 \cdot 2 \cdot 3 \cdot 4 \cdot 5 = 120$ Möglichkeiten. Nur bei genau einer dieser 120 Möglichkeiten erhält jeder der Fünf genau seinen Brief. Die Chance ist also $1 : 120$.

**L 3.14** (C) Jede der 8 Eissorten kann die Verkäuferin mit jeweils den 7 anderen Sorten kombinieren, das ergibt $7 \cdot 8 = 56$. Allerdings hat sie bei dieser Vorgehensweise jede Kombination zweimal erfasst. Es sind also $56 : 2 = 28$ verschiedene Eistüten möglich. In der Klasse sind 29 Schülerinnen und Schüler.

**L 3.15** (C) Für die 2. Spalte gibt es keine Wahlmöglichkeit, hier gehört in die 1. Zeile ein grüner Chip. Für die beiden Plätze in der 1. Spalte kommen nur Lila und Rot in Frage, und auch hier ist durch die Belegung in der 2. Spalte schon festgelegt, dass in die 3. Zeile Rot und in die 4. Zeile Lila gehört. Nun sind die beiden ersten Spalten komplett. In der 3. und 4. Spalte gehören in die 1. und 2. Zeile Lila und Rot. Dafür gibt es 2 Möglichkeiten. Ebenso ist es mit Grün und Blau in der 3. und 4. Zeile, so dass sich insgesamt $2 \cdot 2 = 4$ Möglichkeiten ergeben.

**L 3.16** (C) Wir erfassen die möglichen Telefonnummern systematisch. Da 0 und 3 nicht dabei sind, bleiben 8 Ziffern, aus denen eine mögliche Telefonnummer entsteht, wenn eine der Ziffern weggelassen wird. Die Nummer kann mit 1 oder 2 beginnen. Beginnt sie mit 2, so ist es 2456789, eine weitere mit 2 beginnende gibt es nicht. Beginnt sie mit 1, so kann jede der anderen Ziffern diejenige sein, die – außer 0 und 3 – nicht dazugehört. Also gibt es genau 7 solche Zahlen. Das sind 1245678, 1245679, 1245689, 1245789, 1246789, 1256789 und 1456789.
Der Direktor muss also höchstens 8-mal wählen, um den Hausmeister zu erreichen.

**L 3.17** (C) Wir bestimmen zuerst die Menge der Kärtchen, für die die Summierung zu 18 *nicht* klappt. Dazu bemerken wir, dass es zu jedem Kärtchen außer dem mit der 9 genau ein passendes Kärtchen gibt, so dass die Summe der beiden darauf stehenden Zahlen 18 ist. Wählt man nun zufällig zuerst aus jedem der sich zu 18 ergänzenden Paare je eine Zahl, so kann man – die 9 hinzugenommen – insgesamt neunmal so ziehen, dass die 18 als Summe *nicht* gebildet werden kann. Beim 10. Ziehen ist jedoch gewiss ein „Ergänzungskärtchen" dabei.

**L 3.18** (B) Wir setzen in Mannschaft 1 Thomas und Karla fest. 1. Fall: Eva spielt in Mannschaft 1. Dann bleiben für die restlichen 2 Plätze genau 6 Spieler (Peter nicht). Halten wir den 1. der beiden Spieler fest, so kann jeder der 5 anderen der 2. sein. Da jeder der „1." sein kann, sind das $6 \cdot 5$ Möglichkeiten, und da wir dabei die sich durch Vertauschen von „1." und „2." ergebenden Möglichkeiten beide gezählt haben, müssen wir noch durch 2 teilen. Damit sind das $30 : 2 = 15$ Möglichkeiten. Ebenso viele gibt es, wenn – 2. Fall – Peter zur Mannschaft 1 gehört.

**L 3.19** (E) Da es sich um 5 Pferde handelt, gibt es ohne die Einschränkung bezüglich A und B genau $5 \cdot 4 \cdot 3 \cdot 2 \cdot 1 = 120\,(= 5!)$ Möglichkeiten für den Einlauf. (Für das erste – beliebig herausgegriffene – Pferd gibt es 5 Möglichkeiten, für das nächste bleiben dann jeweils 4, für das folgende 3, usw.) Da es genausoviele Einläufe gibt, bei denen A vor B, wie Einläufe, bei denen B vor A ist, muss die ohne Einschränkung erhaltene Anzahl halbiert werden: $120 : 2 = 60$.

## Wahrscheinlichkeit

**L 3.20** (B) Es gibt 900 dreistellige Zahlen, wovon genau die Hälfte geradzahlig ist. Die Wahrscheinlichkeit, dass eine dreistellige Zahl geradzahlig ist, ist also $\frac{450}{900} = \frac{1}{2}$. Die Anzahl der dreistelligen Zahlen, die größer als 399 sind, ist 600. Die Wahrscheinlichkeit, dass eine dreistellige Zahl größer als 399 ist, ist demzufolge $\frac{600}{900} = \frac{2}{3}$. Die Wahrscheinlichkeit, dass beide günstigen Ereignisse gleichzeitig eintreffen, ist dann $\frac{1}{2} \cdot \frac{2}{3} = \frac{1}{3}$.

**L 3.21** (A) Wir schreiben an die einzelnen Wegestücke die Wahrscheinlichkeit für ihre Benutzung und erhalten dann die gesuchte Wahrscheinlichkeit, indem wir die entsprechenden Werte addieren.

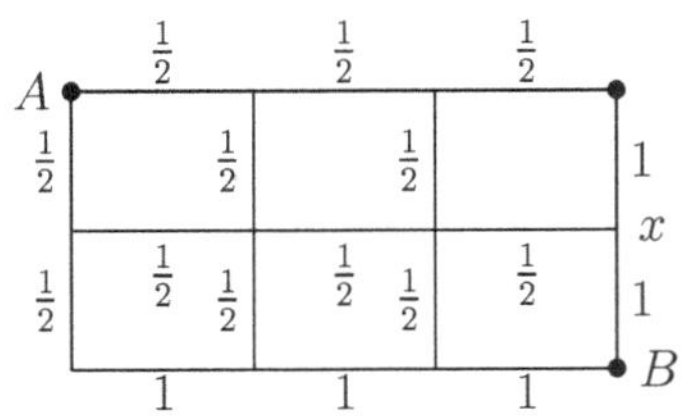


$$\begin{aligned} W &= \tfrac{1}{2} \cdot \tfrac{1}{2} \cdot \tfrac{1}{2} \cdot 1 + \tfrac{1}{2} \cdot \tfrac{1}{2} \cdot \tfrac{1}{2} \cdot \tfrac{1}{2} + \tfrac{1}{2} \cdot \tfrac{1}{2} \cdot \tfrac{1}{2} \cdot \tfrac{1}{2} + \tfrac{1}{2} \cdot \tfrac{1}{2} \cdot \tfrac{1}{2} \cdot \tfrac{1}{2} \\ &= \tfrac{1}{8} + \tfrac{3}{16} = \tfrac{5}{16} \end{aligned}$$

**L 3.22** (E) Damit Marie alle 40 Gummibärchen bekommt, müsste sie noch dreimal richtig raten, und da es bei 3 Würfen $2 \cdot 2 \cdot 2 = 8$ Möglichkeiten gibt, ist ihre Chance $\frac{1}{8}$, die von Peter demzufolge $\frac{7}{8}$, was bedeutet, dass er $\frac{7}{8} \cdot 40 = 35$ Gummibärchen bekommt.

**L 3.23** (**A**) Es gibt insgesamt 9 verschiedene Plätze für das Möwenpärchen – von ganz links in der Reihe bis ganz rechts in der Reihe – und an jedem der Plätze gibt es zwei Möglichkeiten, da die beiden weißen Möwen ihre Plätze miteinander tauschen können. Für die 8 anderen Möwen existieren bei jedem der 9 Plätze für das weiße Möwenpaar $1 \cdot 2 \cdot 3 \cdots 8$ Möglichkeiten. Damit ergibt sich für den Anteil: $\frac{1 \cdot 2 \cdots 8 \cdot 9 \cdot 2}{1 \cdot 2 \cdots 10} = \frac{2}{10} = \frac{1}{5}$.

## 3.2 Kombinatorische Geometrie

### Erste, einfache Beispiele

**L 3.24** (**A**) Das Känguru muss 5 Nähte in waagerechter Richtung und 7 Nähte in senkrechter Richtung machen, um die Decke aus den Stoffquadraten zusammenzufügen. An jedem Kreuzungspunkt zweier Nähte muss ein Knopf angenäht werden. Davon gibt es genau $7 \cdot 5 = 35$.

**L 3.25** (**E**) Damit sich ein Dreieck konstruieren lässt, muss stets die Summe zweier Seitenlängen größer sein als die dritte Seitenlänge. Wenn also z. B. die Länge einer dritten Seite $a$ cm ist, so muss gelten: $a+5 > 13$, $a+13 > 5$ und $5+13 > a$. Die zweite Bedingung ist immer erfüllt. Die beiden anderen Bedingungen werden von allen ganzen Zahlen $a$ mit $18 > a > 8$ erfüllt, das sind genau 9 Zahlen.

**L 3.26** (**D**) Mehr als vier Teile können nicht entstehen; der erste gerade Schnitt kann den Kreis in maximal 2 Teile zerlegen, der zweite Schnitt jedes der beiden Teile in maximal zwei Teile.

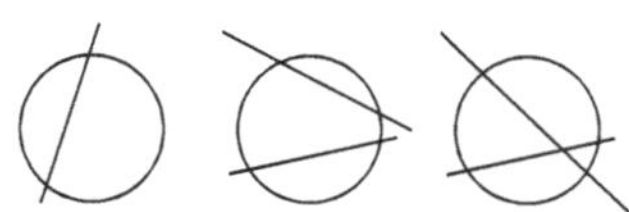

**L 3.27** (**B**) Ein Kreis und eine Strecke können sich in maximal 2 Punkten schneiden, also können sich ein – aus 4 Strecken bestehendes – Quadrat und ein Kreis höchstens in 8 Punkten schneiden. Aus derselben Überlegung heraus können sich ein Kreis und ein Dreieck in höchstens 6 Punkten schneiden.

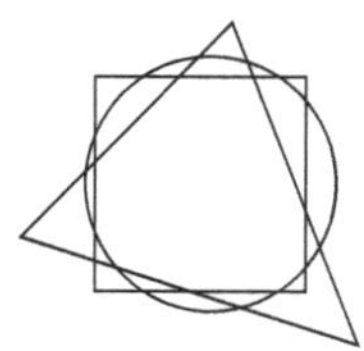

Schließlich können sich ein Quadrat und ein Dreieck wegen der Parallelität von je 2 Quadratseiten in höchstens 6 Punkten schneiden. Insgesamt sind das höchstens $6+6+8 = 20$ Schnittpunkte. Die Zeichnung belegt, dass dies möglich ist.

**L 3.28** (**D**) Zwei Kreise können maximal zwei Schnittpunkte miteinander haben. Ein Kreis und eine Gerade können ebenfalls maximal zwei Schnittpunkte miteinander haben, und zwei Geraden können sich in maximal einem Punkt schneiden. Also ist die größtmögliche Anzahl von Schnittpunkten von zwei Kreisen und drei Geraden gleich $2+3 \cdot 2 \cdot 2+3 \cdot 1 = 17$. Die nebenstehende Abbildung belegt, dass dies auch möglich ist.

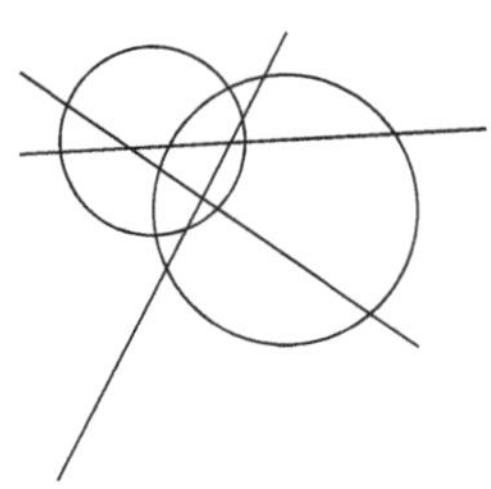

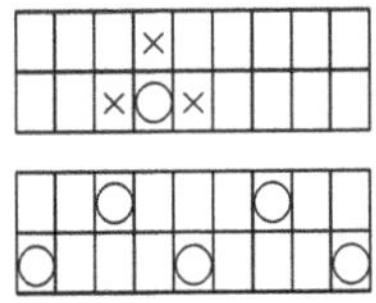

**L 3.29** (**A**) Angenommen, in irgendeinem der Felder befindet sich eine Münze, dann braucht in den mit einem Kreuzchen versehenen Feldern – s. Zeichnung oben – keine Münze zu liegen; durch das Legen einer Münze werden maximal 4 Felder „abgedeckt“.
Belegt man das Spielfeld wie in der unteren Abbildung dargestellt, so ergibt sich eine mögliche Belegung mit 5 Münzen. Weniger sind nicht möglich, denn jede Münze kann – wie gezeigt – höchstens vier Felder abdecken, vier Münzen also höchstens 16 der 18 Felder.

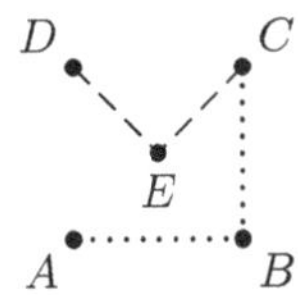


**L 3.30** (**C**) Die Eckpunkte des Quadrats seien $A$, $B$, $C$ und $D$, der Mittelpunkt $E$. Nun bildet der Mittelpunkt zusammen mit zwei nebeneinander liegenden Eckpunkten eine *V-Menge* ($AEB$, $BEC$, $CED$ und $DEA$ – hier treten als gleich lange Abstände die halben Diagonalen des Quadrats auf – in der Skizze gestrichelt), und es bildet auch jeder Eckpunkt zusammen mit zwei benachbarten Eckpunkten eine *V-Menge* ($ABC$, $BCD$, $CDA$ und $DAB$ – die gleich langen Abstände sind die Quadratseiten – in der Skizze gepunktet). Da wir alle Dreiecke erfasst haben, die sich aus 3 der 5 Punkte bilden lassen, kann es keine weiteren *V-Mengen* geben.

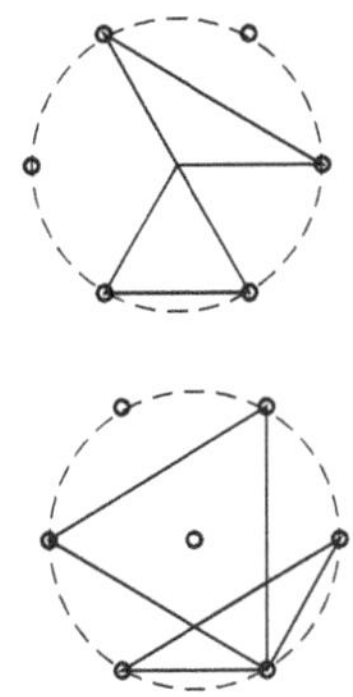

**L 3.31** (**D**) Es gibt 6 *V-Mengen*, die je vom Mittelpunkt und zwei benachbarten Punkten auf dem Kreis gebildet werden. Des Weiteren gibt es 6 *V-Mengen*, die wieder je den Mittelpunkt enthalten und dazu zwei Punkte des Kreises, die einen dazwischenliegenden Punkt auslassen. (s. obere Skizze – je ein Beispiel)
Weitere 6 *V-Mengen* enthalten je drei benachbarte Punkte des Kreises. Die letzten beiden *V-Mengen* bilden wiederum je 3 Punkte des Kreises, wobei immer jeder zweite zur *V-Menge* gehört. (s. untere Skizze – je ein Beispiel)
Wir haben also insgesamt $6 + 6 + 6 + 2 = 20$.

## Entdecken und Zählen von Figuren

**L 3.32** (**B**) Wenn es eine solche Einteilung der Kästchen gibt, dass von der einen Sorte doppelt so viele da sind wie von der anderen, dann muss die Anzahl der Kästchen durch 3 teilbar sein. Teilt man $4 \cdot 6 = 24$ durch 3, erhält man 8. Zu den 5 grauen Kästchen müssen 3 hinzugefügt werden, dann haben wir 8 graue und $2 \cdot 8 = 16$ weiße.

**L 3.33** (**A**) 12 kleine Dreiecke + 6 Dreiecke, aus 4 kleinen Dreiecken bestehend, + 2 Dreiecke, aus 9 kleinen Dreiecken bestehend, also insgesamt 20 Dreiecke.

**L 3.34** (**C**) Damit an einer Kette zwei Drittel der Herzen dunkel sind, müssen doppelt so viele dunkel wie hell sein. Wir zählen aus und prüfen. Bei (**C**) mit 4 dunklen und 2 hellen sind es doppelt so viele dunkle wie helle Herzchen.

**L 3.35** (C) Die Lösung wird in zwei Zeichnungen veranschaulicht. In der ersten Zeichnung sind 5 Dreiecke markiert, in der zweiten die restlichen beiden.

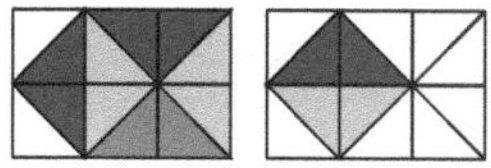

**L 3.36** (B) Die Abbildung zeigt die unterschiedlichen Parallelogramme und deren Anzahl. Insgesamt sind es also $6 + 4 + 2 + 3 + 2 + 1 = 18$.

6 4 2 3 2 1

**L 3.37** (A) Wir zählen: Da wir ein $5 \times 7$-Rechteck vorliegen haben, gibt es genau $5 \cdot 7 = 35$ 1-Kästchen-Quadrate, genau $(5 - 1) \cdot (7 - 1) = 24$ Quadrate, die aus 4 Kästchen bestehen, genau $(5 - 2) \cdot (7 - 2) = 15$ Quadrate, die aus 9 Kästchen bestehen, genau $(5 - 3) \cdot (7 - 3) = 8$ Quadrate, die aus 16 Kästchen bestehen, und genau $(5 - 4) \cdot (7 - 4) = 3$ Quadrate, die aus 25 Kästchen bestehen. Insgesamt sind das $35 + 24 + 15 + 8 + 3 = 85$.

**L 3.38** (D) Es gibt fünf Dreiecke unterhalb der Diagonale (s. Skizze). Oberhalb der Diagonale findet man analog noch einmal so viele.

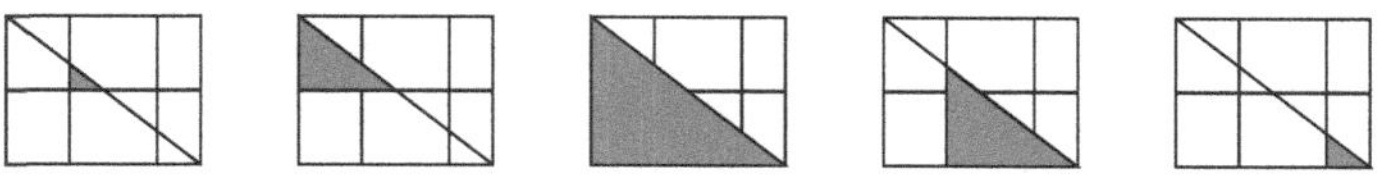

**L 3.39** (B) Wir betrachten zuerst das aus $4 \times 4$ kleinen Quadraten bestehende Quadrat. Hierin finden wir 1 Quadrat der Seitenlänge von 4 kleinen Quadraten, 4 Quadrate der Seitenlänge von 3 kleinen Quadraten, 9 Quadrate der Seitenlänge von 2 kleinen Quadraten und 16 kleine Quadrate. In dem über dem $4 \times 4$-Quadrat liegenden „Steg“ befinden sich insgesamt $2 \cdot 6 = 12$ ganz kleine Quadrate und 5 aus je 4 dieser ganz kleinen Quadrate bestehende größere. Es sind also insgesamt $1 + 4 + 9 + 16 + 12 + 5 = 47$.

**L 3.40** (B) Die graue Fläche besteht aus dem hellgrauen rechteckigen und einem dreieckigen Gebiet. Das Rechteck besteht aus ganzen und halben kleinen Dreiecken, $4 + 2 \cdot \frac{1}{2} = 5$ je Reihe, also im gesamten rechteckigen Teil $4 \cdot 5 = 20$ kleine Dreiecke.

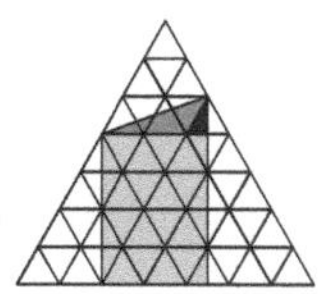

Trennt man vom dreieckigen Gebiet das halbe schwarze Dreieck ab, so bleibt die Hälfte eines Parallelogramms aus 4 kleinen Dreiecken. Damit ergibt sich als Fläche für den dreieckigen Teil $\frac{4}{2} + \frac{1}{2} = 2{,}5$. Insgesamt sind das $20 + 2{,}5 = 22{,}5$.

## Streichholzaufgaben

**L 3.41** (D) Für das gleichseitige Dreieck werden $3 \cdot 6 = 18$ Streichhölzer gebraucht. Es bleiben $60 - 18 = 42$ übrig. Von diesen braucht Teresa $2 \cdot 6 = 12$ für zwei der Rechteckseiten. Es bleiben $42 - 12 = 30$. Dann sind die beiden anderen Rechteckseiten also $30 : 2 = 15$ Streichhölzchen lang.

**L 3.42** (B) Für zwei benachbarte Seiten, d. h. für Breite und Länge eines Rechtecks, benötigen wir die Hälfte der verfügbaren Streichhölzer, also $18 : 2 = 9$. Und die aus 9 Streichhölzern bestehende Menge lässt sich auf genau vier Weisen zerlegen: $1 : 8$, $2 : 7$, $3 : 6$ und $4 : 5$. Dies ergibt die folgenden Rechtecke:

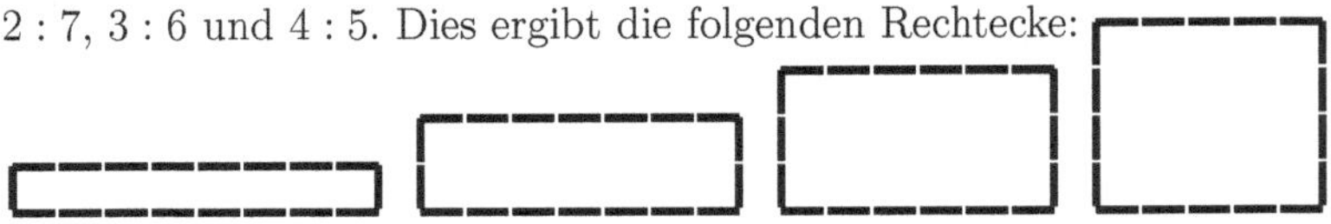

**L 3.43** (A) Die Abbildung zeigt ein Beispiel dafür, dass nach dem Entfernen von 6 Hölzern genau 3 Quadrate übrig sind.

**L 3.44** (E) Das regelmäßige Sechseck setzt sich aus 6 gleichseitigen Dreiecken mit der Seitenlänge $s$ eines Streichholzes zusammen. Der Flächeninhalt des „Fisches“ $A$ beträgt demzufolge 8 solche Dreieckflächen. Nun gilt $\triangle F'G'H \sim \triangle GFF'$, da $FF'$ und $GG'$ die Parallelen $FG$ und $F'G'$ schneiden.

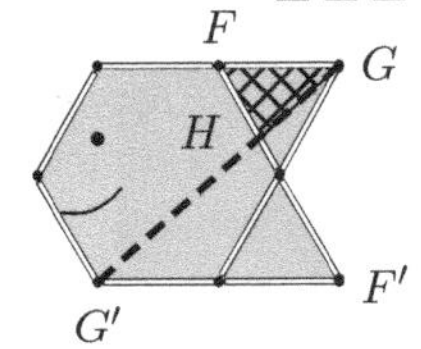


Nun ist $\overline{F'G'}$ zwei Streichhölzer (=2$s$), also doppelt so lang wie $\overline{FG}$. Daher gilt $\overline{FH} : \overline{HF'} = 1 : 2$. Und daraus folgt, da $\overline{FH} + \overline{HF'} = 2s$ ist, dass $\overline{FH} = \frac{2}{3}s$ ist. Damit ist der gesuchte Flächeninhalt $A_{FGH} = \frac{2}{3} \cdot \frac{1}{8}A = \frac{1}{12}A$.

## 3.3 Noch mehr kombinatorische Geometrie

**L 3.45** (B) Zwei Sehnen können einen Kreis in maximal 4 Teile zerlegen. Eine 3. hinzukommende Sehne kann höchstens 3 dieser 4 Teile in je 2 Teile zerlegen, weil der Schnittpunkt der beiden Sehnen sich offenbar nur in einer der durch die hinzukommende Sehne bestimmten Halbebenen liegen kann – und damit auch einer der Winkelräume, der dann nicht geteilt werden kann. Dabei entstehen $1 + 2 \cdot 3 = 7$ Teile. Für die 4. hinzukommende Sehne trifft dieselbe Aussage zu, nun bezogen auf die maximal 3 existierenden Schnittpunkte der Sehnen, so dass von den 7 Teilen gewiss 3 nicht geteilt werden können. Damit kann die Zahl der Teile höchstens $7 + 4 = 11$ sein. Dass dies auch möglich ist, belegt die Zeichnung.

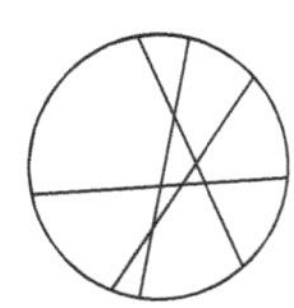

**L 3.46** (B) Wir denken uns eine beliebige der 6 Seitenflächen des Würfels rot angemalt. Für eine zweite rote Seitenfläche gibt es dann genau 2 Möglichkeiten:

(a) Die beiden Seitenflächen haben eine gemeinsame Kante.

(b) Die beiden Seitenflächen haben keine gemeinsame Kante.

Im Fall (a) gibt es für die dritte rote Seite genau zwei Möglichkeiten:

($a_1$) Sie hat mit beiden roten Seiten eine gemeinsame Kante.

($a_2$) Sie hat mit genau einer der Seitenflächen eine gemeinsame Kante.

Im Fall (b) gibt es nur die Möglichkeit, dass, wenn Grund- und Deckfläche rot sind, eine der Seiten die dritte rote Seite ist. Dies ist identisch mit Fall ($a_2$).

**L 3.47** (D) Jeder der 10 Punkte ist mit 9 anderen verbunden, das sind insgesamt $9 \cdot 10 = 90$ Verbindungen; allerdings wurde jede Strecke doppelt gezählt, also gibt es tatsächlich 45. Jede Gerade, die in der Ebene, in der sich die 10 Punkte befinden, liegt, zerlegt diese Ebene in zwei Teile (Halbebenen), und dabei wird auch die Punktmenge aus den 10 Punkten in zwei Teilmengen geteilt. Die Anzahl der Punkte in diesen Teilmengen ist eine der Zahlen zwischen 0 und 10. Liegen $k$ Punkte sämtlich in derselben Halbebene, so schneidet die Gerade offensichtlich keine der Verbindungsstrecken dieser Punkte, sondern genau die Verbindungsstrecken, die es zwischen den Punkten aus der einen Halbebene zu denen der anderen Halbebene gibt. Nun müssen wir abschätzen, wie die Teilung der 10 Punkte am günstigsten ist. Befinden sich alle Punkte in derselben Halbebene, so schneidet die Gerade keine der Verbindungsstrecken. Im Falle einer Teilung in 1 zu 9 schneidet sie genau 9 Strecken. Bei 2 zu 8 kann sie $1 + \frac{8 \cdot 7}{2} = 29$ der 45 Verbindungsstrecken nicht schneiden, schneidet also 16. Bei 3 zu 7, kann sie $\frac{3 \cdot 2}{2} + \frac{7 \cdot 6}{2} = 24$ nicht schneiden, es bleiben 21. Sind 4 Punkte in der einen Halbebene und 6 in der anderen, so kann die Gerade $\frac{4 \cdot 3}{2} + \frac{6 \cdot 5}{2} = 21$ nicht schneiden, schneidet also 24. Und schließlich bei einer 5 zu 5-Teilung sind es $45 - 2 \cdot \frac{5 \cdot 4}{2} = 45 - 20 = 25$, die geschnitten werden. Das ist das Maximum.

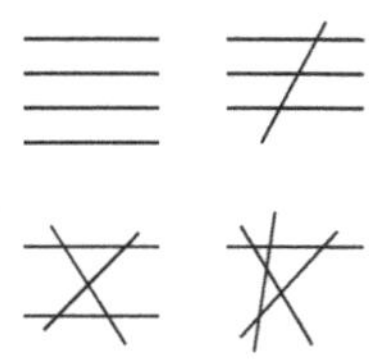

**L 3.48** (B) Für 0, 3, 5 und 6 Schnittpunkte s. Skizze. Dass 2 Schnittpunkte nicht möglich sind, lässt sich folgendermaßen begründen: Zwei Geraden können sich grundsätzlich in zwei Lagen zueinander befinden; sie können sich schneiden oder zueinander parallel sein. Sind keine 2 der 4 Geraden zueinander parallel, so schneiden sie sich entweder in einem Punkt oder, wenn es einen Punkt gibt, in dem sich 3 Geraden schneiden, in 4 Punkten oder, wenn es keinen Punkt gibt, in dem sich mehr als 2 Geraden schneiden, in $\frac{4 \cdot 3}{2} = 6$ Punkten. Gibt es ein Paar paralleler Geraden, so schneidet jede hierzu nicht parallele Gerade die parallelen Geraden in je einem Punkt, eine vierte Gerade muss dann mindestens einen weiteren Schnittpunkt hinzufügen, da sie nicht mit der 3., schneidenden Geraden identisch sein kann.

**L 3.49** (B) Jedes der quadratischen Teilfelder 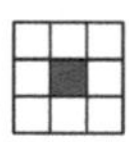 kann auf genau zwei Weisen bedeckt werden, nämlich  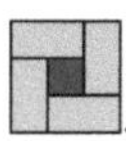. Damit erhält man insgesamt $2^4 = 16$ Möglichkeiten. Dass es keine weiteren gibt, belegt die folgende Überlegung: Die Anzahl der mit $1 \times 2$-Steinchen bedeckten Felder ist gerade. Würde ein Steinchen von einem „Steg" in ein quadratisches Teilfeld hineinragen, müsste das auch für den anderen „Steg", der zu diesem Teilfeld gehört, zutreffen. Das dazwischen liegende Eckfeld könnte dann nicht überdeckt werden.

**L 3.50** (C) Es ist $32 = 2 \cdot 2 \cdot 2 \cdot 2 \cdot 2$. Die Knoten könnten also angeordnet sein in einer Reihe als $1 \cdot 2^5$, in 2 Reihen als $2 \cdot 2^4$ oder in 4 Reihen als $2^2 \cdot 2^3$. Im ersten Fall wären 70 Kugeln erforderlich, im zweiten Fall 40 und im dritten Fall 28. Also trifft der dritte Fall zu, und dabei hat man genau $(2^2+1) \cdot (2^3+1) = 45$ Maschen.

**L 3.51** (D) Eine Gerade hat von 3 Punkten genau dann denselben Abstand, wenn sie parallel zu einer der Geraden verläuft, die durch ein Paar dieser 3 Punkte bestimmt ist und der das Lot vom dritten Punkt auf diese Gerade halbiert. Da die 3 Punkte nicht auf ein und derselben Geraden liegen, bestimmen je zwei von ihnen eine Gerade, so dass wir insgesamt genau 3 verschiedene Geraden erhalten.

**L 3.52** (C) Wenn an jede Fünfeckseite ein Sechseck grenzt, sind das $5 \cdot 12 = 60$ Sechsecke. Da jedoch an jedes Sechseck zwei weitere Fünfecke grenzen, muss diese Zahl durch 3 geteilt werden.

**L 3.53** (E) Insgesamt gibt es zwischen den 20 Eckpunkten $\frac{20 \cdot 19}{2} = 190$ Verbindungsstrecken. 30 davon sind Kanten des Dodekaeders und müssen daher genauso von den 190 Verbindungsstrecken subtrahiert werden wie die auf jeder der 12 Fünfeckflächen liegenden 5 Diagonalen. Insgesamt ergibt sich $190 - 30 - 12 \cdot 5 = 100$.

**L 3.54** (B) Man überlegt sich, dass es nur drei Typen von Dreiecken mit Eckpunkten, die gleichzeitig Eckpunkte des Sechsecks sind, geben kann: 1. solche mit drei aufeinander folgenden Eckpunkten des Sechsecks, 2. solche mit genau zwei aufeinander folgenden Eckpunkten des Sechsecks und 3. solche, bei denen keine zwei Eckpunkte aufeinander folgende Eckpunkte des Sechsecks sind. Im 1. Fall enthalten die Dreiecke einen Winkel, der gleichzeitig Winkel im regelmäßigen Sechseck, also 120° groß ist, also ist solch Dreieck nicht rechtwinklig. Im 3. Fall handelt es sich um gleichseitige Dreiecke.

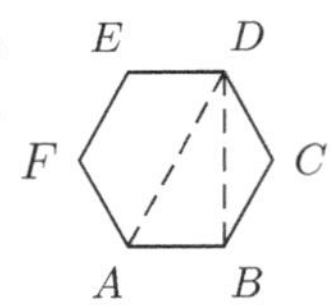


Betrachten wir nun den 2. Fall, bei dem genau zwei Eckpunkte aufeinander folgende Eckpunkte des Sechsecks sind. Ein solches Dreieck ist $\triangle ABD$ in der Zeichnung rechts. Da $\measuredangle BCD$ als Sechseckswinkel 120° ist, sind die Basiswinkel in $\triangle BCD$ je 30° groß, woraus unmittelbar folgt, dass $\measuredangle ABD = 120° - 30° = 90°$ ist.
Aus Symmetriegründen gibt es zu jedem Paar aufeinander folgender Eckpunkte des Sechsecks genau 2, insgesamt also $6 \cdot 2 = 12$ rechtwinklige Dreiecke. Die 2. Lösung, die wir angeben, gilt für beliebige regelmäßige $2n$-Ecke. Diese haben bekanntlich einen Umkreis. Rechtwinklige Dreiecke, deren Ecken auf einer Kreislinie liegen, haben die Eigenschaft, dass die Hypotenuse Durchmesser ist (Satz des Thales). Es existieren $n$ verschiedene Durchmesser, die aus Punkten des $2n$-Ecks bestehen. Zu jedem dieser Durchmesser gehören $2n - 2$ Eckpunkte auf der Peripherie. Das sind insgesamt $n \cdot (2n - 2)$ rechtwinklige Dreiecke. Beim Sechseck ist $n = 3$ und folglich die gesuchte Anzahl $3 \cdot (2 \cdot 3 - 2) = 12$.

**L 3.55** (B) Wir stellen uns vor, dass wir das $6 \times 6$-Rechteck wie ein Schachbrett in kleine Felder der Größe $1 \times 1$ geteilt und dann jede zweite Reihe eingefärbt haben. Legen wir nun eines unserer Puzzleteilchen auf dieses gestreifte Brett, so ist, wie auch immer wir das Teilchen legen, stets eine ungerade Anzahl gefärbter Felder von dem Teilchen bedeckt. Es gibt insgesamt $36 : 2 = 18$ gefärbte Felder. Angenommen, das $6 \times 6$-Feld lässt sich mit den Puzzleteilchen auslegen, dann werden dafür genau $36 : 4 = 9$ solcher Teilchen benötigt. Da stets eine ungerade Anzahl gefärbter Felder bedeckt werden und 9 ungerade ist, jedoch 18 gefärbte Felder zu überdecken sind, haben wir hier einen Widerspruch zur Annahme erhalten. Eine Bedeckung des $6 \times 6$-Rechtecks mit den Puzzleteilen existiert nicht.

Wir legen zwei der Puzzleteile geeignet zusammen 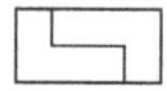 und sehen sofort, dass alle Rechtecke, die sich wie die Rechtecke (**A**), (**C**), (**D**) und (**E**) aus Rechtecken der Form $2 \times 4$ zusammensetzen lassen, aus den Puzzleteilen erzeugt werden können. Da wir davon ausgehen können, dass stets genau eine der Antwortmöglichkeiten richtig ist, ist klar, dass (**B**) richtig sein muss.

## Geometrie auf Gitterpunkten

**L 3.56** (**C**) Wir stellen systematisch alle Wege zusammen, die möglich sind:

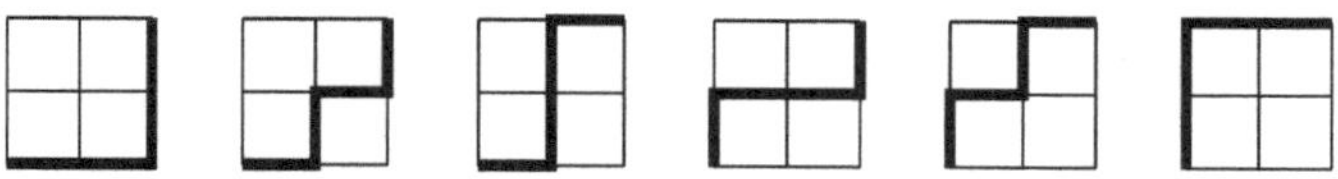

**L 3.57** (**D**) Systematisches Probieren führt zu den folgenden 4 Dreiecken:

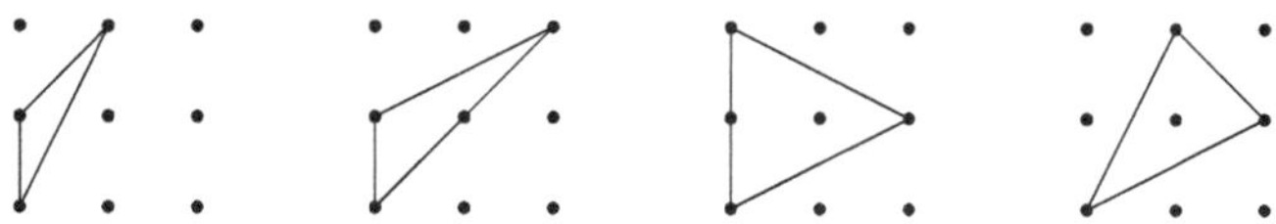

**L 3.58** (**A**) Da die Eckpunkte Gitterpunkte sind, gibt es außer dem abgebildeten Dreieck – und solchen, die aus diesem durch Drehung entstehen können – keine, die nicht eine 1 cm oder 2 cm lange Verbindungsstrecke zwischen Gitterpunkten als Seite enthielten.

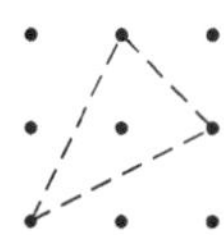

Das rechts abgebildete Dreieck hat einen Flächeninhalt von 1,5 cm$^2$, kommt also für uns nicht in Frage. Dreiecke mit den geforderten Eigenschaften sind entweder solche, die eine 2 cm lange *und* eine 1 cm lange Seite besitzen, solche, die eine 1 cm lange Seite und eine 2 cm lange Höhe oder solche, die eine 2 cm lange Seite und eine 1 cm lange Höhe besitzen. Von der ersten Sorte gibt es 16, von der zweiten und der dritten Sorte je 8. In den Abbildungen sind je 2 Beispiele gezeichnet.

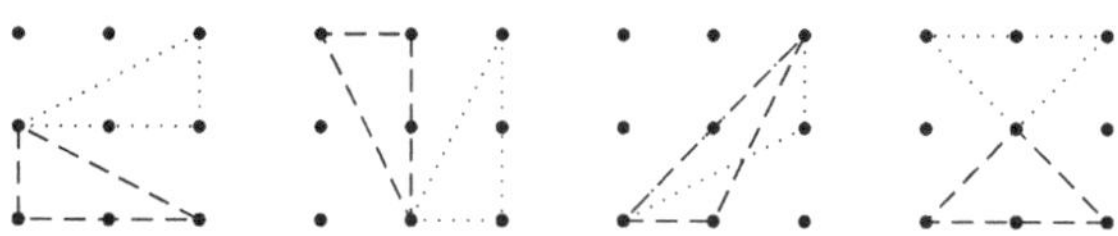

**L 3.59** (**E**) Alle Verbindungen von Punkten aus der oberen Reihe zu den senkrecht unter ihnen liegenden in der untersten Reihe messen 5 cm, ebenso wie die entsprechenden waagerechten von links außen nach rechts außen. Das sind insgesamt 12.

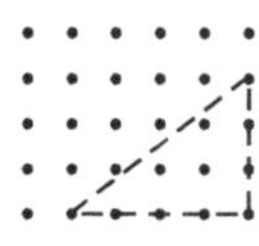

Hinzu kommen Verbindungen zwischen 2 Punkten, die in der waagerechten 4 cm und in der senkrechten Richtung 3 cm voneinander entfernt sind. Dann ist die Hypotenuse in dem entsprechenden rechtwinkligen Dreieck (s. Abb.) gerade 5 cm lang. Hiervon gibt es 6, die aus dem gezeichneten durch Verschieben hervorgehen. Weitere 6 erhält man, wenn man die Spiegelbilder hinzunimmt. Vertauscht man schließlich Waagerecht und Senkrecht, d. h. nimmt die Hypotenusen in den rechtwinkligen Dreiecken, bei denen in der waagerechten Richtung 3 cm und in der senkrechten 4 cm gewählt werden, so erhält man noch einmal 12 Möglichkeiten.

## Kürzeste Wege

**L 3.60** (**E**) Die Länge des gezeichneten Weges setzt sich aus folgenden Stücken zusammen: $50\text{ m} + 100\text{ m} + 50\text{ m} + 100\text{ m} + 50\text{ m} + 100\text{ m} + 50\text{ m} = 500\text{ m}$.

**L 3.61** (**D**) Susans Weg besteht in der Zeichnung aus einem waagerechten und einem senkrechten Teilstück; Maggies Weg aus mehreren waagerechten und mehreren senkrechten Teilstücken. Da sowohl die Summe der waagerechten Teilstücke von Maggies Weg als auch die Summe der senkrechten Teilstücke ihres Weges jeweils gleich dem waagerechten bzw. senkrechten Teilstück von Susan sind, haben Susan und Maggie gleich lange Wege.

**L 3.62** (**C**) Setzen wir die Kantenlänge des Würfels gleich 2, so finden wir für die Länge der unter (**A**), (**B**) und (**D**) angegebenen Wege jeweils $2+\sqrt{8}$, da jeder dieser drei Wege aus einer Kante und der Diagonale einer Würfelseite besteht, deren Länge wir mit Hilfe des Satzes von Pythagoras ausgerechnet haben. Nach den Regeln des Känguruwettbewerbs kommen diese Wege also als Lösung nicht in Frage (denn es gäbe ja mehrere richtige Antworten).

Weiterhin ist
$W_{FTD} = \sqrt{1+4} + \sqrt{1+4} = 2 \cdot \sqrt{5}$ sowie $W_{FSCD} = \sqrt{1+4} + 1 + 2 = \sqrt{5} + 3$, wobei wir wiederum für die Berechnung den Satz von Pythagoras in den rechtwinkligen Dreiecken $\triangle TFG, \triangle TDC$ bzw. $\triangle FSB$ verwandt haben. Da $5 < 9$, gilt $\sqrt{5} < 3$ und folglich $W_{FTD} < W_{FSCD}$. Der Vollständigkeit halber leiten wir noch die fehlende Ungleichung her: Es ist $2 < 2\sqrt{2}$, folglich $2 + 3 = 5 < 1 + 2\sqrt{2} + 2$ bzw. $\sqrt{5}y1 + \sqrt{2}$ oder $2\sqrt{5} < 2 + \sqrt{8}$.

**L 3.63** (**A**) Zu jedem Weg von $A$ nach $B$ gibt es 2 Wege von $B$ nach $C$. Es gibt also, da es 3 Wege von $A$ nach $B$ gibt, $3 \cdot 2 = 6$ Wege von $A$ nach $C$.

**L 3.64** (**D**) Wir schreiben die 8 möglichen Wege durch Angabe der durchlaufenen Punkte auf:

| | |
|---|---|
| *SABCDEZ* | *SAFGHEZ* |
| *SAIJKLEZ* | *SAFGCDEZ* |
| *SAFGCDKLEZ* | *SAIJBCDEZ* |
| *SAIJBCDKLEZ* | *SABCDKLEZ* |

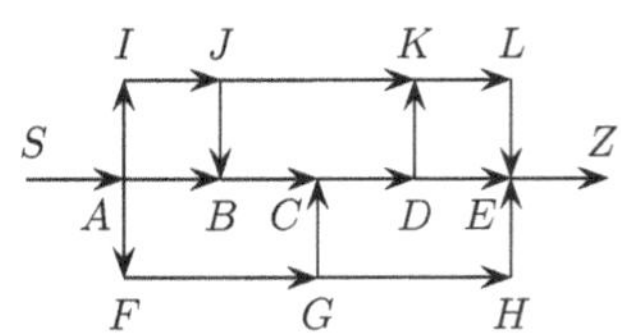


**L 3.65** (**C**) Um von $A$ über die Kanten nach $G$ zu gelangen, muss ich in *jeder* der drei Richtungen über eine Kante gehen. Kürzeste Wege sind folglich (mindestens) 3 Kanten lang. Wenn ich unterschiedliche kürzeste Wege suche, so kann ich die Reihenfolge, in der ich in die drei Richtungen gehe, vertauschen.

Am Startpunkt $A$ gibt es für mich 3 Möglichkeiten – ich gelange zu $B$, $D$ oder $E$. An den Ecken $B, D, E$ habe ich jeweils zwei Möglichkeiten zum Weitergehen (die Möglichkeit $A$ entfällt, weil ich ja einen *kürzesten* Weg suche). Das ergibt insgesamt $3 \cdot 2 = 6$ Möglichkeiten. Weitere kommen nicht hinzu, da jeder Punkt, der nach den zwei Schritten erreicht worden ist (von $B$ aus sind das $C$ und $F$, von $D$ aus $H$ und $C$ und von $E$ aus $F$ und $H$) direkt mit $G$ verbunden ist.

**L 3.66** (B) Um uns den Weg der Schildkröte besser veranschaulichen zu können, denken wir uns ein rechtwinkliges Koordinatensystem über die Wiese gelegt. Den Koordinatenursprung legen wir auf den Lieblingsruheplatz $A$ der Schildkröte und die $x$-Achse in die Richtung, in der die Schildkröte in der ersten Stunde kriecht. 9 Stunden lang kriecht die Schildkröte mit wachsender Geschwindigkeit auf ganzzahligen Gitternetzlinien herum. Dabei bewegt sie sich in den ungeraden Stunden 1, 3, 5, 7 und 9 auf waagerechtem Weg (also auf Parallelen zur $x$-Achse), und in den geraden Stunden auf senkrechtem Weg (Parallelen zur $y$-Achse) – mit wachsenden oder abnehmenden Koordinaten. Um 21 Uhr ist sie nach 9-stündiger Wanderung an einem ganzzahligen Gitterpunkt angelangt.

Kann dieser Gitterpunkt $A$ sein? Das würde dann und nur dann eintreffen, wenn sowohl die Summe der waagerechten Wege wie auch die Summe der senkrechten Wege jeweils 0 ergibt. Für die Summe der „geraden" Wege ist das möglich, wie $2 - 4 - 6 + 8 = 0$ zeigt (Bewegungen in Richtung der positiven $x$-Achse werden positiv, solche in entgegengesetzter Richtung negativ gezählt). Für die Summe der „ungeraden" Wege klappt das nicht, da die Summe von 5 ungeraden Zahlen ungerade, also von 0 verschieden ist. Der Lieblingsruheplatz kann also nicht wieder erreicht werden.

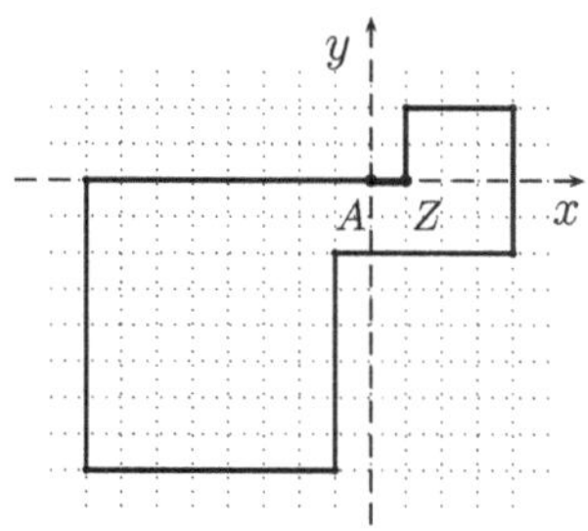


Daraus folgt, dass die gesuchte minimale Distanz nicht kleiner als 1 m sein kann. Sie wird erreicht, wenn die Abfolge der waagerechten Schritte beispielsweise mit $1 + 3 - 5 - 7 + 9 = 1$ erfolgt. In der Zeichnung ist ein möglicher Weg dargestellt.

# 4 Geometrie

## 4.1 Ebene Geometrie

**L 4.1** (**B**) Bezeichnen wir den kleinsten Winkel mit $\varphi$. Dann gilt $\varphi + 2\varphi + 3\varphi = 6\varphi = 180°$, woraus $\varphi = 30°$ folgt. Dann ist der nächstgrößere Winkel 60° groß und der größte ist ein rechter Winkel.

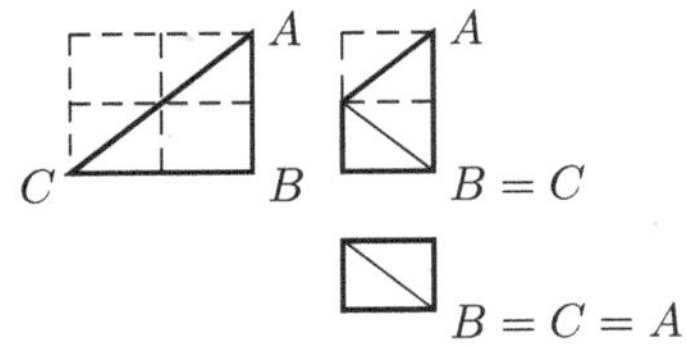


**L 4.2** (**E**) Stellen wir uns das Dreieck zu einem Rechteck ergänzt vor, so lässt sich leicht erkennen, welche Figur entsteht. Was nach dem 1. und 2. Falten entsteht, zeigt die Skizze.

**L 4.3** (**E**) Bildet man die Summe der 3 Winkel, die ich gelesen habe, so ergibt sich $\alpha + \beta + \gamma = 36° + 98° + 36° = 170°$. Da die Winkelsumme im Dreieck 180° beträgt, existiert ein solches Dreieck, wie es in der Aufgabe im Heft meines Banknachbarn beschrieben ist, nicht. Wahrscheinlich hat er sich verschrieben.

**L 4.4** (**A**) Eine quadratische Fliese ist genau doppelt so groß wie eine dreieckige. Die $2 \times 3 = 6$ m$^2$ große Fläche aus der Aufgabe besteht, wenn wir uns je zwei Dreieckfliesen zu einer quadratischen zusammengelegt denken, aus $7 + 5 = 12$ solchen Fliesen. Folglich ist jede quadratische Fliese genau 0,5 m$^2$ groß. Für den $4 \times 11 = 44$ m$^2$ großen Flur werden also insgesamt $2 \cdot 44 = 88$ quadratische Fliesen gebraucht, wovon jedoch für den mit dreieckigen Fliesen auszulegenden Rand $4 + 11$ der quadratischen Fliesen in je zwei dreieckige zu zerschneiden sind. Damit bleiben insgesamt $88 - 15 = 73$ quadratische Fliesen für das Auslegen.

### Muster erkennen

**L 4.5** (**D**) Wir drehen das neben der Aufgabe abgebildete Stück Folie um 90 Grad entgegen dem Uhrzeigersinn und zeichnen es über das unter (**D**) gezeichnete, dann erkennt man sofort, dass dies die Lösung ist.

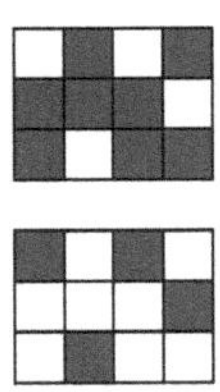

**L 4.6** (**E**) Wir drehen das Stück Folie hier um 120 Grad im Uhrzeigersinn und zeichnen es ebenfalls über das in (**E**) abgebildete Dreieck.

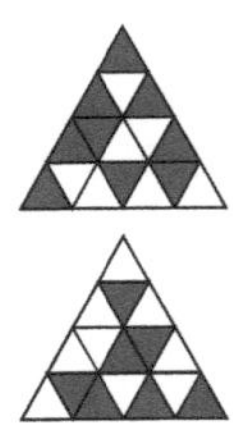

**L 4.7** (**D**) Der Kreis ist durch die 12 Radien in 12 gleich große Teile zerteilt. Die Fläche des schwarzen Teils beträgt bei (**A**) $\frac{4}{12} = \frac{1}{3}$, bei (**B**) $\frac{1}{12}$, bei (**C**) wie bei (**A**) $\frac{4}{12} = \frac{1}{3}$, bei (**D**) die gesuchten $\frac{3}{12} = \frac{1}{3}$ und bei (**E**) $\frac{5}{12}$.

**L 4.8** (**B**) Insgesamt bestehen die 5 Puzzleteile aus 30 Quadraten. Die nächstkleinere Quadratzahl ist 25. Folglich fällt das Puzzleteilchen mit den 5 Quadraten, also (**B**), weg. Aus den restlichen lässt sich auch wirklich ein Quadrat legen.

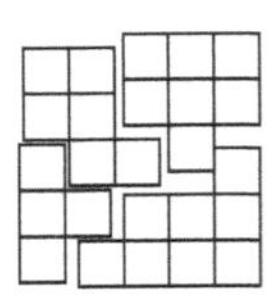

**L 4.9** (**D**) Zuerst stellen wir fest, dass das Deckchen genau 4 Löcher hat, die nicht zu den Seiten des Deckchens parallel sind. Außerdem stehen die wie Rauten erscheinenden Löcher jeweils um 90° zu ihren Nachbarn gedreht. Die genannten Eigenschaften gemeinsam treten nur beim Deckchen (**D**) auf.

**L 4.10** (**A**) Die Zeichnung zeigt die Lösung. Dabei ist das Teil 3 gespiegelt.

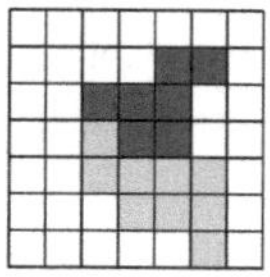

**L 4.11** (**D**)

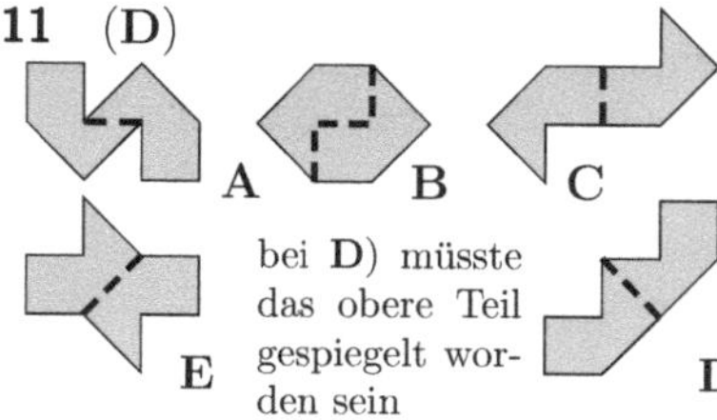


**L 4.12** (**B**) Alle 5 Teile haben als Grundform ein Rechteck, das mit R bezeichnet wird, und an dieses Rechteck R sind kleine Halbkreise H angesetzt oder sie sind herausgeschnitten. Die einzelnen Flächeninhalte können wir vereinfacht so schreiben:

(1) R + 2H − 1H = R + 1H; (2) R − 2H + 1H = R − 1H;
(3) R + 3H − 1H = R + 2H; (4) R + 2H − 2H = R;
(5) R + 2H − 1H = R + 1H.

Also haben (1) und (5) den gleichen Flächeninhalt.

**L 4.13** (**B**) Wir spiegeln das graue Teilchen im rechts in der Aufgabe abgebildeten Quadrat an der Diagonale. Dabei entsteht die abgebildete Figur, und die stimmt mit der bei (**B**) überein.

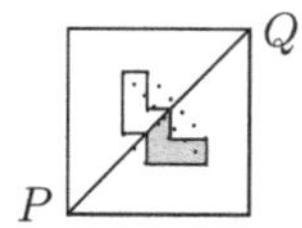


**L 4.14** (**D**) Im Muster (**D**) sind 4 weiße und 6 gestreifte Spielsteine vorhanden. Dabei sind die gestreiften ja auf der Rückseite weiß, es sind also insgesamt 10 Spielsteine dieser Sorte, im Widerspruch dazu, dass es nur 8 von jeder Sorte gibt.

**L 4.15** (**A**)  **L 4.16** (**A**) 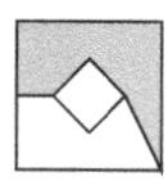 **L 4.17** (**C**) 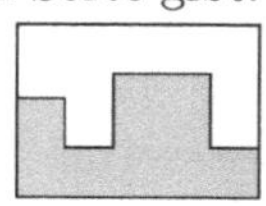

**L 4.18** (**E**) Die Fläche eines Viertelkreises $V$, wie er in den Figuren (**A**), (**C**), (**D**) und (**E**) vorkommt, ist größer als die Fläche eines halben Quadrates $Q$ (s. Abb.). Nun kann man die Flächeninhalte der grauen Flächen folgendermaßen der Größe nach ordnen:
(**B**): $3Q$, (**A**) = (**C**) = (**D**): $2Q + 2V > 3Q$, (**E**): $2{,}5Q + 2V > 2Q + 2V$.

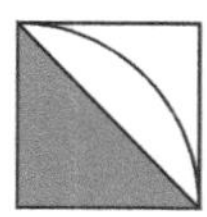

**L 4.19** (**E**) Zuerst stellen wir die beiden Winkelstücke ordentlich nebeneinander.

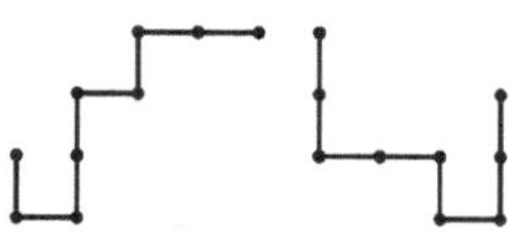

Nun drehen wir das rechte Winkelstück um 90°:

Der fett gezeichnete Teil bedeckt – geeignet über das andere Winkelstück geschoben – 5 Teile.

## Symmetrisches und Gespiegeltes

**L 4.20** (C)

**L 4.21** (B) Die möglichen Symmetrieachsen sind die Senkrechte und die Waagerechte durch den Mittelpunkt des Quadrats sowie die beiden Diagonalen. Für eine der beiden Diagonalen brauchen nur 2 Quadrate grau gefärbt zu werden (s. Abb.). Bei jeder der 3 anderen Geraden müssten mindestens 3 Quadrate gefärbt werden, damit diese Gerade Symmetrieachse wird.

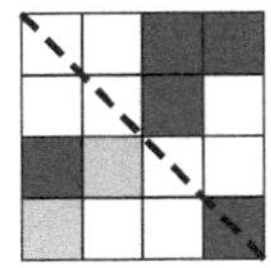

**L 4.22** (D) Die erste der vier Zeichnungen gehört zu einem Mädchen, das die Schleife dicht neben ihr linkes Ohr gesteckt hat, die anderen Zeichnungen stellen ein Mädchen mit der Schleife dicht über dem rechten Ohr dar. (Wer es sich nicht gleich vorstellen kann, der probiert es einfach einmal vor dem Spiegel aus.)

**L 4.23** (A) Wir erhalten in der Folge der Aktionen die folgenden Bilder:

Wer pfiffig war, hat das y auf ein durchscheinendes Stück Papier geschrieben, dann gedreht, gewendet, gedreht, und konnte die Lösung durch das Papier hindurch erkennen.

**L 4.24** (A) Links ist die Uhr, wie Laura sie sieht, es scheint 5 Minuten vor 4 Uhr zu sein. Und rechts daneben haben wir die Uhr gespiegelt; es ist also 5 Minuten nach 8 Uhr.

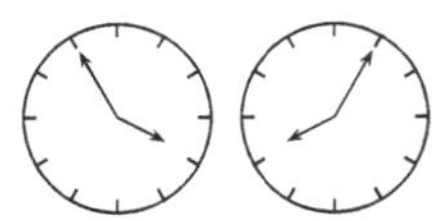

## Eigenschaften geometrischer Figuren

**L 4.25** (D) Da zwei Seiten gleich lang sind, ist das Dreieck gleichschenklig. Mit $\gamma$ sei der der Basis gegenüberliegende Winkel bezeichnet. Jeder der Basiswinkel hat die Größe $\frac{1}{2}(180° - \gamma)$. Da in unserer Aufgabe $\gamma > 60°$ ist, ist jeder der Basiswinkel kleiner als $90° - 30° = 60°$. Also ist $\gamma$ größter Winkel und liegt als solcher der größten Seite gegenüber. Damit muss die Basisseite $c > 5$ cm sein.

Wegen der Dreiecksungleichung muss $c < 2 \cdot 5$ cm $= 10$ cm sein. Da auch die dritte Seite ganzzahlig sein soll, kommen für diese nur die Werte 6 cm, 7 cm, 8 cm und 9 cm in Frage. Folglich gibt es genau 4 solche Dreiecke.

**L 4.26** (C) Für die Seitenlängen $a, b, c$ eines Dreiecks gelten die Dreiecksungleichungen $a + b > c$, $b + c > a$ und $c + a > b$. Wir stellen fest, dass dies für die Längen 2001; 2002; 2003 gilt (die Zentimeterangabe ist hier und im Folgenden weggelassen), für 1; 2 und 3 jedoch nicht, denn es ist $1 + 2 = 3$, nicht $1 + 2 > 3$. Wir prüfen nun nach, dass alle drei Dreiecksungleichungen gelten für die folgenden Dreiergruppen (vom Mathematiker „Tripel" genannt) aus drei Längen:
(2; 2001; 2002), (2; 2002; 2003), (3; 2001; 2002), (3; 2001; 2003) und (3; 2002; 2003), das sind dann – das Tripel (2001; 2002; 2003) einbezogen – 6 verschiedene Möglichkeiten.

*Zusatz*: Wir wollen noch hinzufügen, dass es für die Auswahl von 3 aus den 6 Holzleisten insgesamt 20 Möglichkeiten gibt. Für das Legen eines Dreiecks kommen offenbar all jene Tripel nicht in Frage, die zu zwei kurzen Leisten eine lange enthalten – das sind 9. Darüber hinaus entfallen von jenen – ebenfalls 9 – Tripeln, die zwei lange und eine kurze enthalten, jene, die die Leiste der Länge 1 enthalten (3) sowie das Tripel (2; 2001; 2003) wegen $2 + 2001 = 2003$ und nicht größer.

**L 4.27** (D) Die Winkelsumme im Achteck ist $(8-2)\cdot 180° = 12\cdot 90°$. Angenommen, es wären 4 rechte Winkel, so bliebe für die restlichen 4 Winkel die Summe $4\cdot 180°$, was nicht möglich ist. 3 rechte Winkel sind möglich, die restlichen 5 Winkel können z. B. je $\frac{9}{5}\cdot 90°$ sein.

**L 4.28** (B) Nehmen wir an, es gäbe eine Gerade, die mindestens 8 Kästchen zerschneidet. Dann könnten von diesen Kästchen keine 4 in ein und derselben waagerechten (oder senkrechten) Reihe liegen. Die Gerade könnte nämlich in einem solchen Fall höchstens an den beiden Außenkästchen aus der Reihe heraustreten, und es könnten höchstens 6 Kästchen zerschnitten werden. (Bild 1)
Von diesen 8 Kästchen können auch keine 3 in derselben Reihe liegen. Diese müssten zusammenhängen, sonst würde die Gerade wieder durch alle 4 Kästchen einer Reihe verlaufen. Im günstigsten Fall könnte sie dann durch weitere 4 (gestrichelte) Kästchen verlaufen, d. h. höchstens durch 7 Kästchen. (Bild 2)

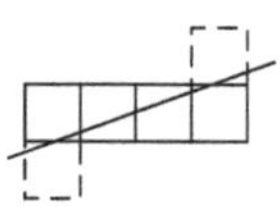

Bild 1

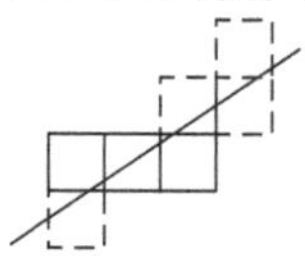

Bild 2

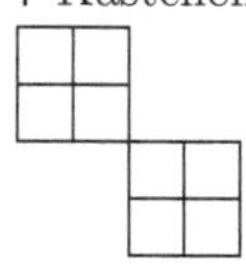

Bild 3

Es verbleibt die Möglichkeit, dass sich in jeder Reihe, in der sich Kästchen von diesen 8 zerschnittenen befinden, höchstens 2 zerschnittene Kästchen befinden können. Diese müssen nebeneinander liegen, ohne Lücke. Das geht nur in der in Bild 3 gezeigten Anordnung. Es ist aber nicht möglich, mit einer Geraden alle 4 Kästchen eines 4-Kästchen-Quadrats zu zerschneiden.
Eine Gerade, die mehr als 7 der Kästchen zerschneidet, kann es nicht geben.

Ein Beispiel für eine Gerade, die 7 Kästchen zerschneidet, findet man leicht. Der Versuch, mit geeigneten Geraden eine größere Anzahl von Kästchen zu zerschneiden, bleibt ohne Erfolg. Und da es nicht gelingt, eine Gerade zu finden, die 8 Kästchen zerteilt, vermuten wir richtig, dass es erst recht keine gibt, bei der 11 Kästchen zerteilt werden, und dass 7 die gesuchte größte Zahl ist.

**L 4.29** (C) Grundlage für die Lösung ist die Dreiecksungleichung, die die Diagonale und zwei Paare von Seiten erfüllen müssen. So kann 1 z. B. nicht Diagonale sein, weil es keine 2 Paare gibt, so dass sich 2 Dreiecke mit der gemeinsamen Seite der Länge 1 finden lassen (1 kann nicht mit 5 und irgendeiner der anderen Zahlen Seitenlänge eines Dreiecks sein, denn $1 + 2 < 1 + 2{,}8 < 5$ und $1 + 5 < 7{,}5$). Analoge Überlegungen zeigen, dass auch 2, 5 und 7,5 als Diagonalen nicht in Frage kommen.

**L 4.30** (**C**) Der Flächeninhalt des Papierdreiecks, das dann gefaltet wird, beträgt $\frac{1}{2} \cdot 6 \cdot 8 = 24\ \text{cm}^2$. Demzufolge kann der Flächeninhalt des gefalteten Papiers nicht gleich oder größer als der Flächeninhalt des ursprünglichen Papiers sein, womit die Lösungsmöglichkeiten (**D**) und (**E**) entfallen. Andererseits kann ein rechtwinkliges Dreieck, das nicht gleichschenklig ist, auch nicht so gefaltet werden, dass dabei die Fläche halbiert – und selbstverständlich schon gar nicht kleiner als die Hälfte – wird. Damit fallen zwei weitere Lösungsmöglichkeiten weg. Es bleibt als möglicher Flächeninhalt nur $18\ \text{cm}^2$ übrig.

**L 4.31** (**E**) Wir wissen, dass nach dem Satz von Pythagoras $0,9 = \sqrt{a^2 + b^2}$, bzw. $a^2+b^2 = 0,81 < 0,9$ gilt. Es ist nach der Dreiecksungleichung $a+b > c = 0,9$. Des Weiteren ist $(a+b)^2 = a^2 + 2ab + b^2 > a^2 + b^2$. Damit ist entweder $a^2 + b^2$ oder $ab$ die kleinste der 5 Zahlen. Nun gilt für $ab$, den doppelten Flächeninhalt des rechtwinkligen Dreiecks, dass er am größten ist, wenn das Dreieck gleichschenklig ist. Das ist gleichbedeutend damit, dass die Höhe gerade gleich dem Radius des Thaleskreises, also gleich $\frac{c}{2}$ ist. Dann ist $a \cdot b = c \cdot \frac{c}{2} = \frac{0,81}{2} < 0,81 = a^2 + b^2$.

**L 4.32** (**E**) Eine Möglichkeit, wie die Laus die größte der angegebenen Zahlen tatsächlich erreichen kann, ist die folgende: Die Länge der Diagonale $\overline{AC}$ durch zwei Kästchen beträgt $2\sqrt{2}$ cm, ist also mit $\approx 2,828$ cm etwas kürzer als 3 cm. Die Differenz $d = 3 - 2\sqrt{2}$ wird in drei gleiche Teile geteilt und um die Punkte $A$, $B$ und $C$ jeweils ein Kreis mit dem Radius $d/6\pi$ geschlagen.

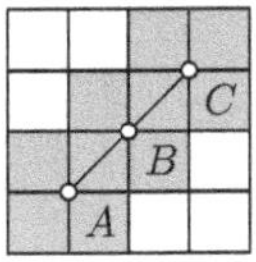


Die Laus startet in dem Punkt der Peripherie des kleinen Kreises um $A$, der der Schnittpunkt der Strecke $\overline{AB}$ mit dem Kreis ist, läuft dann den Kreis einmal entlang, wobei alle 4 Kästchen, in denen $A$ Eckpunkt ist, betreten werden. Nachdem die Laus wieder auf der Diagonale ist, läuft sie weiter zu $B$ und über $B$ hinaus, wobei sie ein neues Kästchen betritt, bis zur Kreislinie des Kreises um $B$, läuft diesen Kreis einmal ab, wobei die 4 Kästchen, die $B$ als Eckpunkt haben, betreten werden – zwei enthalten die Diagonale, wurden also bereits gezählt. Nachdem die Laus wieder auf der Diagonale angekommen ist, läuft sie in Richtung $C$, über $C$ hinaus, wobei sie ein neues Kästchen betritt, bis zur Peripherie des Kreises um $C$, wandert diese Kreislinie einmal ab und hat dabei die 4 Kästchen betreten, die $C$ als Eckpunkt haben, wovon die beiden, die nicht die Diagonale enthalten, neu hinzukommen. Insgesamt hat die Laus $4 + 1 + 2 + 1 + 2 = 10$ Kästchen betreten und eine Länge von exakt 3 cm zurückgelegt.

**L 4.33** (**A**) Der Flächeninhalt eines Parallelogramms ist gleich dem Produkt aus der Länge einer Seite mit der Länge der auf dieser Seite senkrecht stehenden Höhe. Die Summe der Flächen zweier Dreiecke, die zu gegenüberliegenden Parallelogrammseiten gehören, ist gleich der Hälfte der Parallelogrammfläche, da wir es jeweils mit zwei Dreiecken mit gleicher Grundseite (eben jener Parallelogrammseite) und Höhen zu tun haben, die sich zur zu dieser Seite gehörigen Höhe im Parallelogramm addieren. Nur Zoe kann also Recht haben, denn nur ihre Zahlen lassen sich in Paare, $(4;9)$ und $(5;8)$, gleicher Summe $(4+9 = 5+8)$ teilen.

## 4.2 Berechnung von Längen

**L 4.34** (**A**) Addiert man die Wege zwischen Schule und Eisdiele und zwischen Kino und Haus, erhält man 530 m + 750 m = 1280 m. Dies ist die Länge des Weges von der Schule zum Haus, vermehrt um die Entfernung zwischen Kino und Eisdiele, denn die habe ich bei der Addition zweimal dabei. Also beträgt der gesuchte Abstand 1280 m – 1000 m = 280 m.

**L 4.35** (**A**) Der Umfang des Quadrats ist $U_{ABCD} = 4 \cdot 10 = 40$ cm, der des Rechtecks $U_{AMTD} = 2 \cdot 3 + 2 \cdot 10 = 26$ cm. Damit gilt $U_{ABCD} - U_{AMTD} = 40 - 26 = 14$ cm.

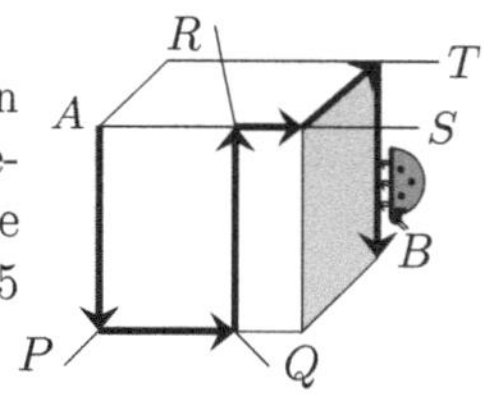


**L 4.36** (**D**) Es seien $P$, $Q$, $R$, $S$, $T$ die Punkte, an denen der Marienkäfer die Richtung ändert. Dann sind die Wegeabschnitte $\overline{AP}$, $\overline{PQ} + \overline{RS}$, $\overline{QR}$, $\overline{ST}$ und $\overline{TB}$ jeweils eine Kantenlänge, also 12 cm, lang. Insgesamt legt der Käfer 5 Kantenlängen, das sind $5 \cdot 12$ cm = 60 cm zurück.

**L 4.37** (**C**) Die Grundmauern in (**A**), (**B**), (**D**) und (**E**) sind jeweils gleich lang – durch Addieren der Längen in der Waagerechten und Senkrechten stellt man in allen Fällen die Gleichheit mit (**A**) fest. Die Mauern bei (**C**) sind in der Waagerechten um die Tiefen der beiden Einbuchtungen länger.

**L 4.38** (**D**) Breite und Höhe werden je 6-mal und die Länge 4-mal mit Band bedeckt. Das Band ist also $6 \cdot 9 + 6 \cdot 7 + 4 \cdot 30 = 216 = 2$ m 16 cm lang.

**L 4.39** (**B**) Jede Parallele zu einer der Rechteckseiten – waagerecht wie senkrecht – wird von genau drei der eingezeichneten Strecken geschnitten. Dann wird also die waagerechte wie die senkrechte Richtung je genau 3-mal durchmessen, und die gesuchte Länge beträgt $3a + 3b$.

**L 4.40** (**E**) Wenn der Umfang des Quadrats I 16 cm beträgt, so ist die Seitenlänge $16 : 4 = 4$ cm, analog ist die Seitenlänge des Quadrats II $24 : 4 = 6$ cm. Dann ist also die Seitenlänge des Quadrats III $4+6 = 10$ cm, und schließlich die des Quadrats IV $10+6 = 16$ cm. Der Umfang dieses Quadrats beträgt $4 \cdot 16 = 64$ cm.

**L 4.41** (**C**) Addiert man die Länge aller 7 Stäbe, so erhält man $14 \cdot 7 = 98$ cm. Die Summe der Längen der sechs mit einem „?" versehenen Stückchen ist also $98 - 80 = 18$ cm, ein Stückchen ist 3 cm lang.

**L 4.42** (**A**) Die Breite des Weges sei $x$. Dann ist jede der 4 Außenkanten des Weges um $2x$ länger als die entsprechende Innenkante. Insgesamt ist der äußere Umfang damit um $4 \cdot 2x = 8x$ länger als der innere. Diese Differenz der beiden Umfänge beträgt 8 m, also ist wegen $8x = 8$ m die Breite des Weges 1 m.

**L 4.43** (**C**) Die Wege setzen sich aus Grundbausteinen zusammen. Der 1. Weg, ein reiner Zickzackweg, besteht aus 5 gleich langen Abschnitten, die je $25 : 5 = 5$ cm lang sein müssen. Der 2. Weg enthält wiederum 5 Abschnitte der Länge 5 cm, die untereinander durch 4 senkrechte, gleich lange Abschnitte verbunden sind. Diese 4 senkrechten Abschnitte müssen zusammen $37 - 25 = 12$ cm lang sein, jeder einzelne also $12 : 4 = 3$ cm. Nun kann man aus dem 3. Weg die Länge der waagerechten Abschnitte ausrechnen, denn die Gesamtlänge des 3. Weges vermindert um die Länge der 6 senkrechten Abschnitte ist $38 - 6 \cdot 3 = 20$ cm lang, die sich auf 5 gleich lange waagerechte Abschnitte aufteilen. Folglich ist jeder waagerechte Abschnitt $20 : 5 = 4$ cm lang. Dann erhalten wir die Länge des Weges d): $3 \cdot 5 + 4 \cdot 3 + 2 \cdot 4 = 35$ cm.

**L 4.44** (C) Wesentlich ist, zu erkennen, dass $ABCM$ ein Rechteck ist – es hat drei rechte Winkel, von denen zwei explizit angegeben werden, der dritte ist der vom Achsenkreuz gebildete. Da $ABCM$ aber ein Rechteck ist, sind die Diagonalen $AC$ und $MB$ gleich lang, und $MB$ ist der Radius des Kreises. Die Angabe der Länge der Rechteckseite $AB$ war für die Lösung der Aufgabe nicht erforderlich.

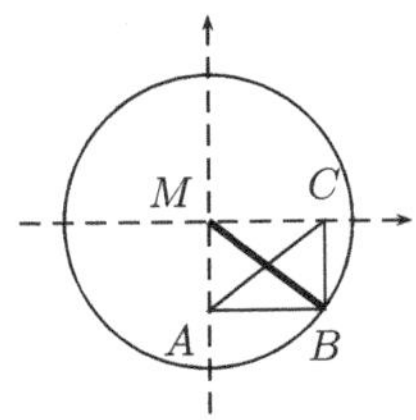


**L 4.45** (B) Wir stellen uns den Papierstreifen in Zwölftel geteilt vor.

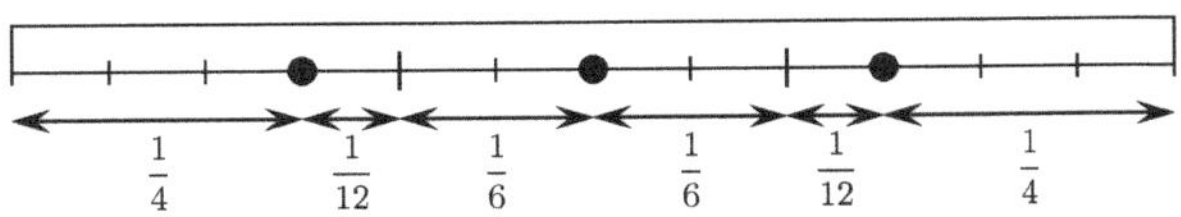


Dann ist für die Vierteilung die 1. Markierung nach 3 Teilstrichen, die 2. nach 6 und die 3. nach 9 Teilstrichen anzubringen. Für die Dreiteilung des Streifens ist die 1. Markierung nach 4 Teilstrichen und die 2. nach 8 Teilstrichen anzubringen. Wir haben dann Längen von $\frac{1}{12}$, $\frac{1}{6}$ und $\frac{1}{4}$.

**L 4.46** (B) $\triangle ABR$ hat die Höhe 3 cm, also den Flächeninhalt $A_{ABR} = \frac{3}{2}\overline{AB}$. Aus demselben Grund ist $A_{ABP} = \frac{3}{2}\overline{AB}$. Da die drei gleich großen Flächeninhalte $A_{PQRB}, A_{PBRA}$ und $A_{PARS}$ in der Summe den Flächeninhalt des Quadrats ergeben, hat jeder einzelne, also speziell $A_{PBRA}$ gerade ein Drittel des Flächeninhalts des Quadrats. Also muss gelten $2 \cdot \frac{3}{2}\overline{AB} = \frac{1}{3} \cdot 6 \cdot 6$, woraus sofort $\overline{AB} = 4$ folgt.

**L 4.47** (C) Setzen wir für die Höhe im Trapez $h$, so ist der Flächeninhalt $A_{ABCD} = \frac{1}{2}(40 + 16) \cdot h = 28h$. Da der Flächeninhalt des Dreiecks $APD$ genau so groß wie der des Resttrapezes $PBCD$ sein soll, gilt $A_{APB} = 14h$. Andererseits berechnet sich die Dreieckfläche nach der Formel $A_{APD} = \frac{1}{2}\overline{AP} \cdot h$. Dann muss jedoch gelten $\overline{AP} = 2 \cdot 14 = 28$.

**L 4.48** (D) Wir stellen uns – wie schon auf der Abbildung bei der Aufgabe – einen Schnitt durch die Baumstämme vor. Die dabei entstehenden Halbkreise berühren sich. Da beide Berührungsradien auf der gemeinsamen Tangente im Berührungspunkt senkrecht stehen, gehören sie zur selben Geraden. Mit $S$ bzw. $T$ sind die Mittelpunkte der „Baumstamm-Kreise" bezeichnet, $U$ ist der Lotpunkt von $S$ auf dem dicken Brett.

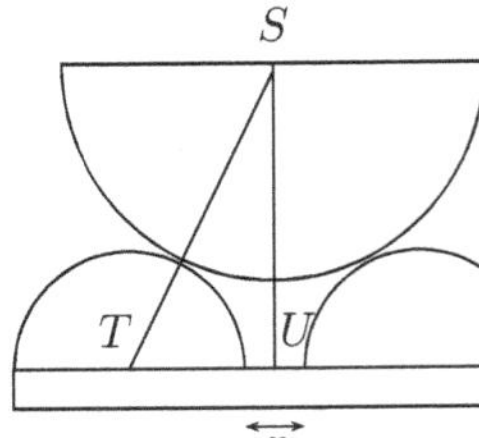


Dann ist $\triangle STU$ rechtwinklig. Die Seiten $\overline{ST}$ und $\overline{SU}$ sind $13,5 + 26,5 = 40$ cm bzw. $35 - 3 = 32$ cm lang. Hier lohnt es sich, diese Zahlen genau anzuschauen.

Man entdeckt, dass beide Vielfache von 8 sind. Also rechnen wir mit dem Dreieck, dessen sämtliche Längen ein Achtel der tatsächlichen betragen – und haben es mit einem rechtwinkligen Dreieck zu tun, bei dem die Hypotenuse 5 cm und eine der Katheten 4 cm lang ist. Nach dem Satz von Pythagoras ist die Länge der 3. Seite in diesem verkleinerten Dreieck nun $\sqrt{5^2 - 4^2} = 3$ cm. Also ist $\overline{UT} = 24$ cm. Damit ist $x = 2 \cdot (24 - 13{,}5) = 21$ cm. Wir haben jetzt zwar genau 21 cm ausgerechnet, müssen uns dabei aber klar sein, dass alle Maße, die wir hier benutzen, nur relativ grob gemessen werden können.

Wer nicht bemerkt, dass 40 und 32 Vielfache von 8 sind, wird weiterrechnen: $40^2 - 32^2 = 1600 - 1024 = 576$. Auch wenn man nun nicht bemerkt, dass 576 eine Quadratzahl ist, gibt es einen legitimen und einfachen Weg, das Kreuzchen dem richtigen Lösungsbuchstaben zuzuordnen. Es ist $\overline{UT}^2 = \left(13{,}5 + \frac{x}{2}\right)^2$, und das soll gleich 576 sein. Die unter (**A**), (**B**) und auch unter (**C**) stehenden Werte für $x$ sind offenbar zu klein – im letzteren Fall stände in der Klammer $13{,}5 + 7{,}5 = 21$, und $21^2$ ist natürlich viel kleiner als 576. Nun probieren wir $x = 21$ cm aus, und stellen fest, dass $(13{,}5 + 10{,}5)^2 = 24^2 = 576$ ist.

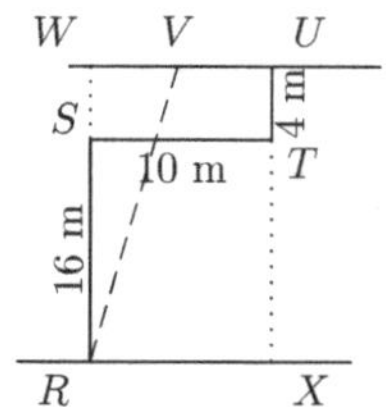


**L 4.49** (**D**) Wir ergänzen zum Rechteck $RXUW$. Für die Flächeninhalte soll nun gelten $A_{WSTU} = A_{WVR}$ und $A_{RXTS} = A_{VRXU}$. Wegen $A_{WSTU} = 4 \cdot 10 = 40$ m$^2$ und wegen $A_{WVR} = \frac{1}{2}\overline{WV} \cdot 20$ folgt, dass $\overline{WV} = 4$ m, also $\overline{VU} = 10 - \overline{WV} = 6$ m sein muss.

**L 4.50** (**D**) $S$ sei der Mittelpunkt des Rechtecks, $x$ die Seitenlänge des Rhombus.

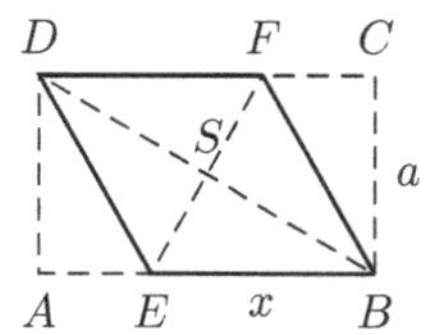


Da nach Konstruktion $\triangle BCF \cong \triangle SBF \cong \triangle AED \cong \triangle SED$ ist, gilt $\overline{DS} = \overline{SB} = a$ bzw. $\overline{DB} = 2a$ und $\measuredangle DSE = \measuredangle BSE = 90°$. Wegen $\measuredangle EBS = \measuredangle ABD$ stimmen die Dreiecke $\triangle BSE$ und $\triangle BAD$ in einem zweiten Winkel überein, sind also zueinander ähnlich.

Nach dem Satz von Pythagoras gilt $\overline{AB} = \sqrt{\overline{BD}^2 - \overline{AD}^2} = \sqrt{4a^2 - a^2} = a\sqrt{3}$. Auf Grund der gezeigten Ähnlichkeit folgt dann aber aus $\overline{EB} : \overline{BS} = \overline{BD} : \overline{AB}$ durch entsprechendes Einsetzen, dass $x : a = 2a : a\sqrt{3}$ bzw. $x = \frac{2}{\sqrt{3}}a = \frac{2a}{3}\sqrt{3}$.

**L 4.51** (**D**) In $\triangle ACD$ sind $DQ$ und $AP$ als Verbindungsgeraden zwischen Ecke und Mittelpunkt der gegenüberliegenden Seite Seitenhalbierende. Der Schnittpunkt der Seitenhalbierenden – bekanntlich der Schwerpunkt des Dreiecks – teilt die Seitenhalbierenden im Verhältnis 2 : 1 von der Ecke des Dreiecks aus. Damit ist $\overline{PQ} = \frac{1}{3}\overline{DQ}$, und da $\overline{DQ} = \frac{1}{2}\overline{DB} = \frac{1}{2}d$, folgt $\overline{PQ} = \frac{1}{6}d$.

**L 4.52** (**C**) Es ist $\triangle AOB \sim \triangle BCE \sim \triangle FDA \sim \triangle FOE$, denn die Dreiecke sind rechtwinklig und für einen weiteren Winkel lässt sich die Gleichheit leicht zeigen, z. B. ist $\measuredangle OBA = 180° - 90° - \measuredangle CBE = 90° - \measuredangle CBE = \measuredangle BEC$ und gleichzeitig $\measuredangle OBA = 90° - \measuredangle OAB$.
Wegen der Ähnlichkeit gilt $\frac{\overline{OB}}{\overline{OA}} = \frac{\overline{CE}}{\overline{BC}} = \frac{\overline{DA}}{\overline{DF}} = \frac{\overline{OE}}{\overline{OF}} = \frac{36}{48} = \frac{3}{4}$.

Nun ist $\overline{EF} = \overline{EC} + \overline{CD} + \overline{DF} = \frac{3}{4}\overline{BC} + \overline{CD} + \frac{4}{3}\overline{AD}$. $BC$, $CD$ und $AD$ sind als Seiten des Quadrats $ABCD$ gleich lang, und dabei ist nach dem Satz des Pythagoras $\overline{BC}=\overline{AB} = \sqrt{\overline{OA}^2 + \overline{OB}^2} = \sqrt{48^2 + 36^2} = \sqrt{12^2(3^2 + 4^2)} = 12 \cdot 5$. So gilt schließlich: $\overline{EF} = \left(\frac{3}{4} + 1 + \frac{4}{3}\right) \cdot 12 \cdot 5 = \frac{9+12+16}{12} \cdot 12 \cdot 5 = 37 \cdot 5 = 185$.

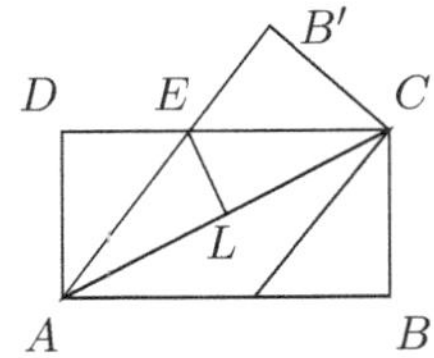


**L 4.53** (E) Für die Länge $d$ der Diagonale des Rechtecks gilt nach dem Satz des Pythagoras $d^2 = 6^2 + 12^2 = 180$. (Maßzahlen sind der Kürze halber weggelassen.) Es ist $\triangle EAD \cong \triangle ECB'$ (rechter Winkel, gemeinsamer Scheitelwinkel, $\overline{AD} = \overline{B'C} = 6$). Also ist $\triangle ACE$ gleichschenklig. Wird von $E$ das Lot auf die Diagonale $AC$ des Rechtecks gefällt, so entstehen wegen der Gleichschenkligkeit von $\triangle ACE$ zwei zueinander kongruente Dreiecke, die wegen zweier gleicher Winkel zu $\triangle ACB' \cong \triangle ACB$ ähnlich sind. Damit gilt:

$\frac{\overline{AE}}{\overline{AC}} = \frac{\overline{AL}}{\overline{AB}}$ bzw. $\overline{AE} = \frac{\overline{AL}}{\overline{AB}} \cdot d = \frac{d}{2} \cdot \frac{1}{12} \cdot d = \frac{d^2}{2 \cdot 12} = \frac{180}{2 \cdot 12} = \frac{15}{2} = 7,5$.

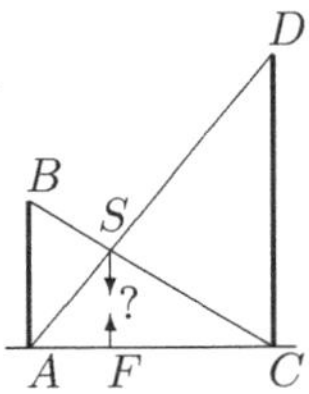


**L 4.54** (C) Die gesuchte Höhe sei $x$. Es gilt offenbar $\triangle BAS \sim \triangle CDS$, also gilt $\frac{\overline{AS}}{\overline{DS}} = \frac{\overline{AB}}{\overline{CD}} = \frac{3}{6} = \frac{1}{2}$. Nun ist aber auch $\triangle FSA \sim \triangle CDA$ und daher $\frac{x}{\overline{CD}} = \frac{\overline{AS}}{\overline{AS}+\overline{DS}}$ bzw. $x = 2$.

**L 4.55** (C) Wenn ein $n \times n$-Papier zum Einpacken genügt, so muss ein geeignetes Würfelnetz auf diesem Papier Platz finden.

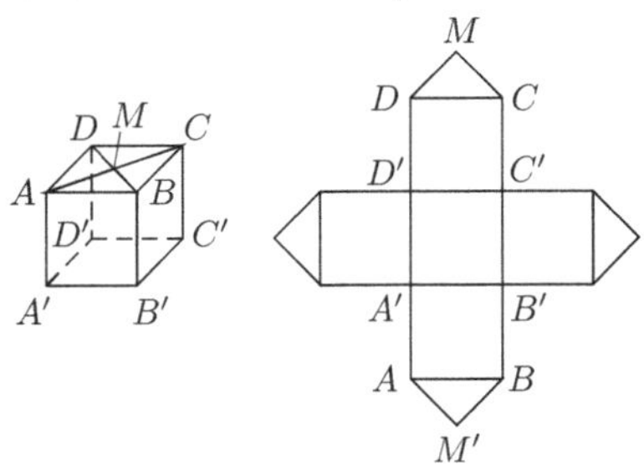


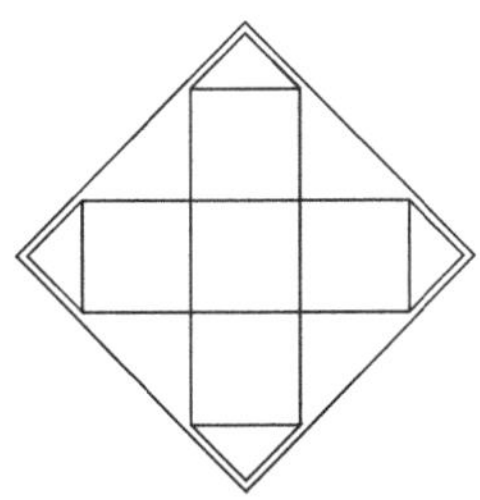

Insbesondere muss die Verbindungsstrecke $\overline{MM'}$, die die Länge $1+2+2+2+1$ hat, Platz finden. Die Diagonale als längste Strecke im Quadrat hat die Länge $n \cdot \sqrt{2}$. Aus $n \cdot \sqrt{2} \geq 8$ folgt $n \geq \frac{8}{2}\sqrt{2} \approx 5,7$. Also könnte der Würfel erst für $n = 6$ eingepackt werden. Dass das möglich ist, zeigt die rechte Skizze.

## Überall Pythagoras

**L 4.56** (D) Wir addieren alle Sprünge Richtung Norden und subtrahieren die Richtung Süden: $10+8-6-9 = 3$. Analog addieren wir die Sprünge gen Osten und subtrahieren die gen Westen: $10-2-4 = 4$. Da die Erdkrümmung unberücksichtigt bleibt, ist die gesuchte Entfernung die Hypotenuse im rechtwinkligen Dreieck, das die Katheten 3 km und 4 km hat, also $\sqrt{3^2 + 4^2}$ km $= 5$ km.

**L 4.57** (**B**) Nach der Umkehrung des Satzes von Pythagoras muss die größte der 3 Zahlen die Quadratwurzel aus der Summe der Quadrate der beiden anderen Zahlen sein. Schauen wir uns die letzten Stellen der Quadrate der Zahlen aus den Zahlentripeln an, so stellen wir fest, dass wir unter (**B**) das gesuchte Tripel finden, denn $9^2$ endet auf 1, während $43^2$ auf 9 endet.
Der Vollständigkeit halber stellen wir noch fest, dass $3^2 + 4^2 = 9 + 16 = 25 = 5^2$, dass $5^2 + 12^2 = 25 + 144 = 169 = 13^2$, $7^2 + 24^2 = 49 + 576 = 625 = 25^2$ und $11^2 + 60^2 = 121 + 60^2 = 60^2 + 2 \cdot 60 + 1 = (60 + 1)^2 = 61^2$ ist.

**L 4.58** (**C**) Die Länge der waagerechten Seite, an der keine Maßzahl steht, ist die Hypotenuse in dem rechtwinkligen Dreieck mit den Katheten der Länge 5 cm und 12 cm. Nach dem Satz von Pythagoras ist $\sqrt{5^2 + 12^2} = \sqrt{169} = 13$ cm die Länge dieser Seite. Der Umfang ist dann $5 + 12 + 8 + 13 + 8 = 46$ m.

**L 4.59** (**B**) Es sei $\overline{CX} = t$ und $\overline{AC} = c$. Nach Voraussetzung ist $t + c = a + s$. Weiterhin gilt nach dem Satz des Pythagoras $c^2 = a^2 + (s + t)^2$. Wir lösen die erste Gleichung nach $c$ auf: $c = a + s - t$ und erhalten daraus nach Quadrieren: $c^2 = a^2 + s^2 + t^2 + 2as - 2at - 2st$. Setzen wir die beiden für $c^2$ erhaltenen Terme jetzt gleich, ergibt sich $a^2 + s^2 + 2st + t^2 = a^2 + s^2 + t^2 + 2as - 2at - 2st$, woraus durch Zusammenfassen $2st = 2as - 2at - 2st$ bzw. $t = \frac{as}{2s+a}$ folgt.

**L 4.60** (**D**) Da sich die beiden Radler rechtwinklig zueinander entfernen, muss zuerst ausgerechnet werden, wie weit sie in ihre entsprechende Richtung gefahren sein müssen, damit die Entfernung voneinander 130 km beträgt. Dies ergibt sich aus dem Satz des Pythagoras unter Verwendung der Tatsache, dass Jan in der Zeit, in der Paula $x$ km zurücklegt, $\frac{3}{4}x$ km fährt. Damit finden wir die Entfernung, die Paula bis zu dem Punkt zurückgelegt hat, an dem sie 130 km von Jan entfernt ist, aus der Gleichung $x^2 + \left(\frac{3}{4}x\right)^2 = 130^2$. Wir erhalten $\frac{25}{16}x^2 = 130^2$ und daraus $x^2 = \left(\frac{130 \cdot 4}{5}\right)^2 = (26 \cdot 4)^2$, also ist $x = 104$ km. Für diese 104 km braucht Paula $104 : 32 = 3{,}25$ h, das sind drei Stunden und eine Viertelstunde noch dazu.

**L 4.61** (**E**) Die Länge einer Diagonale in dem kleinen Quadrat der Seitenlänge $r$ beträgt nach dem Satz von Pythagoras $\sqrt{r^2 + r^2} = r\sqrt{2}$. Dann kann der Radius $R$ des großen Kreises, der zum Berührungspunkt verläuft, als Summe dargestellt werden: $R = r\sqrt{2} + r$, woraus $r$ berechnet werden kann:
$r = \frac{R}{\sqrt{2}+1} = \frac{R(\sqrt{2}-1)}{(\sqrt{2}+1)(\sqrt{2}-1)} = R\left(\sqrt{2} - 1\right)$.

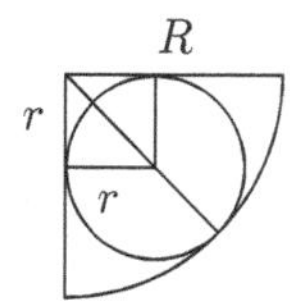


## Koordinatengeometrie

**L 4.62** (**E**) Die erste Kurve ist ein Kreis mit dem Mittelpunkt im Koordinatenursprung, die zweite Kurve gehört zu einer Schar von Normalparabeln mit dem Scheitelpunkt $(0; m)$ auf der $y$-Achse. Genau einen gemeinsamen Punkt gibt es nur für den Fall, dass die Parabel den Kreis im Punkt $(0, 1)$ berührt. Für $m$ ist also nur der Wert 1 möglich.

**L 4.63** (**C**) Die Punkte $(x, y)$ gehören wegen $x^2 + y^2 = 4$ zu der Kreislinie mit Radius 2 um den Koordinatenursprung als Mittelpunkt. Dies trifft auf alle 5 Lösungsvorschläge zu. Der Bedingung $x \cdot y \leq 0$ genügen genau die Punkte der Kreislinie, die im II. und IV. Quadranten liegen. Damit ist (**C**) richtig.

**L 4.64** (**D**)

1. Fall: Die $x$-Achse ist Symmetrieachse. Dann ist mit $A(-1; -1)$ auch $B(-1; 1)$ Eckpunkt. $AB$ kann Seite oder Diagonale des Quadrats sein. Im 1. Fall gibt es für die anderen Eckpunkte die 2 Möglichkeiten $(1; -1)$ und $(1; 1)$ bzw. $(-3; -1)$ und $(-3; 1)$ (gestrichelt), im 2. Fall nur die Möglichkeit $(-2; 0)$ und $(0; 0)$ (gepunktet). Das sind insgesamt 3 Lagemöglichkeiten.

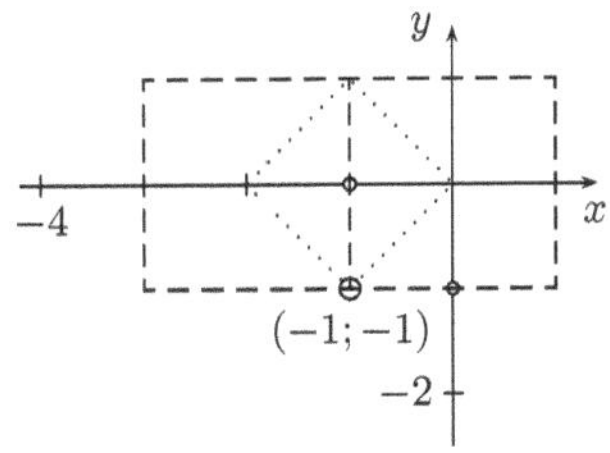


2. Fall: Die $y$-Achse ist Symmetrieachse. Dann ist mit $A(-1; -1)$ auch $C(1; -1)$ Eckpunkt. Hier kommen dann ebenfalls die beiden achsenparallelen Quadrate mit den Eckpunkten $(-1; -3)$ und $(1; -3)$ bzw. $(-1; 1)$ und $(1; 1)$ dazu. Das letztgenannte Quadrat wurde im Fall 1 bereits erfasst; es ist sowohl zur $x$- als auch zur $y$-Achse symmetrisch. Schließlich gibt es auch im Fall 2 ein „auf dem Kopf stehendes" Quadrat, das die Eckpunkte $(0; 0)$ und $(0; -2)$ hat.

Es existieren also genau 5 Quadrate mit der verlangten Eigenschaft.

**L 4.65** (**C**) Die Kreisgleichung unter Verwendung von $y = r$ lautet: $(x-2)^2+(y-2)^2 = y^2$ bzw. $(x-2)^2 = 4y-4 = 4\cdot(y-1)$. Da $y > 2$, kommt $x = 2$ als Lösung nicht in Frage. Da $x$ und $y$ ganze Zahlen sind, muss, da 4 eine Quadratzahl ist, auch $y - 1$ eine Quadratzahl sein. Die kleinste solche Quadratzahl ist wegen $y > 2$ die Zahl 4, was heißt, dass $y = 5$ ist. Rechnen wir nun das entsprechende $x$ aus, so finden wir $x = 6$, denn es ist dann $(6 - 2)^2 = 4^2 = 4 \cdot (5 - 1)$. Da mit wachsendem $y$ auch $x$ wächst, ist $x = 6$ die gesuchte kleinste positive ganze Zahl.

## 4.3 Winkelberechnungen

**L 4.66** (**E**) $\alpha$ ist Nebenwinkel von Winkel **2**, hat also die Größe $180° - \mathbf{2}$. $\gamma$ hat als Scheitelwinkel von **1** dieselbe Größe wie **1**. Da die Winkelsumme im Dreieck 180° beträgt, ist $\beta = 180° - \gamma - \alpha$.

**L 4.67** (**A**) Die Nebenwinkel der 30°- bzw. 40°-Winkel sind Innenwinkel in jenem Viereck, dessen andere beide Winkel $\alpha$ und der 50°-Winkel sind. Also gilt $360° = \alpha + 50° + (180° - 30°) + (180° - 40°)$, $\alpha = 20°$.

**L 4.68** (**D**) Die Summe aller Innenwinkel der 3 Dreiecke beträgt $3 \cdot 180° = 540°$. Abzuziehen ist die Summe der Winkel, die am gemeinsamen Schnittpunkt liegen. Die Summe der 6 Winkel, die beim Schnitt der 3 Geraden entstehen, ist 360°, wobei hier zu jedem Winkel sein (gleich großer) Scheitelwinkel eingeht. Also ist $\frac{1}{2}360° = 180°$ abzuziehen. Die gesuchte Summe der 6 markierten Winkel ist 360°.

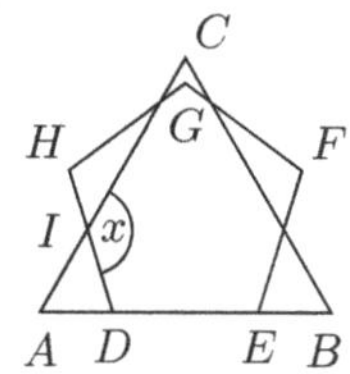


**L 4.69** (**C**) Es ist $\measuredangle CAB = 60°$ (gleichseitiges Dreieck). Wie groß der Winkel im regelmäßigen Fünfeck ist, rechnen wir aus, indem wir uns die 5 Eckpunkte mit dem Umkreismittelpunkt verbunden denken. Es entstehen 5 Dreiecke, deren Winkelsumme $5 \cdot 180° = 900°$ ist. Subtrahieren wir den 360°-Winkel am Mittelpunkt, erhalten wir 540° und daraus mit $540° : 5 = 108°$ die gesuchte Winkelgröße. Insbesondere ist also $\measuredangle HDE = 108°$. Dann gilt für $\measuredangle ADI$, den Nebenwinkel von $\measuredangle HDE$, $\measuredangle ADI = 180° - 108° = 72°$. Schließlich ist der gesuchte Winkel als Außenwinkel von $\triangle ADI$:
$\measuredangle DIC = \measuredangle IAD + \measuredangle ADI = 60° + 72° = 132°$.

**L 4.70** (**B**) Im regelmäßigen Fünfeck ist jeder Innenwinkel 108° groß (s. Lösung 4.69). Da $\triangle ABF$ gleichseitig ist, ist $\overline{AF} = \overline{AB} = \overline{AE}$, also $\triangle EAF$ gleichschenklig. Dabei ist $\measuredangle EAF = 108° - 60° = 48°$. Damit ist $\measuredangle AEF = \frac{1}{2}(180° - 48°) = 66°$ und folglich $\measuredangle DEF = 108° - 66° = 42°$.

**L 4.71** (**C**) Da $M$ der Umkreismittelpunkt ist, ist $\triangle AMC$ gleichschenklig, und folglich ist $\measuredangle AMC = 180° - 2 \cdot 24° = 132°$. $\measuredangle ABC$ ist als Peripheriewinkel zu $\measuredangle AMC$ gerade 66° groß. Ebenso groß ist wegen der vorausgesetzten Gleichschenkligkeit von $\triangle ABC$ auch $\measuredangle CAB$, und daraus können wir sofort $\measuredangle MAB$ ausrechnen. Es ist $\measuredangle MAB = 66° - 24° = 42°$.

**L 4.72** (**B**) Den mit einem Fragezeichen markierten Winkel nennen wir $\alpha$. Wir rechnen: Es ist $(\# + *) + 110° = 180°$, also $\# + * = 70°$.
Dann ist $\alpha = 180° - 2 \cdot (\# + *) = 180° - 140° = 40°$.

**L 4.73** (**C**) Durch das erste Falten werden die beiden bei $C$ liegenden 45°-Winkel halbiert. Das nach dem ersten Falten entstandene Viereck hat also einen Winkel von 90° bei $A$ und einen Winkel von $2 \cdot 22{,}5° = 45°$ bei $C$. Wegen der vorliegenden Symmetrie sind die beiden anderen Winkel gleich groß, d. h., jeder der beiden misst $\frac{1}{2}(360° - 90° - 45°) = 112{,}5°$. Diese beiden Winkel gehören neben dem rechten Winkel bei $A$ zu den Winkeln des Fünfecks, das bei der zweiten Faltung entsteht. Da die Winkelsumme im Fünfeck 540° beträgt und wegen der vorliegenden Symmetrie sind die beiden hinzukommenden Winkel gerade je $\frac{1}{2}(540° - 90° - 2 \cdot 112{,}5°) = 112{,}5°$.

**L 4.74** (**D**) Es ist $\measuredangle DAC = 180° - 75° - 30° = 75°$ (Winkelsumme im Dreieck), und folglich ist $\triangle ACD$ gleichschenklig. Damit gilt $\overline{DC} = \overline{AC} = \overline{AB}$, woraus folgt, dass auch $\triangle ABC$ gleichschenklig ist. Nun folgt schließlich:
$\measuredangle BCA = \measuredangle ABC = \frac{1}{2}(180° - 50°) = 65°$.

**L 4.75** (**A**) Wir bezeichnen den gesuchten Winkel zwischen den Flächendiagonalen $A_1D$ und $CD_1$ mit $\varphi$. Da $A_1D$ parallel zur Flächendiagonalen $B_1C$ ist, schließen $B_1C$ und $CD_1$ ebenfalls den Winkel $\varphi$ ein. Die Strecken $\overline{B_1C}$ und $\overline{CD_1}$ aber sind benachbarte Seiten im gleichseitigen Dreieck $B_1CD_1$. Daher ist $\varphi = 60°$.

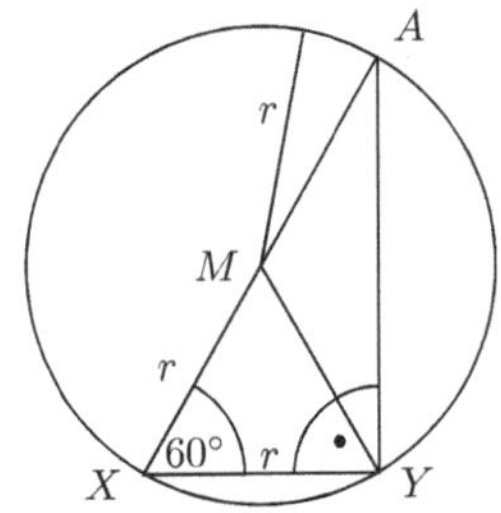


**L 4.76** (B) Da $\measuredangle XYA = 90°$, ist nach der Umkehrung des Satzes von Thales die Strecke $XA$ Durchmesser. Damit gilt $\overline{XM} = \overline{YM} = r = \overline{XY}$, $\triangle XYM$ ist also ein gleichseitiges Dreieck. Die Winkel im gleichseitigen Dreieck sind alle 60° groß, folglich ist

$$\measuredangle XAY = 180° - (90° + 60°) = 30°.$$

**L 4.77** (D) Nach Voraussetzung ist $\triangle ABC$ gleichschenklig. Da $\measuredangle ACB = 20°$ ist, ergibt sich $\measuredangle BAC = \measuredangle ABC = \frac{1}{2}(180° - 20°) = 80°$. Da $\measuredangle BDC$ nach Voraussetzung ebenfalls 80° groß ist, liegen nach der Umkehrung des Peripheriewinkelsatzes $A$ und $D$ auf demselben Kreisbogen über $BC$. $AB$ ist Sehne dieses Kreisbogens, woraus wir folgern können, dass $\measuredangle ADB = \measuredangle ACB$, also gleich 20° groß ist. Erinnern wir uns nun noch, dass $BD$ Winkelhalbierende, also $\measuredangle ABD = \frac{1}{2}\measuredangle ABC = 40°$ ist, dann können wir den gesuchten Winkel errechnen:
$\measuredangle BAD = 180° - 40° - 20° = 120°$.

## 4.4 Flächeninhalte

### Dreiecke, Vierecke und andere Polygone

**L 4.78** (D) Da die Badetücher von Bodo und Betty die Form eines Quadrats haben, ist jede der Seiten 720 cm : 4 = 180 cm lang. Die Länge der Seite des Quadrats aus den 5 zusammengelegten Handtüchern beträgt dann 360 cm. Damit ist aber die längere Seite von Brunos Badetuch 180 cm lang und die kürzere 360 cm : 3 = 120 cm. Hieraus ergibt sich für den Umfang von Brunos Badetuch: $2 \cdot 120$ cm $+ 2 \cdot 180$ cm $= 600$ cm.

**L 4.79** (E) Das Blumenbeet hat eine Fläche von 20 m$^2$; da es 2 m breit ist, muss es 10 m lang sein. Demzufolge ist das Gemüsebeet 10 m − 3 m = 7 m breit. Erdbeerbeet und Gemüsebeet zusammen haben folglich eine Fläche von 120 m$^2$ − 20 m$^2$ = 100 m$^2$. Also ist 100 m$^2$ : 10 m = 10 m ihre Länge und damit das Gemüsebeet 7 m · 10 m = 70 m$^2$ groß.

**L 4.80** (D) In der Skizze ist die Rechteckfläche durch die gestrichelten Linien in 4 zueinander kongruente Rechtecke zerlegt. Eines dieser Viertel ist durch die Strecke, die entsprechend der Aufgabenstellung die Mitten der beiden aufeinanderfolgenden Rechteckseiten verbindet, in zwei zueinander kongruente, also auch gleich große, Dreiecke geteilt.

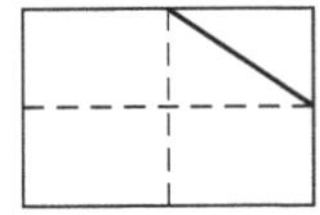

**L 4.81** (C) Da die Seitenlänge von $B$ gerade die Differenz $3 - 2 = 1$ ist, hat $A$ eine Seitenlänge von $2 + 2 + 1 = 5$. Folglich passen $5 \cdot 5 = 25$ Quadrate $B$ in das Quadrat $A$.

**L 4.82** (C) Die Differenz der Fläche des großen und des kleinsten Quadrates beträgt $16-4 = 12$ cm$^2$. Da die Flächeninhalte der 8 um das kleine Quadrat herum befindlichen Dreiecke gleich groß sind, erhalten wir den gesuchten Flächeninhalt als Hälfte dieser Fläche aus 8 Dreiecken und dem kleinen Quadrat, d. h. der Flächeninhalt des mittleren Quadrats ist $4+6 = 10$ cm$^2$.

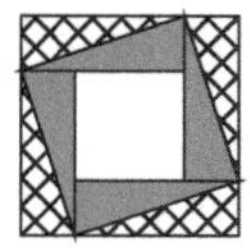

**L 4.83** (C) Die zusätzlich eingezeichneten gepunkteten Linien zerlegen mit den davor bereits eingezeichneten zusammen das Sechseck in insgesamt 24 gleich große gleichseitige Dreiecke. Da 12 davon den grauen Stern bilden, ist der Flächeninhalt des Sechsecks $2 \cdot 6 = 12$ cm$^2$.

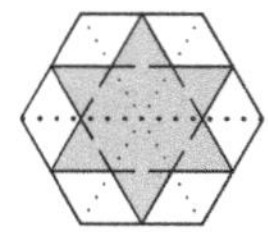

**L 4.84** (E) Ein aufmerksamer Blick auf die Zeichnung macht deutlich, dass das rechts oben „aufgesetzte" Quadrat mit dem Flächeninhalt $a^2$ gerade die Lücke unten in der Mitte füllt, deren Flächeninhalt ebenfalls $a^2$ ist. Also ist der Flächeninhalt des Zimmers $3ab$.

**L 4.85** (D) Da die Fläche des Gartens der Großeltern 3200 m$^2$ ist und seine Länge 80 m beträgt, ist der Garten $3200 : 80 = 40$ m breit. Der Garten der Eltern ist halb so groß, hat also eine Fläche von 1600 m$^2$. Seine Breite ist $40 : 2 = 20$ m. Dann ist seine Länge $1600 : 20 = 80$ m.

**L 4.86** (B) Das Stück Papier zu Beginn hat einen Flächeninhalt von 100 cm$^2$, es gibt folglich 4 kleinere Quadrate von 25 cm$^2$ Flächeninhalt; jedes wird in genau 2 Teile geteilt, es entstehen also 8 Teile.

**L 4.87** (E) Die Breite des Papierstücks beträgt $2+7 = 9$ und die Länge $4+6 = 10$. In der nebenstehenden Skizze ist das Papierstück in Teilflächen zerlegt, deren Größe sich leicht ausrechnen lässt. Es ist der Flächeninhalt der oberen Fläche $7 \cdot 3 = 21$, der der mittleren $9 \cdot 3 = 27$ und der der unteren $6 \cdot 4 = 24$, so dass sich insgesamt $21+27+24 = 72$ ergibt.

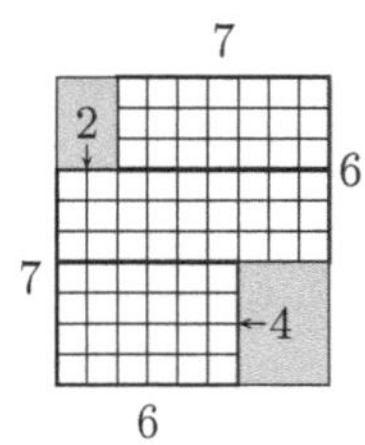


**L 4.88** (B) Alle Quadrate sind zueinander ähnlich. Da sich die Diagonalen des großen und des schwarzen Quadrates wie $1 : 3$ verhalten, trifft dies ebenso für die Seitenlängen zu. Also ist die Fläche des kleinen $\frac{1}{3} \cdot \frac{1}{3} = \frac{1}{9}$ der des großen Quadrates.

**L 4.89** (B) Da sich das Rechteck in drei gleich große Quadrate zerlegen lässt, verhalten sich die Längen der Seiten des Rechtecks zueinander wie $1 : 3$, also gilt mit $a$ als Seitenlänge der kürzeren Seite für den Umfang $u = 120 \text{ cm} = 2 \cdot a + 2 \cdot 3a$ und folglich errechnet sich $a$ zu $a = 120/8$ cm $= 15$ cm. Für den Flächeninhalt $A$ folgt dann $A = 15 \cdot 45 \text{ cm}^2 = 675 \text{ cm}^2$.

**L 4.90** (E) Stellen wir uns ein Gitter über das Quadrat gelegt vor, so erkennen wir sofort, dass der schwarze Anteil an der Fläche 4 kleine Quadrate und 4 Dreiecke bzw. zusammen 6 kleine Quadrate beträgt, also ist das gesuchte Verhältnis $\frac{6}{16} = \frac{3}{8}$.

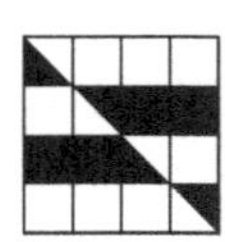

**L 4.91** (B) Da $ad = 4$ und $bd = 5$, gilt $bd : ad = b : a = 5 : 4$. Weiter ist $ac = 3$ und $ad = 4$, womit $ac : ad = c : d = 3 : 4$ ist. Wir setzen ein und rechnen $\frac{5}{4} \cdot \frac{3}{4} = \frac{b}{a} \cdot \frac{c}{d} = \frac{bc}{ad}$. Da $ad = 4$ ist, folgt $bc = \frac{15 \cdot 4}{16} = \frac{15}{4} = 3,75$.

| | c | d |
|---|---|---|
| a | 3 | 4 |
| b | ? | 5 |

**L 4.92** (B) Da $P$, $Q$, $R$ und $S$ die Mittelpunkte der Rechteckseiten sind, ist $SR \parallel PQ$. Dann sind aber wegen gleicher Grundlinie und Höhe $\triangle PQT$ und $\triangle PQR$ flächengleich, also $A_{PQT} = A_{PQR}$. Da – wiederum, weil $P$, $Q$, $R$ und $S$ Mittelpunkte der Rechteckseiten sind, – $PR \parallel BC$ ist, sind auch $\triangle PQR$ und $\triangle PBR$ flächengleich. Also gilt $A_{PQT} = A_{PBR}$, und der Flächeninhalt des Dreiecks $PBR$ ist gleich einem Viertel der Rechteckfläche.

**L 4.93** (C) Ist $A_\mathrm{g}$ der Flächeninhalt des größten Quadrates, $A_\mathrm{m}$ der eines mittelgroßen und $A_\mathrm{k}$ der des kleinsten, so gilt $2A_\mathrm{m} + A_\mathrm{k} = 2 \cdot 4^2 + 2^2 = 32 + 4 = 36$ und $A_\mathrm{g} = 6^2 = 36$. Es sei $W$ der Flächeninhalt der weißen Flächenstückchen. Dann ist $v = 36 - W$ und $w = 36 - W$. Damit gilt aber $v = w$.

**L 4.94** (D) Die Seitenlängen des Rechtecks seien: $|AB| = a$ und $|BC| = b$. Dann ist $A_{APS} + A_{PBQ} + A_{QCB} + A_{BDS} = \frac{1}{2}\left(\frac{a}{3} \cdot \frac{2}{3}b + \frac{b}{3} \cdot \frac{2}{3}a + \frac{a}{3} \cdot \frac{2}{3}b + \frac{b}{3} \cdot \frac{2}{3}a\right) = \frac{4}{2} \cdot \frac{2}{9}ab = \frac{4}{9}ab$. Damit gilt für den gesuchten Flächeninhalt
$A_{PQRS} = A_{ABCD} - \frac{4}{9}ab = ab - \frac{4}{9}ab = \frac{5}{9}ab$.

**L 4.95** (A) Es ist $\overline{BE} = \overline{CD}$, woraus sofort $A_{ACD} = A_{BEC}$ folgt. Da nun $A_{ABCD} = A_{ACD} + A_{ABC}$ und $A_{AEC} = A_{ABC} + A_{BEC}$, gilt $A_{ABCD} = A_{ACE}$.

**L 4.96** (B) Aus den Bedingungen der Aufgabe folgt die Ähnlichkeit der Dreiecke $\triangle ABC$, $\triangle PRC$ und $\triangle QSC$. Da sich die Seiten dieser Dreiecke wie $3 : 2 : 1$ verhalten, gilt dies auch für die Höhen. Damit folgt für die Flächeninhalte ein Verhältnis von $3^2 : 2^2 : 1^2 = 9 : 4 : 1$. Der gesuchte Flächeninhalt ist als Differenz der Flächeninhalte von $\triangle PRC$ und $\triangle QSC$ gleich $\frac{4}{9} \cdot 12 - \frac{1}{9} \cdot 12 = 4$.

**L 4.97** (A) Die Rechteckseiten sind mit $a$ und $b$, die unbekannten Längen der beiden Dreieckseiten mit $x$ bzw. $y$ bezeichnet. Dann ist $x + y = \frac{b}{2}$ und für $S$, die Summe der Dreieckflächen, gilt: $S = \frac{(x+y) \cdot a}{2} = \frac{a \cdot b}{2 \cdot 2}$. Die Fläche des Trapezes ist $a \cdot b - \frac{a \cdot b}{4} = 30\ \mathrm{cm}^2$, woraus $S = 10\ \mathrm{cm}^2$ folgt.

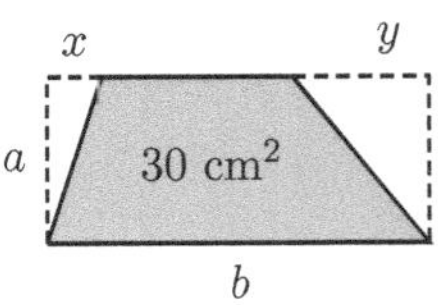


**L 4.98** (A) Wenn die Seiten der beiden Quadrate zueinander parallel sind, wie im oberen Bild gezeichnet, so ist offenbar der Flächeninhalt der gemeinsamen Fläche $\frac{a^2}{4}$.

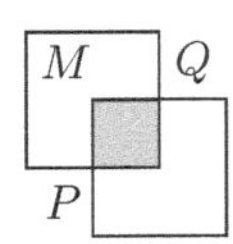


Wird nun das eine Quadrat um einen Winkel $\alpha$ gedreht, so vermindert sich die gesuchte gemeinsame Fläche um die Dreieckfläche $A_{PRM}$, während die $A_{QSM}$ hinzukommt - s. unteres Bild.

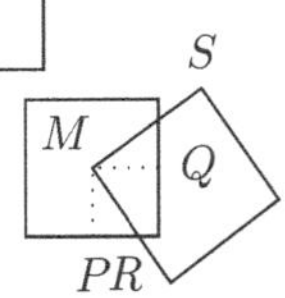


Da $\triangle PRM \cong \triangle QSM$, ($\measuredangle PMR = \measuredangle QMS = \alpha$, $\measuredangle MPR = \measuredangle MQS = 90^\circ$ und $\overline{MP} = \overline{MQ}$), ändert sich der Flächeninhalt der gemeinsamen Fläche bei Drehung um $M$ nicht, ist also $\frac{a^2}{4}$. In unserem Beispiel haben wir für $\alpha$ einen spitzen Winkel gewählt. In den anderen Fällen verläuft der Beweis analog.

**L 4.99** (**B**) Wir rechnen den Flächeninhalt $A_\mathrm{w}$ der weißen Teilfläche, die sich aus einem Quadrat und zwei rechtwinkligen Dreiecken zusammensetzt, aus: $A_\mathrm{w} = (3x)^2 + 2 \cdot \frac{4x \cdot x}{2} = 9x^2 + 4x^2$. Damit bleibt für den Flächeninhalt $A_\mathrm{g}$ der grauen Teilfläche: $A_\mathrm{g} = (4x)^2 - 13x^2 = 3x^2$.

**L 4.100** (**D**) Wählen wir für die Flächen die Bezeichnungen entsprechend zur Skizze $F_1, \dots, F_7$, so ist $F_1 = b^2$, $F_3 = c^2 = a^2 + b^2$, $F_6 = a^2$ und $F_5 = F_7 = \frac{1}{2}ab$. Nun berechnen wir $F_2$ und $F_4$.
Es ist $F_2 = \frac{1}{2}bc\sin(360°-90°-90°-\alpha) = \frac{1}{2}bc\sin\alpha$ und $\sin\alpha = \frac{a}{c}$, also $F_2 = \frac{1}{2}ab$. Analog ist $F_4 = \frac{1}{2}ab$.

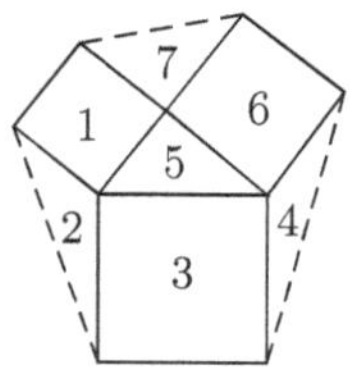


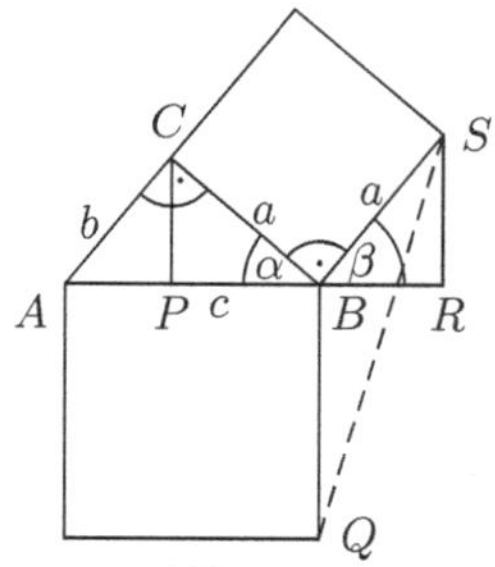


**L 4.101** (**A**) Die Quadratseiten $AB$ und $CD$ sind parallel. Die Höhe in $\triangle ABE$ ist dann nach Strahlensatz wegen $\overline{AB} = 2\overline{CD}$ gerade das Doppelte der Seitenlänge des kleinen Quadrats, also 2 m. Damit ist der Flächeninhalt des grauen Gebietes $\frac{\overline{AB} \cdot 2}{2}$ m$^2$ $-$ 1 m$^2$ = 1 m$^2$.

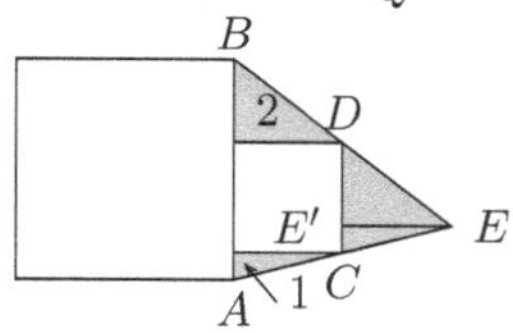


Ein anderer Weg: Fällen wir von $E$ das Lot auf die Seite des kleinen Quadrats, so entstehen 2 Dreiecke, die kongruent zu den Dreiecken 1 bzw. 2 sind. Aus den grauen Dreiecken lässt sich daher genau 1 Quadrat mit Seitenlänge 1 m bilden.

**L 4.102** (**B**) Wenn der Umfang des gleichseitigen 12-Ecks 36 cm ist, so ist die Länge einer Seite 3 cm. Das 12-Eck besteht aus 5 kongruenten Quadraten, jedes mit einem Flächeninhalt von $3 \cdot 3 = 9$ cm$^2$. Da die Diagonale $AK$ im Quadrat die Fläche halbiert, hat dann $\triangle KAB$ den Flächeninhalt $9 : 2 = 4{,}5$ cm$^2$. Weiter ist $\triangle KAB \cong \triangle ACB$, denn beide sind gleichschenklige rechtwinklige Dreiecke, die in der Seite $AB$ übereinstimmen. Darüber hinaus gilt $\triangle LYA \cong \triangle AZB$, wobei $Z$ der Mittelpunkt der Basis $AC$ des gleichschenklig-rechtwinkligen Dreiecks $ACB$ ist, denn beide Dreiecke sind rechtwinklig, gleichschenklig (das folgt für $\triangle AZB$ aus der Gleichschenkligkeit von $\triangle ACB$) und haben eine 12-Eck-Seite als Hypotenuse. Damit ist der Flächeninhalt $A_{A \dots L}$ des Umquadrats des 12-Ecks $A_{A \dots L} = 5 \cdot 9 + 4 \cdot 4{,}5 + 4 \cdot (4{,}5 : 2) = 45 + 18 + 9 = 72$ cm$^2$.

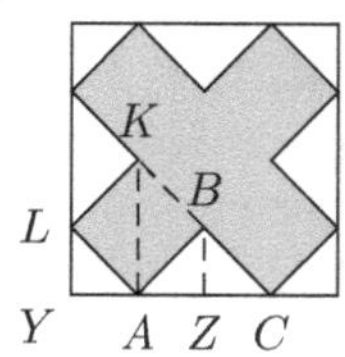


## Kreise und Teile von Kreisen

**L 4.103** (**B**) Da die Innenwinkel eines Quadrats gleich 90° sind, ist der Flächeninhalt eines grauen Kreissektors gerade $\frac{360°}{90°} = \frac{1}{4}$ des Flächeninhalts eines Kreises. Um den Flächeninhalt der gesamten grauen Fläche zu ermitteln, müssen wir zum Flächeninhalt des mittleren, grauen Kreises viermal $\frac{1}{4}$ des Flächeninhalts des Kreises hinzuzählen, erhalten also zweimal die Kreisfläche.

Die Flächeninhalte der vier gestreiften Kreissektoren von je $\frac{3}{4}$ Kreisfläche addieren sich zu $4 \cdot \frac{3}{4} = 3$ Kreisflächen. Das gesuchte Verhältnis ist also $2 : 3$.

**L 4.104** (E) Da es sich bei dem die Mittelpunkte verbindenden Dreieck um ein gleichseitiges handelt, sind die Winkel jeweils $60°$, ergänzen sich also zu $180°$, was bedeutet, dass sich die drei grauen Kreissektoren zu einem halben Kreis ergänzen. Die schraffierten Sektoren ergänzen sich damit zu drei minus einer halben Kreisfläche. Das gesuchte Flächenverhältnis ist demzufolge: $1,5 : 2,5 = 3 : 5$.

**L 4.105** (A) Die Summe der Winkel, die zu den grauen Kreissektoren gehören, ist gleich der Summe der Innenwinkel im regelmäßigen Fünfeck. Diese beträgt $540°$ (zur Herleitung s. L 4.69), was bedeutet, dass sich die fünf grauen Kreissektoren zu eineinhalb Kreisen ergänzen. Die Fläche der gestreiften Sektoren ergibt sich damit als Differenz von fünf minus eineinhalb Kreisflächen. Das gesuchte Flächenverhältnis ist demzufolge $(1 + 1,5) : (5 - 1,5) = 2,5 : 3,5 = 5 : 7$.

**L 4.106** (D) Es sei $r$ der Radius des inneren Kreises sowie die Breite der beiden Ringe. Dann errechnet sich der Flächeninhalt $A_{Rs}$ des äußeren Rings zu $A_{Rs} = \pi \cdot (3r)^2 - \pi \cdot (2r)^2 = 5\pi r^2$ und der des inneren schwarzen Kreises $A_K$ zu $A_K = \pi \cdot r^2$. Das gesuchte Verhältnis ist $A_{Rs} : A_K = 5 : 1$.

**L 4.107** (C) Für den Flächeninhalt $K$ des großen Kreises gilt $K = \frac{\pi}{4}6^2 = 9\pi$ und für die Summe $S$ der Flächeninhalte der beiden mittelgroßen und des kleinen Kreises gilt $S = 2 \cdot \frac{\pi}{4}4^2 + \frac{\pi}{4}2^2 = 9\pi$. Wird mit $W$ die Summe der Flächeninhalte der weißen Flächenstückchen bezeichnet, so ist $v = S - W = 9\pi - W = K - W = w$.

**L 4.108** (A) Der oberhalb von $\overline{AB}$ liegende Teil des grauen Kreises ist ein Halbkreis. Den Flächeninhalt des unterhalb von $\overline{AB}$ liegenden Teils erhalten wir als Differenz des Flächeninhalts des Rechtecks $EFBA$ und der beiden weißen Viertelkreise.

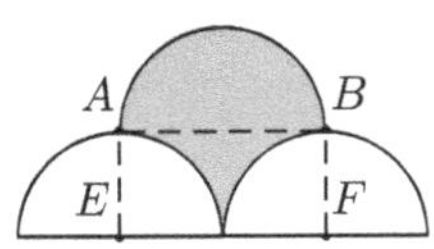


Damit ist der Flächeninhalt des grau gefärbten Flächenstücks gleich der Summe aus dem Flächeninhalt eines Halbkreises und eines Rechtecks vermindert um den Flächeninhalt eines ebenso großen Halbkreises und damit gleich dem Flächeninhalt des Rechtecks, also $2 \cdot 4 = 8$ cm$^2$.

**L 4.109** (B) Da $\measuredangle QM_1P = 60°$ ist und $\triangle QM_1P$ gleichschenklig ist, ist es gleichseitig, also ist $\overline{PQ} = \overline{M_1Q} = r_1$. In dem gleichschenklig-rechtwinkligen Dreieck $\triangle PM_2Q$ ist dann nach dem Satz von Pythagoras $r_1^2 = 2r_2^2$ bzw. $r_1 : r_2 = \sqrt{2} : 1$.

**L 4.110** (D) Der Flächeninhalt der grauen Fläche ergibt sich als Differenz der Flächeninhalte von Kreis und kleinem Quadrat: Wir bestimmen den Flächeninhalt des dem Kreis einbeschriebenen Quadrates. Die Diagonale dieses Quadrates hat die Länge $d = 2r$. Sie teilt das Quadrat in zwei kongruente gleichschenklige Dreiecke, deren Flächeninhalt $\frac{1}{2} \cdot 2r \cdot r = r^2$ ist, die Quadratfläche also $2r^2$. Der Flächeninhalt $A_g$ der grauen Fläche ist dann $A_g = \pi r^2 - 2r^2 = (\pi - 2) \cdot r^2$. Setzen wir für $r$ den Zahlenwert aus der Aufgabe ein, erhalten wir $A_g = 9 \cdot (\pi - 2)$ cm$^2$.

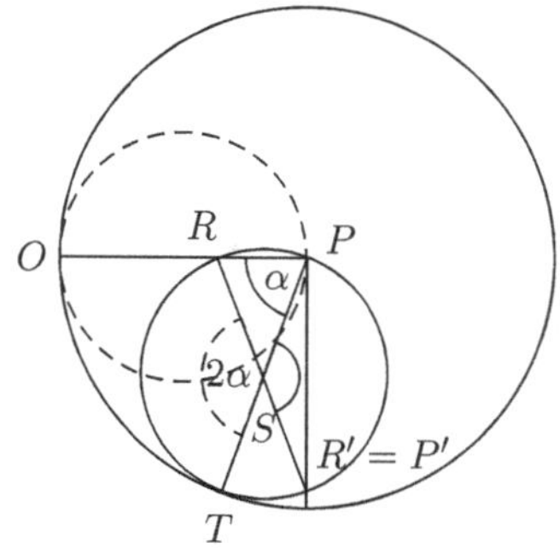


**L 4.111** (**D**) Zeichnen wir einige mögliche Lagen von $P$ in eine Skizze, so kommen wir zu der Vermutung, dass (**D**) zutrifft. Dies wollen wir nun beweisen: Der kleine Kreis möge so weit gerollt sein, dass er den großen Kreis in $T$ berührt; es sei $\measuredangle OPT = \alpha$. Bezeichnen wir mit $S$ den Mittelpunkt des gerollten Kreises und mit $R$ den zweiten Schnittpunkt dieses Kreises mit $OP$, so ist $\measuredangle RPT = \alpha$ und als Zentriwinkel hierzu ist $\measuredangle RST = 2\alpha$. Verlängern wir $RS$ über $S$ hinaus bis zum Schnittpunkt $R'$ mit dem gerollten Kreis, so ist $\measuredangle R'SP = 2\alpha$ als Scheitelwinkel zu $\measuredangle RST$.

Dann ist aber der Bogen $\overset{\frown}{PR'}$ genauso lang wie der Bogen $\overset{\frown}{OT}$, da der Winkel doppelt so groß wie $\alpha$ und der entsprechende Radius halb so groß wie der des großen Kreises ist. Folglich ist $R' = P'$, der Punkt, in dem sich $P$ nach dem Abrollen befindet. Da $RR'$ Durchmesser ist, ist $\measuredangle RPP' = 90°$, also befindet sich $P'$ auf der durch $P$ verlaufenden Senkrechten zu $OP$.

**L 4.112** (**E**) Der Umfang des großen Kreises ist $2R\pi$, der Umfang des kleinen schwarzen ist, wie der des weißen Teils, denn sie haben ja zum gemeinsamen Rand je einen Halbkreis dazu: $\frac{1}{2}2R\pi + 2 \cdot R\frac{1}{2}\pi = 2R\pi$, d. h. alle drei Figuren haben denselben Umfang.

# 4.5 Räumliche Geometrie

## Körpernetze

**L 4.113** (**E**) Die einander gegenüberliegenden Seiten haben keinen gemeinsamen Eckpunkt. In den unter (**A**) und (**B**) abgebildeten Netzen haben jedoch z. B. die beiden grau gefärbten Flächen einen gemeinsamen Eckpunkt, bei (**C**) und übrigens auch bei (**B**) ist dies für die kariert gemusterten Seiten der Fall. Stellt man sich (**D**) zum Würfel gefaltet vor, so haben die beiden grau gefärbten und die beiden weißen jeweils gemeinsame Kanten. Nur das Netz (**E**) kann Linda für das Falten des Würfels, den sie in der Hand hält, verwendet haben.

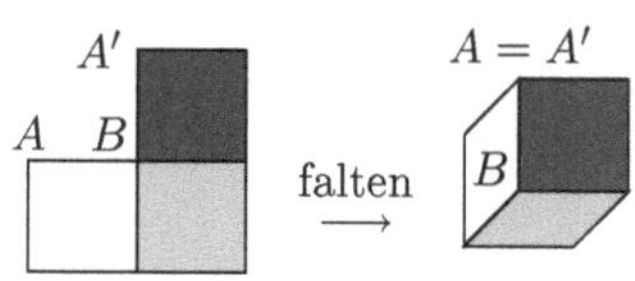


**L 4.114** (**D**) Beim Falten entsteht stets aus drei im Würfelnetz übereck angeordneten Quadraten eine Ecke des Würfels, s. Abb. Die aufeinander senkrecht stehenden Kanten aus dem Würfelnetz (in der Abbildung $\overline{AB}$ und $\overline{AA'}$) werden zu einer Kante des Würfels.

Schaut man sich die abgebildeten 5 Würfelnetze an, so findet man in allen außer bei (**D**) sofort solche aufeinander senkrecht stehenden Seiten in der Figur, von denen die eine an eine weiße, die andere an eine graue Fläche grenzt.

**L 4.115** (**E**) Zwei Flächen, die einander gegenüberliegen, haben keine gemeinsame Ecke und dürfen daher im Netz keinen gemeinsamen Punkt haben. Da die mit $x$ bezeichnete Fläche mit allen außer der mit $e$ bezeichneten gemeinsame Punkte hat, ist die gesuchte die $e$-Fläche.

**L 4.116** (**E**) Am besten lässt sich vorstellen, wie der Würfel aussieht, wenn man sich die vier weißen Seitenflächen hochgeklappt und dann den Würfel so auf eine der weißen Seitenflächen gekippt denkt, dass die schwarze Seitenfläche gerade nicht zu sehen ist.

**L 4.117** (**E**) Damit der Würfel mit der abgeschnittenen Ecke entstehen kann, müssen beim Falten 3 Seiten so zusammen kommen, dass die abgeschnittenen Teile sich in einer Ecke treffen. Das ist nur beim Netz (**E**) der Fall.

**L 4.118** (**D**) Faltet man den Würfel zusammen, so treffen sich die folgenden Seitenflächen in einer Ecke: (6; 4; 1); (4; 2; 1); (4; 2; 3); (2; 3; 5); (6; 3; 5); (5; 1; 2); (6; 5; 1); (3; 4; 6) mit den Eckenzahlen 24; 8; 24; 30; 90; 10; 30 und 72.

**L 4.119** (**D**) Betrachten wir bei (**D**) das rechte Band, das aus vier Quadraten besteht. Da benachbarte Seiten stets einen rechten Winkel einschließen, schließt sich dieses Band also, und von den beiden am oberen kleinen Quadrat anhängenden kleinen Quadraten sind nur für eines noch die erforderlichen drei freien Kanten vorhanden.

**L 4.120** (**B**) Der gefaltete Würfel kann nicht (**A**) sein, weil „2“ und „5“ keine gemeinsame Kante besitzen. (**B**) kann der Würfel sein. Damit sind wir eigentlich fertig, weil wir ja wissen, dass genau eine Antwort von den fünf Antwortmöglichkeiten richtig ist. Der Vollständigkeit halber begründen wir aber auch noch bei den restlichen Abbildungen, warum sie keinen Würfel zeigen, der aus dem Würfelnetz gefaltet sein kann. (**C**) kann nicht stimmen, weil hier „4“ und „3“ eine gemeinsame Kante haben. Bei (**D**) und (**E**) schließlich ist die Anordnung der Punkte auf den Flächen mit der „2“ bzw. mit der „6“ falsch.

**L 4.121** (**C**) Wer Mühe hat, sich das vorzustellen, der mag sich den Ausschneidebogen auf ein Extrapapier zeichnen, ausschneiden und das Häuschen falten.

**L 4.122** (**A**) Wenn man die schwarzgefärbte Fläche als fixiert annimmt, sind die beiden anderen sichtbaren Seitenflächen des Tetraeders miteinander vertauscht. (In Abbildung (**E**) sind sie in der dem Netz des Tetraeders entsprechenden Anordnung.)

## Räumliches Vorstellungsvermögen gefragt!

**L 4.123** (**C**) Man kann den Baustein 5 nicht nach dem Baustein 4 in den Container stecken. Nur bei der Lösungsvariante (**C**) kommt 5 nach 4 vor. Alle anderen Reihenfolgen sind tatsächlich möglich.

**L 4.124** (**B**)

**L 4.125** (**D**) Wir wissen, dass jeder Würfel 6 Seitenflächen hat. Die Seitenfläche mit dem Kreis sehen wir im linken und mittleren Bild mit je 2 benachbarten Seitenflächen. Dabei kommen 4 der 5 möglichen Seitenflächen vor. Diejenige, die nicht vorkommt, ist die Seitenfläche mit dem Rechteck. Sie muss der Seitenfläche mit dem Kreis gegenüberliegen.

**L 4.126** (**A**) Wir rechnen aus, aus wie vielen Bausteinen die beiden Bauwerke bestehen: Die beiden „Bootswände" sind gleich groß; sie bestehen je aus $4 \cdot 5 = 20$, der Boden aus $4 \cdot 4 = 16$ Würfeln. Das sind zusammen $20+20+16 = 56$ Holzwürfel. Bei der Pyramide stehen auf der untersten Schicht von $5 \cdot 5 = 25$ zwei Schichten von je $3 \cdot 3 = 9$ Holzwürfeln, hinzu kommt der Turm aus 2 Würfeln, insgesamt haben wir hier $25 + 9 + 9 + 2 = 45$. Also sind $56 - 45 = 11$ Holzwürfel übrig.

**L 4.127** (**B**) Die Oberfläche von (**B**) besteht aus 30 Quadraten. Die Oberflächen von (**C**) und (**E**) haben 28, (**A**) und (**D**) sogar nur 26 Quadrate.

**L 4.128** (**D**) In der Abbildung ist die Lösung dargestellt.

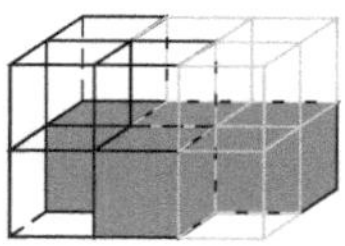

**L 4.129** (**A**) Und dies ist die Lösung für das etwas kompliziertere „Bauwerk".

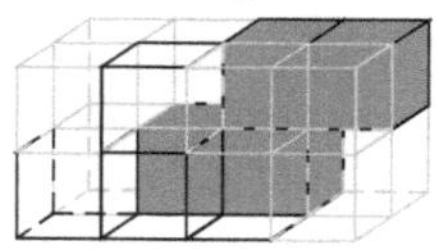

**L 4.130** (**E**) Zum 1. Berg (links gezeichnet), dessen Spitze nicht über dem Mittelpunkt des Schnittkreises liegt, gehören offenbar die unter 3 gezeichneten Höhenlinien (HL). – Immer dann, wenn HL in der Zeichnung in geringem Abstand aufeinander folgen, wird es steil – das kennen viele sicher vom Wandern. In Känguruland gibt es 2 Berge, die nicht gleichmäßig steil sind, bei denen man es beim Hochwandern mal mit steilen und mal mit weniger steilen Wegstrecken zu tun hätte. So ist der 3. Berg im unteren Bereich sehr steil, weiter oben aber geht es flacher zu, und man kann verschnaufen. Beim 4. Berg ist es genau umgekehrt; nach behutsamem Beginn muss man auf eine immer steiler werdende Spitze klettern. Zum 3. Berg gehören folglich die HL 2 und zum 4. die HL 1.
Nun sind noch die HL 4 und 5 zuzuordnen. Beide gehören zu Bergen mit gleichmäßigem Anstieg, aber der zu 5 gehörende Berg ist kleiner als der zu 4 gehörige. Die Spitze des Berges, der zu den HL 5 gehört, liegt auf der HL 400 m, der andere ragt darüber hinaus. Folglich gehört der 2. Berg zu HL 4 und der 5. Berg zur HL 5. Die richtige Reihenfolge ist 3 4 2 1 5.

**L 4.131** (**A**) Der Quader ist 5 Würfel lang und 4 Würfel breit, jede Würfelschicht besteht also aus $5 \cdot 4 = 20$ Würfeln. Von diesen Schichten gibt es 4, d. h., im Quader sind $20 \cdot 4 = 80$ kleine Würfel verbaut. Von diesen 80 Würfeln bilden $2 \cdot 20 = 40$ rote Würfel die obere bzw. untere äußere Schicht, auf der Vorder- und der Hinterseite muss ich je $2 \cdot 5 = 10$, insgesamt also 20, und auf jeder der beiden Seitenflächen weitere je $2 \cdot 2 = 4$, d. h. insgesamt 8 rote Würfel hinzuzählen. Blau sind folglich genau $80 - 40 - 20 - 8 = 12$ Würfel.

**L 4.132** (C) Jeder der vier Würfel hat genau acht Ecken. Wir beginnen zu zählen mit dem völlig verdeckten vierten Würfel. Er hat acht Verbindungsstücke. Hinzu kommen von jedem der drei anderen Würfel genau vier weitere Verbindungsstücke, also insgesamt 20.

**L 4.133** (E) Die längste Kante des abgebildeten Körpers ist 5 Würfelkanten lang. Also muss der kleinste Würfel, den man durch Hinzufügen von Bausteinen aus dem abgebildeten Körper erhalten kann, schließlich aus $5 \cdot 5 \cdot 5 = 125$ kleinen Würfeln bestehen. Der abgebildete Körper enthält davon bereits 15.

**L 4.134** (B) Es gibt gewiss mindestens eine rote Ecke. Angenommen, es gibt nur diese eine. Ich stelle mir vor, dass ich den Würfel so halte, dass ich auf die Seitenfläche schaue, bei der die rote Ecke links unten ist. Dann ist auf der dieser Seite gegenüberliegenden Seite keine rote Ecke zu sehen. Also müssen mindestens zwei Ecken rot sein. Nun stelle ich mir vor, dass weiter genau die Ecke rot ist, die auf der hinteren Seitenfläche oben rechts liegt, und finde, dass es nun keine Seitenfläche gibt, auf der es keine rote Ecke gibt. Also habe ich die gesuchte Mindestanzahl gefunden.

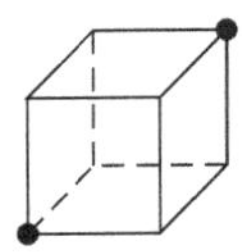

**L 4.135** (A) Die Schnittfigur hat 3 Seiten, die als Diagonalen der Würfelflächen gleich lang sind. Das trifft nur für ein gleichseitiges Dreieck zu. Wir haben vor dem Zusammenfalten mit $g$ die Grund-, mit $d$ die Deck-, mit $v$ die vordere und mit $r$ die rechte Seitenfläche bezeichnet. Dann ist die Schnittfigur, das gleichseitige Dreieck, sehr gut zu erkennen.

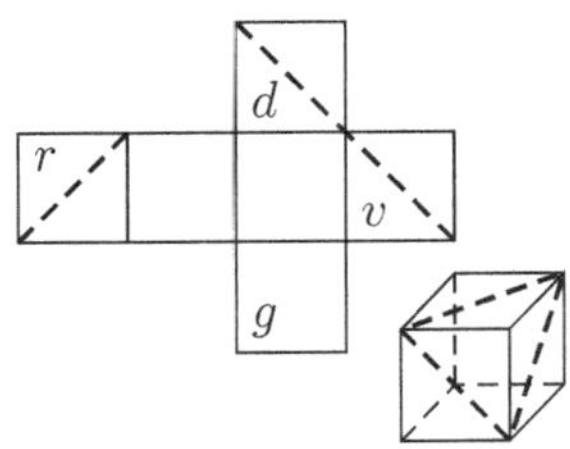


**L 4.136** (D) Von den 6 Flächen des Würfels haben 5 mit der schneidenden Ebene Strecken gemeinsam. Diese 5 Strecken sind sämtlich Seiten der Schnittfigur, keine zwei von ihnen liegen auf ein und derselben Geraden. Eine solche Gerade wäre eine gemeinsame Gerade zweier Seitenflächen des Würfels, also eine Würfelkante. Wie die Zeichnung in der Aufgabe zeigt, enthält die schneidende Ebene keine der Würfelkanten. Die Schnittfigur ist folglich ein Fünfeck.

**L 4.137** (E) Die in der linken Ansicht in der Aufgabe gezeichneten weißen Quadrate könnten mit jeweils höchstens drei Würfeln, das gefärbte mit genau einem Würfel bestückt sein, woraus die Höchstzahl $5 \cdot 3 + 1 = 16$ folgt.

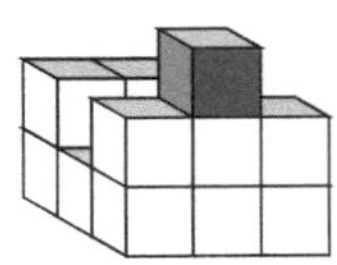

**L 4.138** (D) Wir wollen die beiden Ebenen unseres „Bauwerks" getrennt betrachten, zuerst die Grundschicht. Die Skizzen in der Aufgabe zeigen, dass die Grundschicht (von vorn) in allen 4 Spalten und (von rechts) in allen 4 Zeilen wenigstens einen Würfel hat. Maximal wäre die Grundschicht gebaut, wenn jeder Platz in allen 4 Spalten und Zeilen besetzt ist, d. h., wenn $4 \cdot 4 = 16$ Würfel in der Grundschicht verwendet sind. Für die Deckschicht ergibt sich ein anderes Bild:

Nur in zwei von vier Spalten befindet sich von vorn gesehen mindestens ein Würfel und ebenso befindet sich auch nur in zwei von vier Zeilen von rechts gesehen mindestens ein Würfel. Dann können – wie die Zeichnung zeigt – in dieser Schicht höchstens vier Würfel verwendet worden sein. Damit ergibt sich als maximale Gesamtzahl $16 + 4 = 20$.

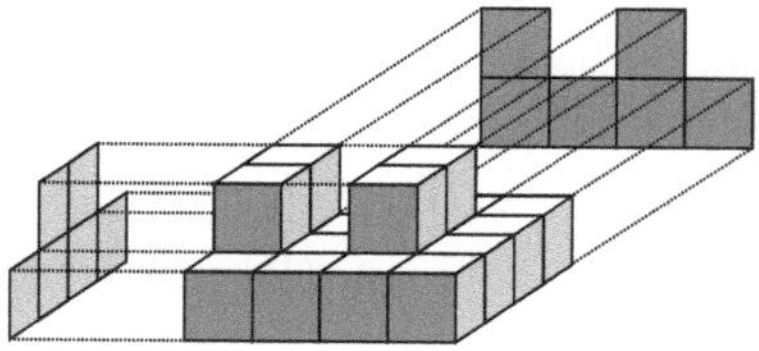

**L 4.139** (C) Fast der einzige hier erforderliche Gedanke ist, dass die Oberfläche des gezeichneten Marmorblockes gleich der Oberfläche des kompletten Würfels ist. Da das Volumen des Würfels 125 dm$^3$ beträgt, gilt für die Kantenlänge $\sqrt[3]{125} = \sqrt[3]{5^3} = 5$ dm, also ist die Oberfläche gleich $6 \cdot 5^2 = 150$ dm$^2$.

**L 4.140** (D) Beide haben Recht (s. Abb.). Dabei sind die Schnittpunkte des Sechsecks jeweils die Mittelpunkte der Kanten; bei dem Rechteck ist zu gewährleisten, dass die Längen von $x$ und von $y$ so gewählt sind, dass mit $a$ als Länge der Würfelkante $a = 2\sqrt{x^2 + y^2}$ gilt.

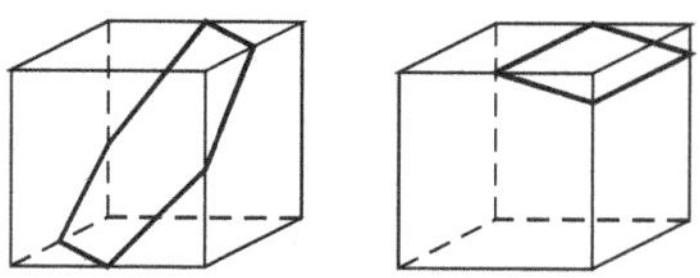

**L 4.141** (B) Jede Seite des Fünfecks ist Polyederkante, d. h. gehört außer zu dem Fünfeck zu einer weiteren Polyederseite. Damit hat das Polyeder mindestens 6 Seitenflächen. Da es ein solches Polyeder mit 6 Seitenflächen, nämlich die fünfseitige Pyramide, gibt, ist 6 die gesuchte Zahl.

**L 4.142** (D) Die Pyramide hat eine Grundfläche und 6 Seitenflächen. Folglich hat sie 6 Kanten zwischen je 2 benachbarten Seitenflächen und 6 Kanten zwischen der Grundfläche mit jeder der Seitenflächen. Das sind zusammen 12 Kanten.

**L 4.143** (A) Das Prisma als Körper, bei dem Grund- und Deckfläche zueinander parallel und kongruent sind, und das Rechtecke als Seitenflächen hat, hat genau doppelt so viele Ecken wie seine Grundfläche Seiten hat. Da unser Prisma 2002 Ecken hat, hat die Grundfläche – wie die Deckfläche – 1001 Seiten. Eine jede Seite der Grund- wie der Deckfläche ist Kante des Prismas; das sind 2002. Hinzu kommen die, je zwei Ecken von Grund- und Deckfläche verbindenden und dabei senkrecht auf der Grundfläche stehenden 1001 Kanten. Damit haben wir insgesamt 3003 Kanten.

## Volumenberechnung

**L 4.144** (A) Die Schachtel hat eine Länge, Breite und Höhe von je 4 cm. Da der Durchmesser der Kugeln 2 cm ist, passen 8 Kugeln hinein.

**L 4.145** (E) Die Oberfläche besteht aus 6 Quadraten, jedes hat demzufolge einen Flächeninhalt von $24 : 6 = 4$ cm$^2$, also eine Seitenlänge von 2 cm. Dann ist das Volumen 8 cm$^3$.

**L 4.146** (**B**) Zuerst bemerken wir, dass 60 l = 60 $dm^3$ sind. Gesucht ist ein Quader, dessen Grundfläche 1 $m^2$ und dessen Volumen 60 $dm^3$ = 60 000 $cm^3$ ist. Da 1 $m^2$ = 100 cm · 100 cm = 10 000 $cm^2$ sind, muss die Höhe dieses Quaders 6 cm sein.

**L 4.147** (**A**) Das Volumen eines Prismas berechnet sich als Produkt aus Grundfläche und Höhe. Die Höhe ist 4 cm, die Grundfläche ist die Fläche eines gleichseitigen Dreiecks mit der Seitenlänge 4 cm. Also ist $V = 4 \cdot \frac{1}{2} \cdot 4 \cdot \sqrt{4^2 - 2^2} = 16 \cdot \sqrt{3}\,\text{cm}^3$.

**L 4.148** (**D**) Die Formel für das Kugelvolumen unter Verwendung des Radius $r$ ist $V_K = \frac{4}{3}\pi r^3$. Wird der Radius durch den Durchmesser ersetzt, so ergibt sich wegen $r = \frac{d}{2}$ für das Volumen: $V_K = \frac{4}{3}\pi\left(\frac{d}{2}\right)^3 = \frac{4}{3}\pi d^3 \cdot \frac{1}{8}$.

**L 4.149** (**B**) Da der Winkel bei $C$ 45° beträgt, ist auch $\measuredangle CMB = 45°$ groß. Also entspricht die Füllung des Glases aus Symmetriegründen der Hälfte des Volumens des Glases, gemessen von der Grundfläche bis zur Höhe $\overline{BM}$. Das Dreieck $\triangle MBC$ ist gleichschenklig, also $\overline{MB} = a$. Damit ist dieses Volumen gerade das Volumen des halben Glases, also ist das Glas zu 25 % gefüllt.

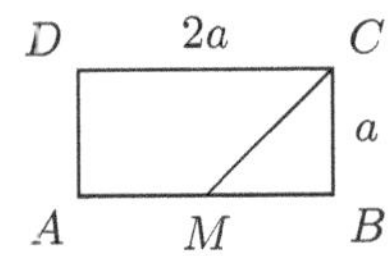


**L 4.150** (**B**) Wir bezeichnen die Länge der Kanten, die von $S$ ausgehen, mit $\overline{SA} = a$, $\overline{SB} = b$ und $\overline{SC} = c$. Dann ist $\frac{ab}{2} = 3$, $\frac{bc}{2} = 4$ und $\frac{ca}{2} = 6$. Es gilt $c = \frac{12}{a} = \frac{12 \cdot b}{6} = \frac{16}{c}$, also $c^2 = 16$ bzw. $c = 4$. Wir denken uns die Pyramide nun auf die Seitenfläche $ABS$ gestellt. Dann ist $\overline{SC}$ Höhe, und das Volumen berechnet sich zu $V_{ABCS} = \frac{1}{3} \cdot 3 \cdot 4 = 4$.

# 5 Logisches, Kryptisches, Magisches

## 5.1 Logische Aufgaben

### Mit wachen Sinnen nachgedacht

**L 5.1** (**E**) Der Zug kann 10 oder 14 Wagen haben, je nachdem, ob das Kängurufräulein Lisa im 5. Wagen von vorn oder im 9. Wagen von vorn sitzt.

**L 5.2** (**E**) Da Katze Tiny sich vor beiden Hunden fürchtet, kann es – entgegen der Aussage (**E**) – keinen Hund geben, der mit beiden Katzen befreundet ist.

**L 5.3** (**D**) Dass die Aussage „Alle Marskreaturen haben zwei Köpfe." falsch ist, bedeutet, dass *nicht alle* Marskreaturen zwei Köpfe haben bzw. dass es (mindestens) eine Marskreatur gibt, die weniger als zwei Köpfe oder mehr als zwei Köpfe hat. Das genau ist der Inhalt von Aussage (**D**).

**L 5.4** (**C**) Nachts kann $t$ nicht 27 °C betragen, denn nach (2) gilt für eine Temperatur $t > 26$ °C, dass die Sonne scheint, das trifft aber nachts nicht zu.

**L 5.5** (**A**) Herbert muss zur Entscheidung seines Problems wissen, ob jedes Mädchen ohne Brille Schleifenträgerin ist, bzw. ob es ein Mädchen gibt, dass sowohl keine Schleife im Haar als auch keine Brille auf der Nase hat. Wenn Olga also bereits eine Schleife im Haar hat, ist sie für seine Untersuchung ebenso uninteressant wie Ann, die eine Brille trägt. Mary und Tanya dagegen muss er bitten, sich umzudrehen, denn ob seine Annahme wahr ist, hängt davon ab, ob Mary keine Brille trägt (dann sollte sie eine Schleife im Haar haben) und ob Tanya eine Schleife im Haar hat (was für die Richtigkeit seiner Annahme notwendig wäre).

**L 5.6** (**B**) Es können gewiss von keiner Farbe mehr als 3 Stifte sein, da man sonst beim Herausgreifen von 5 Stiften mehr als 3 von gleicher Farbe erwischen könnte. Angenommen, es gibt eine Farbe mit weniger als 3 Stiften. Dann wären bei 9 Buntstiften mindestens 4 Farben vertreten, und es ließen sich demzufolge 4 verschiedenfarbige Stifte herausgreifen im Widerspruch dazu, dass unter 4 Stiften stets mindestens 2 von gleicher Farbe sind. Folglich hat Björn genau 3 blaue Buntstifte. – Als zusätzliches Ergebnis haben wir erhalten, dass es Buntstifte in genau 2 weiteren Farben gibt und davon ebenfalls jeweils 3 Stück.

**L 5.7** (**D**) Angenommen, die Aussage von Dirk ist richtig, dann sind zwei andere Aussagen, nämlich die von Ben und die von Carlo, falsch im Widerspruch dazu, dass *genau eine* der 4 Aussagen falsch ist. Also ist die Aussage von Dirk falsch, und die anderen drei Aussagen sind richtig. Damit ist Dirk derjenige, der das Geburtstagsgeschenk versteckt hat.

**L 5.8** (**B**) Wir betrachten 2 Fälle: 1. Fall – das erste Känguru sagt die Wahrheit und 2. Fall – das erste Känguru lügt. Weitere Fälle gibt es nicht.

1. Fall: Wenn das 1. Känguru die Wahrheit sagt, dann ist die Aussage des 2., wie auch jedes weiteren Kängurus unwahr.
2. Fall: Wenn das 1. Känguru lügt, dann sagt das 2. die Wahrheit, und da dieses die Wahrheit sagt, haben alle anderen gelogen.

In beiden Fällen hat genau ein Känguru die Wahrheit gesagt – im 1. Fall das erste, im 2. Fall das zweite.

**L 5.9** (**E**) Die erste Teilaussage der Hexe: „Ich habe gestern gelogen", kann diese nur am Montag (da Montag ein Lügentag ist, muss sie vom Sonntag behaupten, dass sie gelogen hätte) oder am Donnerstag (wo es dann der Wahrheit entspricht) machen. Jedoch weder am Montag noch am Donnerstag würde sie sagen können, dass sie auch am folgenden Tag lügen werde.

**L 5.10** (**D**) Alle nicht fehlprogrammierten Roboter geben auf die gestellte Frage die gleiche richtige Antwort. Da es auf dieselbe Frage insgesamt vier verschiedene Antworten gegeben hat, kann höchstens einer der Roboter ohne Fehler sein, mindestens drei lügen. – Würden alle 4 Roboter lügen, wäre im Widerspruch dazu die Antwort des 4. Roboters wahr. Also sind genau 3 der Computer aufs Lügen programmiert, und nur einer ist ohne Fehler im Programm.

**L 5.11** (**C**) Die Lügner antworten genau 2-mal mit JA, alle anderen genau einmal. Also ist die Zahl der Lügner gerade Summe aller JA-Antworten minus 1999.

## Auf die richtige Reihenfolge kommt es an

**L 5.12** (**E**) Da das rote Haus nur mit *einem* weiteren Haus benachbart ist, muss die Hausnummer entweder 1 oder 5 sein. Es ist mit dem blauen Haus benachbart, das folglich als Nummer die 2 oder die 4 tragen muss. Neben dem blauen Haus steht außerdem das grüne Haus. Sowohl, wenn das blaue Haus die Hausnummer 2 als auch, wenn es die Hausnummer 4 hat, hat das grüne Haus die Nummer 3.

**L 5.13** (**B**) Großvater und Theo, die zusammensitzen, können weder am linken, noch am rechten Ende der Bank sitzen, da sonst die Mutter und der Teddy zusammensitzen müssten, was in der Aufgabe nicht erlaubt ist. Also sitzen Großvater und Theo in der Mitte. Da der Opa nicht neben dem Teddy sitzt, sitzt dieser neben Theo und folglich die Mutter auf dem verbleibenden Platz neben dem Großvater.

**L 5.14** (**C**) Die Reihenfolge ist (von links oder von rechts): Vera, Tony, Rolf, Susi, Ulf, Walter.

**L 5.15** (**C**) Es kann nur entweder (**B**) oder (**C**) richtig sein. Angenommen, (**B**) ist wahr. Dann nehmen wir zuerst an, dass C allein zwischen D und E steht. C wird einmal als Nächststehender genannt, z. B. von D. Dann kann jedoch die Person, die auf der anderen Seite von D neben D steht, also A oder B, nicht zweimal genannt werden im Widerspruch zur Voraussetzung. Also nehmen wir an, dass A allein zwischen D und E steht. Dann wird A also von D und E genannt, und folglich kann B nur einmal – nämlich von C – als Nächststehender genannt werden im Widerspruch zur Voraussetzung. Bei Tausch von A und B ergibt sich genau dasselbe. Also muss D neben E stehen, d. h. (**C**) zutreffen.

Diese letzte Schlussfolgerung setzt voraus, dass wir wissen, dass von den 5 Antworten genau eine richtig ist. Als Mathematiker interessieren wir uns jedoch auch dafür, ob denn die Antwort „D steht neben E" auch wirklich richtig ist. Dazu ist rechts eine Aufstellung im Kreis abgebildet, die alle Bedingungen erfüllt.

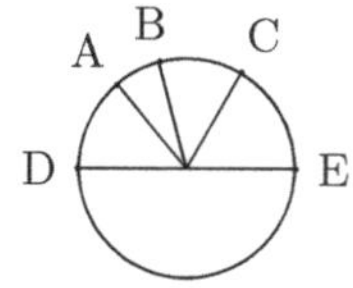


**L 5.16** (**D**) Wir nummerieren die Plätze auf der Bank; von Platz 1 rechts außen bis zum Platz 5 links außen. Von Sally wissen wir, dass sie an keiner Seite ganz außen, also weder auf Platz 1 noch auf Platz 5 sitzt. Dann gibt es genau 3 Fälle:
1. Fall – Sally sitzt auf Platz 2: Auf Platz 1 sitzt nicht Molly. Kelly und Dolly können ebenfalls nicht auf Platz 1 sitzen, denn sowohl Kelly als auch Dolly sitzt nicht neben Sally. Also bleibt für Platz 1 nur Elly. Dolly sitzt nicht auf Platz 5. Da sie nicht neben Sally sitzt, bleibt für sie nur Platz 4, und für Kelly, die ebenfalls nicht neben Sally sitzt, Platz 5. Schließlich bleibt für Molly Platz 3. Alle Bedingungen sind erfüllt, wir haben die Lösung gefunden; Elly sitzt rechts außen. Es bleibt zu zeigen, dass die anderen Fälle nicht eintreten können.
2. Fall – Sally sitzt auf Platz 3: Da Dolly nicht links außen, d. h. auf Platz 5, und nicht auf einem der Nachbarplätze von Sally, also nicht auf Platz 2 und Platz 4 sitzt, bleibt nur, dass Dolly auf Platz 1, also rechts außen, sitzt. Dies steht jedoch im Widerspruch dazu, dass Elly rechts von Dolly sitzt. Fall 2 ist also nicht möglich.
3. Fall – Sally sitzt auf Platz 4: Dolly sitzt nicht links außen, d. h. nicht auf Platz 5, und da sie nicht neben Sally sitzt, auch nicht auf Platz 3. Folglich muss sie, damit rechts neben ihr für Elly noch ein Platz frei ist, auf Platz 2 sitzen. Nun sind für Kelly jedoch nur noch die beiden Plätze neben Sally frei im Widerspruch dazu, dass sie nicht neben Sally sitzt. Damit ist auch Fall 3 nicht möglich.

**L 5.17** (**A**) Das Gewicht einer karierten Kugel sei $k$, das einer hellen $h$ und das einer dunklen $d$. Da $P$ schwerer ist als $Q$ und auf beiden Tellern je einmal eine Kugel vom Gewicht $h$ liegt, muss $k > d$ gelten. Wegen $k > d$ muss $k + (k + h) > d + (k + h)$ gelten, was bedeutet, dass $P$ schwerer als $X$ ist. Gleichzeitig muss jedoch auch $k + (d + h) > d + (d + h)$ gelten, was bedeutet, dass Teller $X$ schwerer als Teller $Q$ ist, also $P > X > Q$.
Eine 2. Lösung: Auf den 4 Tellern liegt mindestens eine helle Kugel. Die Gewichtsverhältnisse bleiben gleich, wenn wir von jedem Teller je eine solche helle Kugel entfernen. Danach bleiben auf $P$ 2 karierte, auf $Q$ 2 dunkle und auf $X$ 1 dunkle und 1 karierte Kugel. Damit gehört $X$ zwischen die beiden Teller $P$ und $Q$.

**L 5.18** (**C**) Wir geben eine Anordnung der Fotos an der Wand an, für die (**C**) falsch ist, also die Bedingungen erfüllt sind, und keine drei Kängurufotos nebeneinander hängen: Wir denken uns links außen an der Wand zwei Kängurufotos, dann ein Koalafoto, dann in der Folge immer abwechselnd zwei Kängurufotos, ein Koalafoto. Dann ist das 48. Foto ein Koalafoto, hinter das sich die letzten beiden Kängurufotos anschließen.

Wir zeigen nun, dass die anderen Aussagen stets gelten. Da neben einem Kängurufoto mindestens ein zweites Kängurufoto hängt und da von drei nebeneinander hängenden Fotos höchstens auf einem ein Koalabär ist, sind unter drei nebeneinander hängenden Fotos stets mindestens zwei, auf denen Kängurus zu sehen sind, also unter 48 in einer Reihe nebeneinander hängenden Fotos mindestens $2 \cdot (48 : 3) = 32$, also gilt (**A**). Gleichzeitig haben wir festgestellt, dass es unter neun nebeneinander hängenden Fotos stets mindestens sechs mit Kängurus gibt, also gilt auch (**E**).
Stellen wir uns die Reihe der Fotos mit einem Koalafoto beginnend vor, so folgen mindestens zwei Kängurufotos, bevor Bastian entsprechend seinen Regeln wieder ein Koalafoto hängt. Nach 48 Fotos kann kein Koalafoto hängen, da dann nur noch für ein Kängurufoto Platz wäre, das ja keinen Nachbarn hätte. Also muss dann das Koalafoto außen hängen – und es sind 17 Fotos. Falls die Reihe mit einem Koalafoto beginnt, ist dies offenbar die maximale Anzahl. Beginnen wir nun die Reihe mit einem Kängurufoto, dann muss natürlich gleich ein zweites folgen. Nun kann frühestens ein Koalafoto gehängt sein, worauf zwei Kängurufotos folgen usw. Auf diese Weise lassen sich maximal 16 Koalafotos an die Wand bringen. Also ist das Maximum mit 17 Fotos richtig, und wenn es 17 sind, so muss eines links außen und eines rechts außen hängen, und es gelten (**B**) und (**D**).

## Knifflige Färberei

**L 5.19** (**D**) Die 12 Feen erhalten die Nummern von 1 bis 12, und in dieser Reihenfolge sollen sie auch am Tisch sitzen, die Fee Nr. 1 neben der Nummer 2 usw., so dass am Schluss die Fee Nr. 12 neben der Fee Nr. 1 sitzt. Wir wollen versuchen, mit zwei Farben für die Servietten auszukommen. Wir wählen blau und grün. Es müssen die 6 Feen mit gerader Nummer andersfarbige Servietten haben als die Feen mit ungerader Nummer, da anderenfalls gleichfarbige nebeneinander sitzen würden. Nehmen wir an, die Feen mit gerader Nummer bekommen blaue und die Feen mit ungerader Nummer grüne Servietten. Wie wir auszählen können, sitzen sich die Feen mit geraden Nummern gegenüber: die Nr. 1 (mit einer grünen Serviette) der Nr. 7 (ebenfalls mit einer grünen Serviette) usw. – und die mit ungeraden Zahlen natürlich ebenso (die Nr. 2 der Nr. 8 usw.).
Also hätten einander gegenübersitzende Feen gleichfarbige Servietten, folglich reichen zwei Farben nicht aus.
Für drei Farben geben wir in der rechten Abbildung eine mögliche Belegung an. Die drei Farben blau, rot und grün haben wir mit b, r und g abgekürzt.

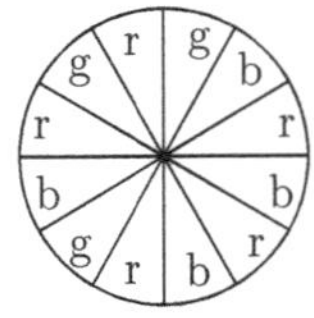


**L 5.20** (**E**) Adelaide wird im ungünstigsten Fall zuerst alle Mäuse *der* zwei Farben hervorholen, die am häufigsten vorhanden sind, also die 11 weißen und 7 grauen. Dann hat sie schon 18 hervorgezaubert, bevor sie die erste schwarze hervorholt, mit der dann die Bedingung erfüllt ist. Also muss sie $18 + 1 = 19$ Mäuse unterm Tuch hervorholen.

**L 5.21** (**E**) Die unter (**E**) gezeichnete Figur besteht aus 4 Teilflächen, deren jede mit den anderen 3 Teilflächen eine gemeinsame Randlinie hat. Daher ist hier eine Färbung mit 3 Farben nicht möglich. Für (**A**) bis (**D**) ist eine mögliche Färbung mit sogar nur 2 Farben schnell gefunden.

**L 5.22** (**C**) In jedem $4 \times 4$-Teil tritt jede Farbe genau 4-mal auf. Dann können wir uns bei der Betrachtung z. B. auf den Teil des Feldes beschränken, der die ersten 3 Spalten und die ersten 3 Zeilen umfasst; im restlichen $40 \times 40$-Gitter ist jede Farbe genau 400-mal vertreten.– Streichen wir nun, rechts außen beginnend, in jeder der 3 Zeilen alle „Viererpäckchen“, und tun dasselbe in den 3 Restspalten, unten beginnend, so bleibt das $3 \times 3$-Feld aus der linken oberen Ecke, wie es bei der Aufgabe abgebildet ist, übrig. Dies enthält $2 \times 1$, $2 \times 2$, $3 \times 3$ und $2 \times 4$.

## 5.2 Noch mehr knifflig-logische Aufgaben

**L 5.23** (**D**) Von den vier Vornamen tritt einer viermal auf, Waldemar. Da davon auszugehen ist, dass Brüder nicht denselben Vornamen tragen, stehen für Waldemar die Möglichkeiten Meier, Lehmann und Krause jeweils höchstens einmal als Nachname zur Verfügung, also muss einer der Waldemars Schulze heißen. – Dafür, dass die anderen vorgeschlagenen Namen nicht vorkommen, kann man sich leicht Beispiele der Namensverteilung überlegen, z. B. ist eine solche gegeben mit Waldemar Schulze I, Waldemar Schulze II, Waldemar Krause, Waldemar Lehmann, Werner Meier, Wolfgang Meier, Willi Schulze.

**L 5.24** (**E**) Die Bärbelschen „Zahlen“ sind von (**A**) bis (**E**):
$20 + 5 + 5 + 1 + 1 = 32$, $20 + 20 + 5 + 5 + 1 + 1 + 1 + 1 = 54$,
$20 + 5 + 5 + 5 + 1 + 1 = 37$, $20 + 20 + 20 + 5 + 5 + 1 + 1 + 1 = 73$
und schließlich $20 + 20 + 5 + 5 + 1 + 1 + 1 = 53$.

**L 5.25** (**B**) Da 3 Kärtchen nicht in der Reihenfolge der unteren Reihe liegen, kann ein Schritt nicht genügen, es müssen mindestens 2 Schritte sein. 2 Schritte reichen aber auch aus: Vertauscht man im 1. Schritt z. B. die **2** mit der **3**, so erhält man in der oberen Reihe die Folge **1 2 5 4 3**, und die lässt sich im 2. Schritt durch Vertauschen von **5** und **3** zur geforderten Reihenfolge bringen.

**L 5.26** (**C**) Da Gisela öfter als die beiden anderen dran war, muss sie öfter als an jedem dritten Tag dran gewesen sein, also an mindestens 5 Tagen. Wir nehmen einmal an, dass es wirklich 5 Tage waren. Dann bleiben für die beiden anderen noch $14 - 5 = 9$ Tage, was bedeutet, dass es noch ein weiteres Kind geben muss, das mindestens 5-mal dran war. Das widerspricht allerdings Giselas Aussage, sie wäre *öfter* als jeder der anderen dran gewesen. Also war Gisela mindestens 6-mal dran. Für 6-mal gibt es auch eine Variante, für die die Aussagen aus der Aufgabe alle zutreffen; z. B. kann jedes der beiden anderen Kinder 4-mal dran gewesen sein.

**L 5.27** (**C**) Der mathematische Inhalt dieser Aufgabe ist mit der vorhergehenden identisch, also kann deren Lösung angepasst werden.

**L 5.28** (B) Zählt man die Marienkäfer in den Zeilen und den Spalten des $4 \times 4$-Feldes, stellt man fest, dass es in der 3. Spalte 3 Käfer gibt. Also muss mindestens einer dieser Käfer auf ein anderes Feld krabbeln.
Es reicht auch aus, wenn nur ein Käfer seinen Platz wechselt, denn krabbelt z. B. derjenige Käfer aus der 3. Spalte, der in der 3. Zeile sitzt, nach links unten in die 1. Spalte und 4. Zeile, so haben wir eine gesuchte Besetzung der Felder gefunden.

**L 5.29** (D) Auf dem $5 \times 5$-Karopapier befinden sich in der ersten Spalte drei Ameisen, also eine zuviel, und in der dritten Spalte vier Ameisen, also zwei zuviel. Wir müssen demnach mindestens drei Ameisen zum Krabbeln auf andere Felder veranlassen. Dass das auch ausreicht, ist der Zeichnung zu entnehmen.

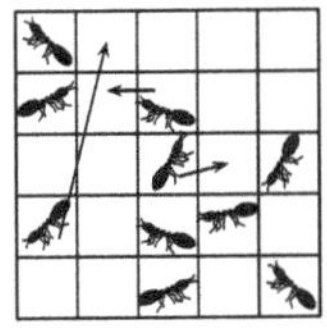

**L 5.30** (D) An die ersten zwei Urlaubstage schließen sich wegen $2+21 = 23$ drei komplette Urlaubswochen an, in denen man alle Wetterverhältnisse so nehmen muss, wie sie in Kangu eintreten. Nur für die ersten beiden Tage kann man sich – durch die Wahl des Anreisetages – das Wetter aussuchen. Da nur einmal je Woche 2 Sonnentage aufeinander folgen, Donnerstag und Freitag, muss der Urlaub am Donnerstag beginnen.

**L 5.31** (C) Wir gehen von der Annahme aus, dass beim Durchtrennen geeigneter Fäden tatsächlich eine Kette entstehen kann. Da eine Kette mit 30 Perlen genau 30 Fäden enthält, müssen von den im Netz vorhandenen $6 \cdot 4 + 5 \cdot 5 = 49$ Fäden dazu genau 19 durchtrennt werden. Dass es dafür eine Lösung gibt, zeigt die nebenstehende Zeichnung.

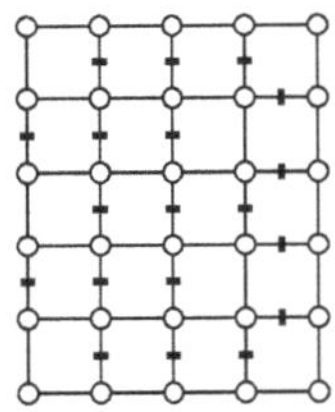

**L 5.32** (D) Da sich Schulz und Krause die Hand geben, kann Krause nur noch mit einem weiteren eine Handschlag-Begrüßung zelebrieren. Wählt er dafür Meier, der ohnehin nur genau einem die Hand reicht, so wären für Müller und Lehmann nicht genug Hände zur Begrüßung vorhanden.

**L 5.33** (E) Unter den möglichen Besitzern der 90 Schuhe muss gewiss mindestens ein Tausendfüßler sein, weil wegen $90 : 8 > 5$ sonst mehr als 5 Tiere Schuhe erhalten müssten. Es können jedoch nicht zwei Tausendfüßler (mit zusammen 80 Beinen) sein, denn die restlichen 10 Schuhe ließen sich nicht auf Spinnen oder Käfer ohne Rest aufteilen. Also versuchen wir, $90 - 40 = 50$ Schuhe auf 4 Tiere – Spinnen und/oder Käfer – aufzuteilen. Da $50 : 8 > 4$ ist, ist dabei die Bedingung, dass es genau 4 Tiere sein müssten, nicht einzuhalten. Damit ist klar, dass die Ameisen eine Bedingung genannt haben, die sich überhaupt nicht erfüllen lässt.

**L 5.34** (E) Damit sich ein Dreieck konstruieren lässt, muss stets die Summe zweier Seitenlängen größer sein als die dritte Seitenlänge. Wenn also z. B. $a$ die in Zentimetern gemessene Länge einer dritten Seite ist, so muss gelten: $a + 5 > 13$, $a + 13 > 5$ und $5 + 13 > a$. Die zweite Bedingung ist immer erfüllt. Die beiden anderen Bedingungen werden von allen ganzen Zahlen $a$ mit $18 > a > 8$ erfüllt, das sind genau 9 Zahlen.

**L 5.35** (E) Die weiße Seitenfläche stößt nach Iras Aussage mit der blauen und der gelben in einer Ecke zusammen, nach Tims Aussage darüber hinaus mit der grünen und der schwarzen. Dann ist die rote Seite die einzige, mit der sie nicht zusammenstößt, der sie also gegenüberliegt. – Die Aussage von Max war für die Lösung der Aufgabe nicht erforderlich.

**L 5.36** (C) Die Karte II spielt in unserem Kartenschema eine besondere Rolle, da sie als einzige Karte 3 Nachbarkarten hat. Wir prüfen also die Karten A bis E darauf, ob sie an den Platz von Karte II gelegt werden können. Erfreut stellen wir fest, dass dies nur für Karte A möglich ist. Die Lage der anderen Karten ergibt sich zwangsläufig: C auf I, E auf III, B auf V. D auf IV passt schließlich sowohl zu V wie auch zu I. Für das Legen der Karten gibt es also genau eine Möglichkeit, dabei wird insbesondere C auf I gelegt.

**L 5.37** (A) Wir schreiben den Tagesablauf der Grinsekatze auf:
Von 0 Uhr bis 2 Uhr kann der Inhalt des Zettels nicht wahr sein, denn sie erzählt in dieser Zeit Geschichten und hat, 2 Stunden zurück, also in der Zeit von 22 Uhr bis 24 Uhr, geschlafen. Von 2 Uhr bis 11 Uhr ist der Inhalt des Zettels wahr, denn die Grinsekatze, die Geschichten erzählt, hat – 2 Stunden zurück, also in der Zeit von 0 Uhr bis 9 Uhr – auch schon Geschichten erzählt. Da sie das bis um 12 Uhr tut, trifft auch zu, dass sie es noch in einer Stunde tun wird.
Von 11 Uhr bis 12 Uhr ist der Inhalt des Zettels nicht mehr wahr, da die Grinsekatze nur noch bis zum Mittag Geschichten erzählt, und in einer Stunde sanft schlummert.
9 Stunden des ersten halben Tages ist der Inhalt des Zettels wahr, und eine ebenso lange Zeit in der zweiten Hälfte des Tages. Insgesamt sind das 18 Stunden.

**L 5.38** (C) Wir bezeichnen die Zahlen, die Luisa auf die Würfelseiten geschrieben hat, mit $a$ bis $f$, dabei seien $a$ und $c$, $b$ und $d$ und $e$ und $f$ jeweils auf einander gegenüberliegenden Seitenflächen. An den Eckpunkten des Würfels stehen demnach die Zahlen $a \cdot b \cdot e$; $a \cdot b \cdot f$; $b \cdot c \cdot e$; $b \cdot c \cdot f$; $c \cdot d \cdot e$; $c \cdot d \cdot f$; $a \cdot d \cdot e$; $a \cdot d \cdot f$. Die Summe dieser 8 Zahlen ist nach Voraussetzung 70. Also $a \cdot b \cdot e + a \cdot b \cdot f + b \cdot c \cdot e + b \cdot c \cdot f + c \cdot d \cdot e + c \cdot d \cdot f + a \cdot d \cdot e + a \cdot d \cdot f = 70$. Fassen wir geeignet zusammen, erhalten wir:

$$\begin{aligned}
70 &= a \cdot b \cdot (e+f) + b \cdot c \cdot (e+f) + c \cdot d \cdot (e+f) + a \cdot d \cdot (e+f) \\
&= (a \cdot b + b \cdot c + c \cdot d + a \cdot d) \cdot (e+f) \\
&= (a+c) \cdot b \cdot (e+f) + (a+c) \cdot d \cdot (e+f) \\
70 &= (a+c) \cdot (b+d) \cdot (e+f)
\end{aligned}$$

Damit haben wir erhalten, dass das Produkt der Summen der Zahlen, die Luisa auf einander gegenüberliegende Seiten geschrieben hat, 70 ist. Dabei ist jede dieser Summen auf Grund der Bedingung, dass auf jeder Würfelseite eine positive ganze Zahl steht, nicht kleiner als 2. Da $70 = 2 \cdot 5 \cdot 7$ ist, muss demzufolge je eine der Zahlen $a+c$, $b+d$ und $e+f$ je eine der Zahlen 2, 5 bzw. 7 sein. Die Summe aller ist $a+c+b+d+e+f = 2+5+7 = 14$.

**L 5.39** (C) Die 4 Paketmassen seien $a$, $b$, $c$ und $d$. Nach dem Wiegen der sechs Paare erhalten wir $(a+b)+(a+c)+(a+d)+(b+c)+(b+d)+(c+d)$ als Gesamtmasse. Dies lässt sich geschickt zusammenfassen zu:
$3 \cdot a + 3 \cdot b + 3 \cdot c + 3 \cdot d = 3 \cdot (a+b+c+d)$, und es ist klar, dass wir daraus die gesuchte Gesamtmasse der vier Päckchen bekommen, indem wir durch 3 teilen. Also werden die 6 Massen, die man auswiegen konnte, addiert, und die Summe wird durch 3 geteilt: $1{,}7+1{,}8+2{,}1+2{,}3+2{,}6+2{,}7=13{,}2$; $13{,}2:3=4{,}4$.

**L 5.40** (D) Da jeder Quizteilnehmer mindestens 2 Fragen richtig beantwortet hat, gibt es mindestens 20 richtig beantwortete Fragen. Nehmen wir an, dass die größtmögliche Zahl von Teilnehmern dabei dieselbe Frage richtig herausbekommen haben, dann konnten von den 20 gelösten Fragen im ungünstigsten Fall 4 der Fragen voneinander verschieden sein, 3 also nicht richtig beantwortet bleiben.

**L 5.41** (C) Es kann nicht Mutter oder Vater zuerst fahren, weil sie nicht zurückkämen, also fahren zuerst die beiden Kinder (1). Eines fährt zurück (2), und ein Elternteil überquert nun das Flüsschen (3). Dann fährt das zweite Kind zurück (4), und erneut fahren beide Kinder über den Fluss (5). Eines fährt zurück (6), das zweite Elternteil setzt über (7). Wieder fährt das zweite Kind an das Startufer (8), um sein Geschwister zu holen (9).

**L 5.42** (B) Da ganz gewiss nicht Marie und Jan beide die Wahrheit gesagt haben können, hat Dörte gewiss nicht die Wahrheit gesagt. Angenommen, Maries Aussage ist wahr, dann ist gewiss die Aussage von Jan, aber auch die von Sören falsch. Angenommen, Jans Aussage ist wahr, dann sind – aus demselben Grund wie vorher – die Aussagen von Marie und Sören falsch. Und wenn schließlich angenommen wird, dass sowohl Marie als auch Jan falsche Aussagen machen, dann ist gerade Sörens Aussage wahr. Wir können also schlussfolgern, dass genau eine der Aussagen wahr ist – allerdings wissen wir nur, dass diese wahre Aussage entweder von Marie oder von Jan oder von Sören ist.

**L 5.43** (A) Annes kleinste Karte (2) ist kleiner als Berts größte Karte (5), also legt Anne im 1. Zug die 2 auf die 1. Position. Berts größte Karte (5) ist größer als Annes kleinste Karte (4), also legt Bert im 2. Zug die 5 auf die 2. Position. Nach diesen Zügen hat sich die Situation verändert; alle bei Anne verbliebenen Karten sind größer als die Karten von Bert. Anne muss verhindern, dass ihre Karten auf eine vordere der verbliebenen vier Positionen gelangen. Im 3. Zug legt sie also ihre 6 auf die letzte Position, sonst könnte Bert erzwingen, dass mit der 6 auf einer vorderen Position eine größere Zahl erreicht wird. Im 4. Zug kann jetzt Bert erreichen, dass Anne ihre 4 auf die für ihn günstigere 3. oder 4. Position legen muss, indem er seine 1 auf die 5. Position legt. Im 5. Zug legt dann Anne ihre 4 auf die 4. Position und im 6. Zug Bert seine 3 auf die 3. Position.

**L 5.44** (A) In jener Sprache gibt es jeweils genau $5! = 1 \cdot 2 \cdot 3 \cdot 4 \cdot 5 = 120$ Wörter, die mit demselben Buchstaben beginnen – nämlich genau so viele, wie es Vertauschungen der anderen 5 Buchstaben gibt. Da $537 = 4 \cdot 120 + 57$ ist, ist klar, dass der erste Buchstabe des 537. Wortes der 5. Buchstabe des Alphabets dieser Sprache, also $\triangle$, ist. Damit kommen nur noch (**A**) und (**D**) als Lösung in Frage. Nun stehen noch 5 Buchstaben zur Verfügung, und wir gehen analog zum Bisherigen vor: Es gibt je genau $4! = 1 \cdot 2 \cdot 3 \cdot 4 = 24$ Wörter, die mit $\triangle$ beginnen und denselben 2. Buchstaben haben – nämlich genau so viele, wie es Vertauschungen der noch vorhandenen 4 Buchstaben gibt. Da $57 = 2 \cdot 24 + 9$ ist, fallen $\diamondsuit$ und $\heartsuit$ als 2. Buchstabe weg, der 2. Buchstabe ist $\spadesuit$, womit sich (**A**) als Lösung der Aufgabe herausgestellt hat. Dass (**A**) wirklich zutrifft – und nicht nur (**D**) nicht zutreffen kann – erhält man, wenn man sich überlegt, dass nach der $480 + 48 = 528$. Stelle das Wort zum ersten Mal mit der Buchstabenfolge $\triangle\spadesuit$ beginnt. Für die 3 letzten Buchstaben $\heartsuit$, $\clubsuit$ und $\triangledown$ gibt es bei $\diamondsuit$ als 3. Buchstaben 6 Möglichkeiten der Vertauschung, danach kommt $\heartsuit$ an die 3. Stelle; das ist dann das $528 + 6 + 1 = 535$. Wort. Für jede festgewählte 4. Stelle gibt es nur noch eine Vertauschung an den beiden letzten Stellen, also muss $\clubsuit$ die 4. Stelle einnehmen (wobei die beiden letzten Stellen der alphabetischen Reihenfolge nach stehen), und das ist im 537. Wort.

**L 5.45** (**D**) Wegen $19 : 3 = 6$ Rest 1 erlebt John das Halten eines 100er Busses höchstens 7-mal (nämlich dann, wenn der erste 100er Bus im Verlaufe der 1. Minute seines Wartens hält), aber mindestens 6-mal (nämlich dann, wenn der Bus im Verlauf der 2. oder 3. Minute des Wartens zum ersten Mal hält).
Wegen $19 : 5 = 3$ Rest 4 erlebt John das Halten des 200er Busses höchstens 4-mal und mindestens 3-mal – die Begründungen sind analog zu denen für den 100er Bus. Nun brauchen wir uns nur noch die verschiedenen Kombinationsmöglichkeiten anzuschauen:

| 100er | 200er | Differenz |
|---|---|---|
| 7-mal | 4-mal | 3 |
| 7-mal | 3-mal | 4 |
| 6-mal | 4-mal | 2 |
| 6-mal | 3-mal | 3 |

Es gibt also drei verschiedene Differenzen – von denen die eine, nämlich 3, auf zwei verschiedene Weisen entstehen kann.

## Spiele-Beispiele

**L 5.46** (**D**) Im Finale stehen sich die Sieger aus den Begegnungen A:B und C:D gegenüber und spielen um den 1. Platz, die Verlierer um den 3. und 4. Finalgegner können damit A und C, A und D, B und C sowie B und D sein. In jedem dieser Fälle gibt es genau 4 verschiedene Turnierendstände, also insgesamt 16.
Für den 1. Fall geben wir diese an, die anderen ergeben sich analog:

A C B D    C A B D
A C D B    C A D B

**L 5.47** (**A**) Da jeder genau 3 Spiele bestritten, es also insgesamt genau 6 Spiele gegeben hat, und bei jedem Spiel maximal 3 Punkte vergeben werden, ist die maximale Gesamtpunktezahl 18. Es sind jedoch nur 17 Punkte vergeben worden. Daher muss genau einmal unentschieden gespielt worden sein. Dafür kommen nur Beatrix und Antonio in Frage. Dann hat jedoch Antonio gegen Claire und Dieter gewonnen, insbesondere also Antonio gegen Dieter.

**L 5.48** (C) Die ersten drei Mannschaften errangen insgesamt 15 Punkte, d. h., mindestens 5 Mannschaften (10 Spiele, insgesamt 20 Punkte) nahmen teil. Bei mehr als 5 Mannschaften (z. B. 6 Mannschaften) ist die noch aufzuteilende Punktmenge so groß, dass mindestens eine Mannschaft mehr als 3 Punkte hat, im Widerspruch zur Aufgabenstellung, wonach der Drittplatzierte 3 Punkte hat ($n \geq 6$ Mannschaften entspricht $n \cdot \frac{(n-1)}{2}$ Spielen, entspricht $n \cdot (n-1)$ Punkten, d. h. $n \cdot (n-1) - 15 \geq (n-1) \cdot (n-3)$ Punkten für die letzten $(n-3)$ Mannschaften, d. h., mindestens eine Mannschaft hat $n-1 \geq 5$ Punkte). Bei 5 Mannschaften sind noch 5 Punkte für die beiden letzten Mannschaften zu vergeben. Da der Drittplatzierte 3 Punkte hat, bleibt nur die Aufteilung Viertplatzierter 3 Punkte und letzte Mannschaft 2 Punkte.

**L 5.49** (A) Es finden insgesamt 10 Spiele statt, es werden also insgesamt genau 20 Punkte verteilt. C, D und E haben zusammen mindestens 6 Punkte, denn sie tragen untereinander genau 3 Spiele aus, deren 6 Punkte auch untereinander verteilt werden. Also hat auch B mindestens 6 Punkte. B kann auch nicht mehr als 6 Punkte haben, denn bei 7 Punkten müsste A mindestens 8 haben, und damit wäre die Summe aller verteilten Punkte größer als 20. Wenn B 6 Punkte hat, hat A 8 Punkte und folglich alle Spiele gewonnen. Da B gegen A verloren hat, hat B in den anderen 3 Spielen gewonnen.

**L 5.50** (E) Es finden insgesamt entsprechend dem Reglement $\frac{10 \cdot 9}{2} = 45$ Spiele statt. Damit können maximal $45 \cdot 3 = 135$ Punkte vergeben werden. Da nur 130 Punkte vergeben wurden, sind also bei 5 Spielen 2 statt 3 Punkten vergeben worden, also gab es 5 Unentschieden.

## Würfeleien

**L 5.51** (E) Die 4 Seitenflächen der Würfel sind „in jeder Etage" 2 Paare von einander gegenüberliegenden Seiten. Also ist diese Summe $6 \cdot 2 \cdot 7 = 84$, unabhängig davon, wie ich den Turm gebaut habe. Nun drehen wir den Würfel, der zuunterst liegt, so, dass er auf der Fläche mit der 6 steht und den obersten so, dass seine 6 nach oben zeigt. Die maximale Summe ist $84 + 12 = 96$.

**L 5.52** (A) Die größte mögliche Summe, die bei einer geeigneten Verteilung der Punkte auf einem Würfel auftreten kann, ist $15 = 4 + 5 + 6$. Diese ist bei der in der Aufgabe beschriebenen Verteilung der Punkte nicht möglich, da die 4 der 5 gegenüberliegt und nicht mit dieser an einer Ecke zusammenstößt. Die nächstkleinere $14 = 3 + 5 + 6$ ist hier ebenso nicht möglich, da die 3 der 6 gegenüberliegt. Also ist es $13 = 5 + 6 + 2$, denn die Seiten mit 6, mit 5 und mit 2 Punkten haben bei meinem Würfel eine Ecke gemeinsam.

**L 5.53** (**B**) Aus der Annahme, dass (**B**) und (**E**) Darstellungen desselben Würfels sind, folgt, dass 5 und 3, 2 und 4 sowie 6 und 1 einander gegenüberliegen. Dann passt jedoch (**E**) nicht zu (**A**), (**C**) und (**D**). Also ist entweder (**B**) oder (**E**) der Ausnahmewürfel. Nun ist allerdings ganz gewiss (**A**) von (**B**) verschieden, also muss einer dieser beiden der Ausnahmewürfel sein. Folglich ist (**B**) der Ausnahmewürfel.

### Wägungen

**L 5.54** (**D**) Wenn zwei Melonen genauso viel wiegen wie sechs Orangen plus eine Melone, dann wiegt – wenn man auf beiden Waagschalen je eine Melone weggenommen hat – eine Melone so viel wie sechs Orangen. Das war aber gerade gefragt.

**L 5.55** (**C**) Der linken Zeichnung entnehmen wir, dass sieben kleine Kugeln ebenso viel wiegen wie zwei kleine Kugeln plus 30 g, also wiegen $7 - 2$ gleich fünf kleine Kugeln 30 g, folglich eine kleine Kugel $30 : 5 = 6$ g. Damit wiegt die große Kugel $15 - 6 = 9$ g.

**L 5.56** (**C**) Die Aussage, dass die drei Waagen sich im Gleichgewicht befinden, lässt sich in den folgenden Gleichungen ausdrücken:

$$C + B = A \quad (1); \qquad B = D + C \quad (2); \qquad 2A = 3D \quad (3)$$

Aus (3) $- 2 \cdot$ (1) erhalten wir $2C + 2B = 3D$. Wir stellen Gleichung (2) nach $D$ um und multiplizieren sie mit 3, was zu $3D = 3B - 3C$ führt und nun nach Gleichsetzung zu $3B - 3C = 2C + 2B$ führt bzw. $B = 5C$ ergibt.

## 5.3 Welche Regel liegt zugrunde?

**L 5.57** (**C**) Es sind ebenso viele Löcher wie Lagen Papier. Nach dem ersten Falten sind dies 2, nach dem zweiten $2 \cdot 2 = 4$, nach dem dritten $2 \cdot 2 \cdot 2 = 8$, nach dem vierten $2 \cdot 2 \cdot 2 \cdot 2 = 16$ und nach dem fünften Falten $2 \cdot 2 \cdot 2 \cdot 2 \cdot 2 = 32$.

**L 5.58** (**E**) Zu Beginn hat Grit in dem mittleren Schälchen 11 und in den beiden anderen zusammen 22 Murmeln. Bevor sie eine „mittlere“ Murmel entfernt, nimmt sie jeweils eine aus dem linken *oder* rechten Schälchen, so dass sich die Summe 22 letztlich um 11 auf 11 verringert.

**L 5.59** (**A**) Nach dem ersten Zerschneiden haben wir 6 Papierteile, nach dem zweiten $5 + 6 = 11$, nach dem dritten Zerschneiden sind es $10 + 6 = 16$, und nach dem vierten Zerschneiden $15 + 6 = 21$, die ich schließlich einsammeln muss.

**L 5.60** (**D**) Natürlich lässt sich die Differenz 9 auszählen. Interessanter ist es, sich das Bildungsgesetz zu überlegen und die gesuchte Zahl daraus zu errechnen: Vergleichen wir zwei benachbarte „Winkel“, von denen der graue jeweils der längere ist, so finden wir, dass die Differenz je genau 2 ist. Dann ist die gesuchte Zahl $4 \cdot 2 + 1 = 9$. Die 1 trägt das graue Quadrat in der linken oberen Ecke bei.

**L 5.61** (**C**) Da im 8. Feld eine 8 steht, muss die Summe der Zahlen im 6. und 7. Feld 11 sein, da sie zur 8 im 8. Feld addiert 19 ergeben muss. Dann muss jedoch im 5. Feld erneut eine 8 stehen, denn auch die Summe der Zahlen im 5., 6. und 7. Feld muss ja 19 sein.

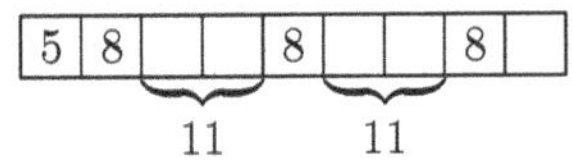


Führen wir diesen Gedanken weiter, finden wir, dass sich die Zahlen im 3. und 4. Feld zu 11 addieren müssen, um mit der bereits gefundenen 8 im 5. Feld zusammen 19 zu ergeben. Schließlich gilt für das 2., wie vorher für das 5. Feld, dass dort eine 8 stehen muss. – Übrigens können wir nun auch den ganzen Streifen ausfüllen, denn aus der 5 im 1. und der 8 im 2. folgt eine 6 im 3. Feld. Daraus ergibt sich für das 4. Feld, dass dort eine 5 stehen muss usw.

**L 5.62** (**E**) Eine anschauliche Lösungsidee ist die folgende: Stellen wir uns vor, dass alle dunklen kleinen Quadrate eines $n \times n$-Quadrats (im vorliegenden Fall ist $n = 2005$), die sich unterhalb der Mittellinie befinden, sowie das Quadrat im Mittelpunkt senkrecht nach unten fallen, dann füllen sie offenbar genau die Breite der Grundlinie aus, es sind $n$ (2005) solche Quadrate. Übrig geblieben sind $n - 1$, die wir uns z. B. an die linke Quadratseite gelegt vorstellen können. Die Restfläche hat dann den Flächeninhalt $(n-1)^2$, was für $n = 2005$ gerade $2004^2$ heißt.

**L 5.63** (**D**) Wir schließen sukzessive aus: (**A**) kann es nicht sein, da stets die Endziffern 5 und 7 in einer Zeile sind. (**B**) entfällt, da die Endziffer 8 sich stets am rechten Rand befindet. (**C**) scheidet aus, da Zeilen mit geraden und ungeraden Zahlen sich stets abwechseln. Und (**E**) kann es nicht sein, da die Endziffern 3 und 8 stets 2 trennende Spalten zwischen sich haben.

**L 5.64** (**D**) Wir bemerken zuerst, dass sich die Pfeilfolgen von $0 \to 5$ periodisch wiederholen, dass also $6 \to 11$ mit $0 \to 5$ identisch ist, ebenso wie mit jeder anderen mit einer durch 6 teilbaren Zahl beginnenden 6-gliedrigen Pfeilfolge. Da 1998 durch 6 teilbar ist, ist $1998 \to 1999$ mit $0 \to 1$ bzw. $6 \to 7$ identisch. Folglich ist $1997 \to 2000$ mit $5 \to 8$ identisch.

**L 5.65** (**C**) Eine grafische Darstellung soll den Sachverhalt verdeutlichen:

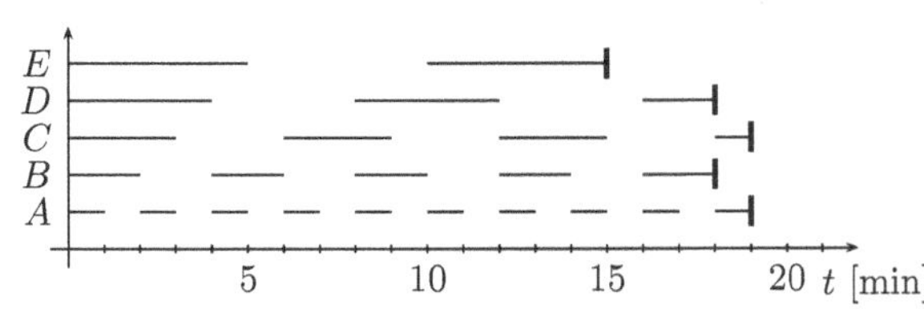


Die waagerechten Linien markieren die reine Fahrzeit der einzelnen Autos, die senkrechten den Zeitpunkt, zu dem bei den einzelnen Autos die 10 min reine Fahrzeit abgelaufen sind. Auto $A$ erreicht am Ende seiner 10. Fahrperiode die 10 min reine Fahrzeit, während sie bei Auto $C$ nach Ablauf eines Drittels der vierten Fahrperiode erreicht ist.

Übrigens passiert $E$ als erstes Auto nach insgesamt 15 Minuten die Ziellinie, als zweite treffen gleichzeitig nach 18 Minuten $B$ und $D$ und dann – wieder gleichzeitig – nach 19 Minuten $A$ und $C$ an der Ziellinie ein.

**L 5.66** (D) Zeichnen wir die ersten drei, vier oder fünf Dreiecke und schreiben die jeweiligen Differenzen zwischen dem Wert in der Ecke unten links und dem in der oberen Ecke auf, stellen wir fest, dass diese Differenzen alternierend die Werte $+2$ und $-2$ annehmen. Für das gesuchte 1000. Dreieck ist der Wert $x - y$ wie für alle anderen Differenzen nach einer ungeraden Zahl von Schritten $-2$.

**L 5.67** (E) Wir bemerken schon an den vorgegebenen Lösungsvarianten, dass Potenzen der 2 die entscheidende Rolle spielen. Betrachten wir nun die Exponenten genauer:

$$a_1 = 2^0,\ a_2 = 2^1,\ a_3 = \tfrac{1}{2} = 2^{-1},\ a_4 = 2 : \tfrac{1}{2} = 4 = 2^{1+1} = 2^2,$$
$$a_5 = \tfrac{1}{2} : 4 = \tfrac{1}{8} = 2^{-(1+2)} = 2^{-3},\ a_6 = 2^{2+3} = 2^5.$$

Wir erkennen, dass die Exponenten stets die Summe der Beträge der Exponenten der beiden vorangehenden Folgenelemente sind (also die Folge der Fibonacci-Zahlen), allerdings mit wechselndem Vorzeichen. Damit können wir $a_{10}$ schnell ausrechnen; die Folge der Exponenten ist $0, 1, -1, 2, -3, 5, -8, 13, -21, 34$, das zehnte Element ist also $a_{10} = 2^{34}$, aber das wird Karl sicher nicht mehr weiter ausgerechnet haben.

**L 5.68** (A) Wir bemerken als Erstes, dass das Teilchen nacheinander alle Punkte mit nichtnegativen ganzzahligen Koordinaten erreicht. Dabei sind stets, wenn ein geradzahliger Punkt, etwa $(2k; 0)$, auf der $x$-Achse erreicht wird, alle Punkte des Quadrates, das von den Punkten $(0; 0)$, $(2k; 0)$, $(2k; 2k)$, $(0; 2k)$ begrenzt wird, davor vom Teilchen erreicht worden, so dass es in diesem Moment $(2k + 1)^2 - 1$ Schritte hinter sich hat. Es entsprechen 2 Minuten 120 Sekunden bzw. 120 Schritte. Das sind $11^2 - 1$ Schritte. Nach dieser Anzahl von Schritten ist gerade das Quadrat mit der Seitenlänge 10 vollendet, das Teilchen befindet sich am Punkt $(10; 0)$.

## 5.4 Kryptogramme

**L 5.69** (E) Die Einerstelle des Produktes $346\star$ muss, da $3 \cdot 5$ auf 5 endet, 5 sein. Den 1. Faktor erhält man nun, indem man das Produkt 3465 durch 5 teilt. Es ist $3465 : 5 = 693$. Damit ist $\star + * = 5 + 9 = 14$

**L 5.70** (A) Da das Produkt auf 8 endet, muss der 2. Faktor auf 4 enden. Durch Multiplikation von 17 und 124 findet man die 1.

**L 5.71** (A) Die größte Summe, die bei der Addition einer 2-stelligen und zweier einstelliger Zahlen entstehen kann, ist $99 + 9 + 9 = 117$. Folglich kann für $\triangle$ nur die Ziffer 1 gesetzt werden. Damit man als Einerziffer der Summe 1 erhält, muss die Ziffer, die sich hinter $\circledcirc$ verbirgt, ungerade sein. Sie kann jedoch nicht 7 sein, da $77 + 9 + 9 = 95 < 100$ ist. Also gehört zu $\circledcirc$ die 9, und folglich, damit als letzte Ziffer der Summe 1 entsteht, muss zu $\square$ die 6 gehören. Es ist $6 + 6 + 99 = 111$.

**L 5.72** (A) Da die drei Hunderterstellen der Summanden gleich sind und die Summe mit 20 beginnt, können sie nur je 6 sein. Wären sie größer als 6, wäre die Summe bereits ohne Übertrag mindestens 21. Wären sie kleiner als 6, wäre die

Summe ohne Übertrag höchstens 15 und der Übertrag ist hier gewiss kleiner als 5. Nun zu den Zehnerstellen: Der Übertrag aus den 3 Einerstellen könnte gleich 0, 1 oder 2 sein. Da ■ $= 6 > 3$, kommt 0 nicht in Frage. Nicht in Frage kommt auch 2 als Übertrag, da sich dann in der Zehnerstelle für ▲ ebenfalls 6 ergeben würde. Es gehören aber zu verschiedenen Zeichen verschiedene Ziffern. Also ist der Übertrag gleich 1 und ▲ $= 7$. Mit ♦ $= 0$ ist dann die Additionsaufgabe gelöst, und es ist ■ + ♦ $= 6 + 0 = 6$.

**L 5.73** (**D**) Da 2, 3 und 4 Teiler von 8 bzw. 9 sind, ist hier nur die Teilbarkeit durch 8 und 9 zu untersuchen. Eine Zahl ist durch 9 teilbar genau dann, wenn die Quersumme durch 9 teilbar ist. Die Quersumme $Q$ ist $Q = 1 + 7 + x$, wobei für $x$ als Summe der Ziffern an den beiden letzten Stellen $0 \leq x \leq 18$ gilt. Daraus folgt wegen $Q = 8 + x$, dass nur $x = 1$ oder $x = 10$ in Frage kommt. Für $x = 1$ würde die gesuchte Zahl 1710 sein, und diese Zahl ist nicht durch 8 teilbar. Für $x = 10$ lässt sich die Menge der Möglichkeiten sofort dadurch einschränken, dass wir nur die geradzahligen betrachten (sonst keine Teilbarkeit durch 8). Von den Zahlen 1782, 1764, 1746 und 1728 ist nur die letzte durch 8 teilbar.

**L 5.74** (**C**) Wir stellen fest, dass der 2. Faktor nur 73 oder 83 sein kann, da sich sonst als 1. Ziffer des Produktes nicht 3 ergibt. Es ist $45 \cdot 73 = 3285$ und $45 \cdot 83 = 3735$. Die Summe der 4 $\star$-Zahlen ist dann im 1. Fall $7 + 2 + 8 + 5 = 22$ und im 2. Fall $8 + 7 + 3 + 5 = 23$, also trifft (**C**) zu.

**L 5.75** (**D**) Da die Summe 3-stellig sein muss, ist $\boxtimes = 9$ ausgeschlossen, da sonst der Übertrag von der Addition der Einer wegen $(3 \cdot 9 = 27)$ eine 2 ergäbe, woraus bei der Summation der Zehner wegen $9 + \otimes + 2 > 10$ der Übertrag 1 entstünde, was zur Folge hätte, dass die Summe 4-stellig ist. Versuchen wir nun $\boxtimes = 8$. Es ergibt sich für jede Ziffer $\otimes$ eine richtige Additionsaufgabe.

$$\begin{array}{rrr} 8 & 8 & 8 \\ & \otimes & 8 \\ + & & 8 \\ \hline 9 & \otimes & 4 \end{array}$$

Die größte Summe – für $\otimes = 9$ – ist 994.

**L 5.76** (**B**) Von den Ziffern sind D = 9 und R = 8 bekannt. Da (**B**) bis (**E**) an der Zehnerstelle eine 7 haben, prüfen wir zuerst, ob dies möglich ist. Wir finden O = 1 und X $\notin \{7, 8, 9\}$. Da für I nur 3, 4, 5 und 6 zugelassen sind, wovon 4, 5 und 6 entfallen, ist X = 6. Die möglichen Aufgaben sind $127 + 9746 = 147 + 9726 = 9873$.

**L 5.77** (**D**) Da X + Y + Z die Einerstelle X hat, gilt, da Y und Z größer als 0 sind, Y + Z = 10. Da Z nur 1 oder 2 sein kann, kann Y nur 9 oder 8 sein. Wegen Y + Z = 10 gilt nun X + Y + Z + 1 $\leq$ 20. Dass die Summe gleich 20 ist, kommt jedoch, da dann Y = 0 sein müsste, nicht in Frage. Es ist also Z = 1, folglich Y = 9, und X = 8. Einsetzen zeigt, dass die hergeleiteten notwendigen Bedingungen für die Werte von X, Y und Z auch hinreichend sind.

## 5.5 Magische Quadrate und andere Zahlenrätsel

**L 5.78** (**B**) Wenn die Summe auf dem rechten Ring gleich 55 ist, so ist $B = 55 - (11 + 14 + 2 + 13 + 7) = 8$. Dann ist $A = 55 - (8 + 11 + 8 + 9 + 9) = 10$.

**L 5.79** (**B**) Die Summe der Zahlen in jeder Zeile, Spalte oder Diagonale ist gleich, nämlich $16 + 10 + 4 = 30$. In der 1. Zeile gilt wegen $16 + 3 + A = 30$, dass $A = 11$ ist, in der Diagonale von rechts oben nach links unten, dass wegen $B + 10 + 11 = 30$ sich $B = 9$ ergibt. Nun errechnen wir $C = 5$ aus $16 + C + 9 = 30$ (1. Spalte). Folglich ist $A + B + C = 11 + 9 + 5 = 25$.

**L 5.80** (**E**) Entlang der Linie, die – mit der 3 beginnend – von links oben nach unten rechts verläuft, stehen nur Zahlen, und deren Summe ist 3+8+6+9 = 26. Da die Summe entlang jeder Linie gleich 26 ist, können wir D aus 9 + D + 5 + 1 = 26 ausrechnen: D = 11. Nun schließen wir aus C+6+11+E = 26, dass C+E = 9 gilt. Da die Zahlen 1, 3, 4, 5, 6, 8 schon an dem Stern stehen, bleiben für C und E nur 2 und 7 übrig. Angenommen, C = 7, dann müsste A = 26 − 7 − 8 − 4 = 7 gelten, was nicht möglich ist. Also ist C = 2 und E = 7.

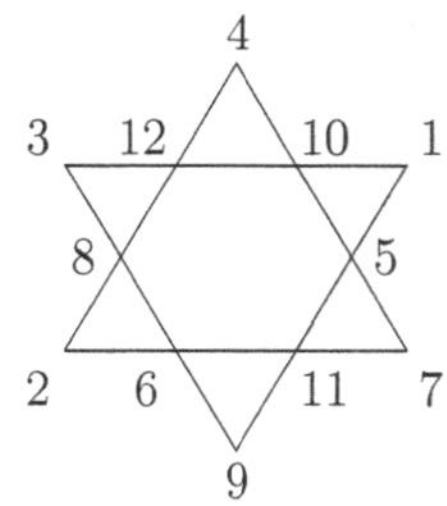


**L 5.81** (**D**) Es gibt die drei rechts abgebildeten Möglichkeiten. Andere kommen nicht in Frage. Das wollen wir beweisen.
Damit die drei zu bildenden Summen gleich sind, muss die Summe der sechs in die Außenfelder einzutragenden Zahlen eine durch 3 teilbare Zahl sein. Die Zahl, die in der Mitte steht, kann nur die Werte 1, 4 oder 7 haben, weil nur für diese drei Zahlen die Summe der jeweils restlichen sechs durch 3 teilbar ist. Denkt man sich 2, 3, 5 oder 6 im Mittelfeld, so würden sich die „Restsummen" 1 + 3 + 4 + 5 + 6 + 7 = 26, 1+2+4+5+6+7 = 25, 1+2+3+4+6+7 = 23 und 1+2+3+4+5+7 = 22 ergeben, die sämtlich nicht durch 3 teilbar sind. Also ist mit den abgebildeten drei Belegungen der Felder die Menge der Möglichkeiten erschöpft.

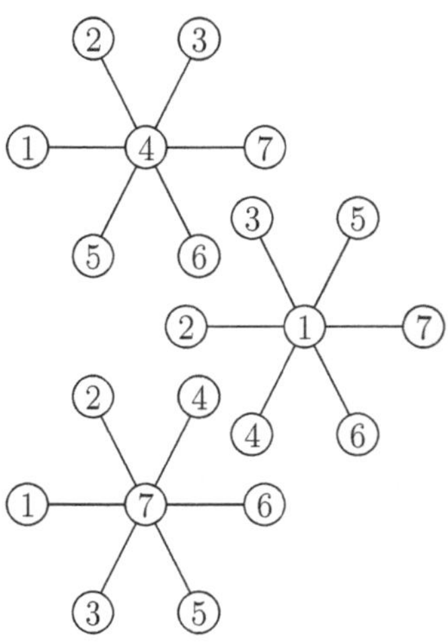

**L 5.82** (**B**) Welche Zahl sich bei $B$ befindet, wissen wir schon; es bleibt zu bestimmen, welche sich unter $A$ verbirgt. Schauen wir uns die Pfeile an, so stellen wir fest, dass es keine Zahl gibt, von der aus ein Pfeil zum Kärtchen $A$ führt. Da alle Zahlen von 1 bis 9 auftreten, kann dann dort nur die kleinste sein, also 1, die Summe ist 7.

**L 5.83** (B) Da sich 3, 4 und 5 bereits auf einer der Diagonalen befinden, kommt für das Zentrum als Schnittpunkt der beiden Diagonalen nur 1 oder 2 in Betracht. Angenommen, es ist die 1: Für die 1. Reihe ergibt sich dann zwangsläufig 3 4 2 1 5 (anderenfalls tritt in der 3. Spalte 2-mal die 1 auf). Damit wieder ergibt sich die Belegung der Diagonale von links oben nach rechts unten mit 3 5 1 2 4. Versuchen wir nun, die andere Diagonale zu belegen, so gehört die 2 in die 4. Reihe und danach die 3 zwangsläufig in die 2. Reihe. Für die 4 bleibt nun nur noch die unterste Reihe, aber dort steht bereits eine 4. Also gehört die 2 ins Zentrum. Und dafür gibt es auch tatsächlich die oben rechts abgebildete Belegung.

| 3 | 4 | 1 | 2 | 5 |
|---|---|---|---|---|
| 2 | 5 | 3 | 4 | 1 |
| 4 | 1 | 2 | 5 | 3 |
| 5 | 3 | 4 | 1 | 2 |
| 1 | 2 | 5 | 3 | 4 |

**L 5.84** (A) Aus der kompletten Diagonale finden wir die Summe, die überall erzielt werden muss: $20 + 17 + 14 = 51$. Nun ergänzen wir in der 1. Zeile zu 51, wofür in die rechte obere Ecke eine $51 - (20 + 13) = 18$ geschrieben werden muss. Für die linke untere Ecke finden wir jetzt $51 - (17 + 18) = 16$.
Dass sich dann auch wirklich ein komplettes magisches Quadrat ergibt, beweist die Abbildung rechts.

| *20* | *13* | *18* |
|---|---|---|
| *15* | *17* | *19* |
| *16* | *21* | *14* |

**L 5.85** (A) Nehmen wir an, dass in dem Feld unter dem $x$ die Zahl $A$ steht. Dann gilt in diesem magischen Quadrat $x + A + 13 = 1 + 14 + A$, woraus wir sofort $x = 15 - 13 = 2$ ausrechnen.

**L 5.86** (E) Unter den Zahlen $1, \ldots, 7$ sind 3 gerade und 4 ungerade. Angenommen, $A$ ist eine gerade Zahl. Dann kann in einem Viereck die Summe 15 nur erreicht werden, wenn entweder nur eine oder alle drei geraden Zahlen enthalten sind. Das kann jedoch für höchstens zwei der drei Vierecke realisiert werden. Also ist $A$ eine ungerade Zahl.
$A = 7$ scheidet jedoch aus, da in einem der Vierecke die Zahl 6 erscheinen muss und da wegen $6 + 7 = 13$ die Summe $13 + 1 + 2 > 15$ schon zu groß ist. Damit kommt unter den Lösungsmöglichkeiten nur noch (**E**) in Frage. In der Tat gibt es zwei Möglichkeiten der Belegung der sieben Felder unter der in der Aufgabe vorgegebenen Bedingung, siehe nebenstehende Abbildungen.

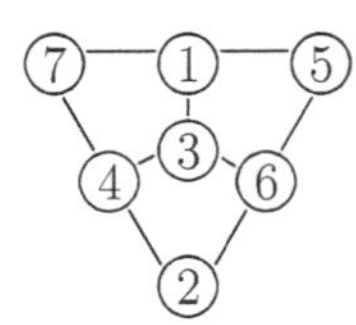


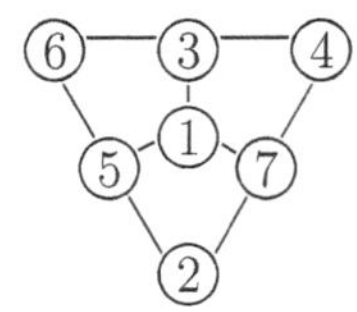


**L 5.87** (C) Mit einem kleinen Trick kommen wir hier schnell zum Ziel. Wir suchen $2\heartsuit + \clubsuit$ und kennen $2\spadesuit + \clubsuit = 11$ und $\clubsuit + \heartsuit + \spadesuit = 14$.

Multiplizieren wir die letzte Gleichung mit 2 und subtrahieren davon die davor stehende, so ergibt sich: $2(\clubsuit + \heartsuit + \spadesuit) - (2\spadesuit + \clubsuit) = 28 - 11$ bzw. $2\heartsuit + \clubsuit = 17$.

Eine andere Möglichkeit wäre, die Differenz der beiden Gleichungen $\clubsuit + \heartsuit + \spadesuit = 14$ und $2\spadesuit + \clubsuit = 11$ zu bilden, woraus man $\heartsuit - \spadesuit = 3$ erhält. Damit ergibt sich für das gesuchte $2\heartsuit + \clubsuit = 2\spadesuit + \clubsuit + 2 \cdot (\heartsuit - \spadesuit) = 11 + 2 \cdot 3 = 17$.